21世纪高等学校计算机教育实用规划教材

U0291850

数据库系统及应用教程
——SQL Server 2008

刘金岭 冯万利 编著

清华大学出版社
北京

内 容 简 介

本书是为普通高等院校应用型本科计算机专业及相关专业精心编写的一本数据库课程教学用书,它以 SQL Server 2008 为核心系统,较完整地讲述了数据库系统的基本概念、基本原理和 SQL Server 2008 的应用技术。

本书第 1~3 章讲述了数据库的基本理论知识及数据库设计的相关技术,其内容主要包括数据库系统、数据模型、关系数据库的基本理论、关系模式的规范化以及数据库设计思想和方法;第 4~11 章讲述了SQL Server 2008 基础、数据库和数据表管理、数据查询、视图与索引、存储过程与触发器及用户定义函数、数据库并发控制、数据库安全管理及数据库的备份与恢复等内容;第 12 章介绍了使用 ADO.NET 访问SQL Server 2008 数据库的简单应用。

本书结合应用型本科学生的特点,用通俗的语言和实例解释了抽象的概念,将抽象概念融合到具体的数据库管理系统 SQL Server 2008 中,便于学生理解和掌握。

本书在编写过程中,力求做到语言精练、概念清晰、取材合理、深入浅出、突出应用,为读者进一步从事数据库系统的应用、开发和研究奠定坚实的基础。本书既可作为高等院校应用型本科有关专业的数据库原理及应用教材,也可作为从事信息领域工作的科技人员的参考书。

图书在版编目(CIP)数据

数据库系统及应用教程:SQL Server 2008/刘金岭等编著.—北京:清华大学出版社,2013(2022.12重印)
(21 世纪高等学校计算机教育实用规划教材)
ISBN 978-7-302-33119-3

Ⅰ. ①数…　Ⅱ. ①刘…　Ⅲ. ①关系数据库系统－高等学校－教材　Ⅳ. ①TP311.138

中国版本图书馆 CIP 数据核字(2013)第 155691 号

责任编辑: 魏江江　王冰飞
封面设计: 常雪影
责任校对: 时翠兰
责任印制: 沈　露

出版发行: 清华大学出版社
　　　　　网　　　址:http://www.tup.com.cn,http://www.wqbook.com
　　　　　地　　　址:北京清华大学学研大厦 A 座　　　　邮　　编:100084
　　　　　社 总 机:010-83470000　　　　　　　　　　　邮　　购:010-62786544
　　　　　投稿与读者服务:010-62776969,c-service@tup.tsinghua.edu.cn
　　　　　质量反馈:010-62772015,zhiliang@tup.tsinghua.edu.cn
　　　　　课件下载:http://www.tup.com.cn,010-83470236
印 装 者: 北京国马印刷厂
经　　销: 全国新华书店
开　　本: 185mm×260mm　　　　**印　张:** 19.25　　　　**字　数:** 469 千字
版　　次: 2013 年 9 月第 1 版　　　　　　　　　　　　　**印　次:** 2022 年 12 月第 17 次印刷
印　　数: 33501~35500
定　　价: 39.50 元

产品编号:053764-02

出 版 说 明

随着我国高等教育规模的扩大以及产业结构调整的进一步完善,社会对高层次应用型人才的需求将更加迫切。各地高校紧密结合地方经济建设发展需要,科学运用市场调节机制,合理调整和配置教育资源,在改革和改造传统学科专业的基础上,加强工程型和应用型学科专业建设,积极设置主要面向地方支柱产业、高新技术产业、服务业的工程型和应用型学科专业,积极为地方经济建设输送各类应用型人才。各高校加大了使用信息科学等现代科学技术提升、改造传统学科专业的力度,从而实现传统学科专业向工程型和应用型学科专业的发展与转变。在发挥传统学科专业师资力量强、办学经验丰富、教学资源充裕等优势的同时,不断更新教学内容、改革课程体系,使工程型和应用型学科专业教育与经济建设相适应。计算机课程教学在从传统学科向工程型和应用型学科转变中起着至关重要的作用,工程型和应用型学科专业中的计算机课程设置、内容体系和教学手段及方法等也具有不同于传统学科的鲜明特点。

为了配合高校工程型和应用型学科专业的建设和发展,急需出版一批内容新、体系新、方法新、手段新的高水平计算机课程教材。目前,工程型和应用型学科专业计算机课程教材的建设工作仍滞后于教学改革的实践,如现有的计算机教材中有不少内容陈旧(依然用传统专业计算机教材代替工程型和应用型学科专业教材),重理论、轻实践,不能满足新的教学计划、课程设置的需要;一些课程的教材可供选择的品种太少;一些基础课的教材虽然品种较多,但低水平重复严重;有些教材内容庞杂,书越编越厚;专业课教材、教学辅助教材及教学参考书短缺,等等,都不利于学生能力的提高和素质的培养。为此,在教育部相关教学指导委员会专家的指导和建议下,清华大学出版社组织出版本系列教材,以满足工程型和应用型学科专业计算机课程教学的需要。本系列教材在规划过程中体现了如下一些基本原则和特点。

(1) 面向工程型与应用型学科专业,强调计算机在各专业中的应用。教材内容坚持基本理论适度,反映基本理论和原理的综合应用,强调实践和应用环节。

(2) 反映教学需要,促进教学发展。教材规划以新的工程型和应用型专业目录为依据。教材要适应多样化的教学需要,正确把握教学内容和课程体系的改革方向,在选择教材内容和编写体系时注意体现素质教育、创新能力与实践能力的培养,为学生知识、能力、素质协调发展创造条件。

(3) 实施精品战略,突出重点,保证质量。规划教材建设仍然把重点放在公共基础课和专业基础课的教材建设上;特别注意选择并安排一部分原来基础比较好的优秀教材或讲义修订再版,逐步形成精品教材;提倡并鼓励编写体现工程型和应用型专业教学内容和课程体系改革成果的教材。

（4）主张一纲多本，合理配套。基础课和专业基础课教材要配套，同一门课程可以有多本具有不同内容特点的教材。处理好教材统一性与多样化，基本教材与辅助教材，教学参考书，文字教材与软件教材的关系，实现教材系列资源配套。

（5）依靠专家，择优选用。在制订教材规划时要依靠各课程专家在调查研究本课程教材建设现状的基础上提出规划选题。在落实主编人选时，要引入竞争机制，通过申报、评审确定主编。书稿完成后要认真实行审稿程序，确保出书质量。

繁荣教材出版事业，提高教材质量的关键是教师。建立一支高水平的以老带新的教材编写队伍才能保证教材的编写质量和建设力度，希望有志于教材建设的教师能够加入到我们的编写队伍中来。

21世纪高等学校计算机教育实用规划教材编委会

联系人：魏江江 weijj@tup.tsinghua.edu.cn

前　言

数据库技术是 20 世纪 60 年代后期产生和发展起来的一项计算机数据管理技术，它的出现和发展使计算机应用渗透到人类社会的广阔领域。目前，数据库的建设规模和性能、数据库信息量的大小和使用频度已成为衡量一个国家信息化程度的重要标志。

从 20 世纪 70 年代后期开始，国外许多大学把数据库课程教学列为计算机专业的必修内容，我国高等院校从 20 世纪 80 年代开始也把数据库原理及应用作为计算机专业的核心课程之一。目前，数据库技术已成为信息科学技术领域的重要基础。

数据库原理及应用是普通高等院校应用型本科计算机专业及相关专业的一门专业基础课，它的主要任务是研究存储、使用和管理数据，目的是使读者掌握数据库的基本原理、方法和应用技术，能有效地使用现有的数据库管理系统和软件开发工具，掌握数据库结构的设计和数据库应用系统的开发方式。

本书的主要特点如下：

（1）以关系数据库系统为核心。本书在系统讲述数据库基本知识的基础上，着重讨论了关系数据库的基本理论，对关系数据模型、关系代数基本理论、关系数据库的规范化理论等进行了简要的讲解。

（2）对传统数据库的内容进行了精简。例如对于层次数据库、网状数据库，本书仅对其模型做了简要介绍，删除了一些与操作系统联系较密切的存储理论等。

（3）简要介绍了多种数据库系统。为了反映当前数据库领域的新技术、新水平和新趋势，本书简要介绍了分布式数据库系统、面向对象数据库系统、多媒体数据库系统、空间数据库系统、专家数据库系统和工程数据库系统等内容。

（4）强化了数据库设计技术。编者在第 3 章数据库设计理论的基础上，结合自己多年的数据库开发经验，介绍了一些行之有效的数据库设计与开发中所用到的方法和技巧。

（5）将抽象理论融合到具体模型中。本书结合 SQL Server 2008 的具体数据库管理系统，讲解了数据库的一些管理技术和应用，如数据库的完整性约束、存储过程与触发器、数据库并发控制、数据库安全管理、数据库的备份与恢复等，使读者在学习理论的同时有了具体的应用，也为读者维护、管理大中型数据库系统打下坚实的基础。

（6）充分考虑到理论教学和实践教学的需要。本书在内容选取、章节安排、难易程度、例子选取等方面充分考虑到理论教学和实践教学的需要，力求使概念准确、清晰，重点明确，内容精练，便于取舍。另外，每章均配有习题便于教学。

为了方便课程的学习及数据库技术的应用,编者还组织编写了辅助教材《数据库系统及应用实验与课程设计指导》,作为读者学习本课程时的实践用书。另外,清华大学出版社的网站上还有本书的习题参考答案和教学课件供教师教学参考。

清华大学出版社魏江江老师对本书的编写给出了指导性的意见,在此表示衷心的感谢。

由于编者水平有限,书中疏漏、谬误之处在所难免,殷切地希望广大读者批评指正。

编　者

2013 年 8 月

目　　录

VI

VIII

X

第 1 章　数据库系统概述

数据库技术是现代信息科学与技术的重要组成部分，是计算机数据处理与信息管理系统的核心。数据库技术研究和解决了计算机信息处理过程中大量数据有效地组织和存储的问题，在数据库系统中减少数据存储冗余、实现数据共享、保障数据安全以及高效地检索数据和处理数据。数据库技术的根本目标是解决数据的共享问题。

数据库技术涉及许多基本概念，主要包括信息、数据、数据处理、数据库、数据库管理系统以及数据库系统等。

1.1　数据管理技术的发展

数据管理技术的发展是和计算机技术及其应用的发展联系在一起的，经历了由低级到高级的发展过程。

1.1.1　数据和数据管理

数据库系统的核心任务是数据管理。数据库技术是一门研究如何存储、使用和管理数据的技术，是计算机数据管理技术的最新发展阶段。数据库应用涉及数据（data）、信息（information）、数据处理和数据管理等基本概念。

1. 数据和信息

现代社会是信息的社会，信息以惊人的速度增长，因此，如何有效地组织和利用它们成为人们急需解决的问题。数据库系统的目的是高效地管理及共享大量的信息，而信息与数据是分不开的。

数据和信息是数据处理中的两个基本概念，有时可以混用，但有时必须分清。一般认为，数据是指所有能输入到计算机并被计算机程序处理的符号的介质的总称，是用于输入计算机进行处理，具有一定意义的数字、字母、符号和模拟量等的统称。信息是经过加工处理并对人类社会实践和生产活动产生决策影响的数据。不经过加工处理的数据只是一种原始材料，其只能记录客观世界的事实，只有经过加工和提炼，原始数据才能发生质的变化，给人们以新的知识和智慧。因此也可以说，数据是原材料，信息是产品，信息是数据的含义。例如数据 1、3、5、7、9、11、13、15 是一组原始数据，如果对它进行分析便可以得出它是一组首项是 1，公差为 2 的等差数列，可以比较容易地知道它的任意项的值和前 n 项的和，这便是一条信息。而数据 1、3、2、4、5、−1、41 不能提炼出任何有用的东西，故它不是信息。

数据和信息可以混用表现在一些数据对某些人来说可能是信息，而对另外一些人而言则可能只是数据。例如，在运输管理中，运输单对司机来说是信息，这是因为司机可以从该运输单上知道什么时候要为哪些客户运输什么物品。而对负责经营的管理者来说，运输单只是数据，因为从单张运输单中无法知道本月经营情况，也不能掌握现有可用的司机、运输工具等。

2. 数据处理与数据管理

数据处理是指从某些已知的数据出发，推导加工出一些新的数据，这些新的数据又表示了新的信息。例如，某省全体高考学生各门课程成绩的总分按从高到低的顺序进行排序、统计各个分数段的人数等，进而可以根据招生人数确定录取分数线。数据处理技术的发展及其应用的广度和深度，极大地影响了人类社会发展的进程。

数据管理是指对数据的收集、组织、存储、检索和维护等操作，它是数据处理的中心环节。其主要目的是提高数据的独立性、共享性、安全性和完整性，降低数据的冗余度，以便人们能够方便、有效地利用这些信息资源。

1.1.2 数据管理发展的 3 个阶段

计算机硬件、系统软件的发展和计算机应用范围不断扩大是促使数据管理技术发展的主要因素。随着信息技术的发展，数据管理经历了人工管理、文件管理和数据库管理 3 个阶段。

1. 人工管理阶段

在人工管理阶段（20 世纪 50 年代中期之前），计算机主要用于科学计算，其他工作还没有展开，外部存储器只有磁带、卡片和纸带等，还没有磁盘等直接存取存储设备；软件也处于初级阶段，只有汇编语言，没有操作系统（OS）和数据管理方面的软件；数据处理方式基本是批处理。这个阶段有以下几个特点：

（1）数据不保存，数据也无须长期保存。

（2）计算机系统不提供对用户数据的管理功能，用户在编制程序时，必须全面考虑相关的数据，包括数据的定义、存储结构以及存取方法等。程序和数据是一个不可分割的整体，如果数据脱离了程序就没有了任何存在的价值，即数据无独立性。

（3）只有程序的概念，没有文件的概念，数据的组织形式必须由程序员自行设计。

（4）数据不能共享，不同的程序均有各自的数据，这些数据对于不同的程序通常是不相同的，不可共享。即使不同的程序使用了相同的一组数据，这些数据也不能共享，在程序中仍然需要各自加入这组数据，不能省略。基于这种数据的不可共享性，必然导致程序与程序之间存在大量的重复数据，浪费存储空间。

（5）基于数据与程序是一个整体，数据只为本程序所使用，数据只有与相应的程序一起保存才有价值，否则毫无用处。所以，所有程序的数据均不单独保存。

例如，学校管理系统有人事管理、学生管理和课程管理 3 个部分，在人工管理阶段应用程序与数据之间的依赖关系如图 1.1 所示。

2. 文件管理阶段

在文件管理阶段（20 世纪 50 年代后期至 60 年代中期），计算机不仅用于科学计算，还用于信息管理。随着数据量的增加，数据的存储、检索和维护成为紧迫的需要，数据结构和数据管理技术迅速发展起来。此时，外部存储器已有磁盘、磁鼓等直接存取存储设备；软件领域出现了高级语言和操作系统，操作系统中的文件系统是专门管理外存的数据管理软件；数据处理的方式有批处理，也有联机实时处理。

图 1.1　在人工管理阶段应用程序和数据的依赖关系

这一阶段的数据管理有以下特点：

（1）数据以"文件"形式可长期保存在外部存储器的磁盘上。由于计算机的应用转向了信息管理，因此对文件要进行大量的查询、修改和插入等操作。

（2）数据的逻辑结构与物理结构有了区别，但比较简单。程序与数据之间具有"设备独立性"，即程序只需用文件名就可以进行数据操作，不必关心数据的物理位置，由操作系统的文件系统提供存取方法（读/写）。

（3）文件组织已多样化，有索引文件、链接文件和直接存取文件等。但文件之间存在相互独立、缺乏联系等问题，数据之间的联系要通过程序去构造。

（4）数据不再属于某个特定的程序，可以重复使用，即数据面向应用。但是文件结构的设计仍然基于特定的用途，程序基于特定的物理结构和存取方法。因此，程序与数据结构之间的依赖关系并未根本改变。

在文件管理阶段，由于具有设备独立性，因此当改变存储设备时，不必改变应用程序。但这只是初级的数据管理，在修改数据的物理结构时，仍然需要修改用户的应用程序，即应用程序具有"程序—数据依赖"性。有关物理表示的知识和访问技术将直接体现在应用程序的代码中。

（5）对数据的操作以记录为单位。这是由于文件中只存储数据，不存储文件记录的结构描述信息。文件的建立、存取、查询、插入、删除及修改等操作，都要用程序来实现。

文件管理阶段是数据管理技术发展中的一个重要阶段。在这一阶段中，得到充分发展的数据结构和算法丰富了计算机科学，为数据管理技术的进一步发展打下了基础。

随着数据管理规模的扩大，数据量急剧增加，文件系统显露出了 3 个明显的缺陷：

（1）数据冗余（redundancy）。由于文件之间缺乏联系，造成每个应用程序都有对应的文件，有可能同样的数据在多个文件中重复存储。

（2）数据不一致（inconsistency）。这往往是由数据冗余造成的，在进行数据更新操作时稍有不慎，就可能使同样的数据在不同的文件中不一样。

（3）数据联系弱（poor data relationship）。这是由于文件之间相互独立，相互之间又缺乏联系造成的。

例如，学校管理系统有人事管理、学生管理和课程管理 3 个部分，在文件管理阶段应用程序与数据之间的依赖关系如图 1.2 所示。

3. 数据库管理阶段

在 20 世纪 60 年代末，磁盘技术取得了重要进展，具有数百兆容量和快速存取的磁盘陆续进入市场，成本也不高。同时，计算机在管理中应用规模更加庞大、数据量急剧增加，为数据库技术的产生提供了良好的物质条件。数据库系统克服了文件系统的缺陷，提供了对数

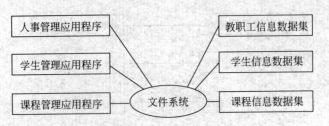

图 1.2　在文件管理阶段应用程序和数据的依赖关系

据更高级、更有效的管理。概括起来,数据库阶段的管理方式具有以下特点:

(1) 数据结构化。数据结构化是数据库系统与文件系统之间的根本区别。数据库(DataBase,DB)中包含许多单独的数据文件,这些文件的数据具有特定的数据结构,文件之间也存在相互的联系,在整体上服从一定的组织形式,从而满足管理大量数据的需求。

(2) 较高的数据共享性。数据共享是指数据不再面向某个应用而是面向整个系统,使得多个用户同时存取数据而互不影响。例如同一企业中的不同部门,甚至不同企业、不同地区的用户都可以使用同一个数据库中的数据,减少了数据冗余。数据共享性可以大大减少数据冗余,节约存储空间,还能够避免数据之间的不相容性与不一致性。

(3) 统一管理和控制数据。利用专门的数据库管理系统(DataBase Management System,DBMS)实现对数据的定义、操作、统一管理和控制,在应用程序和数据库之间保持高度的独立性,数据具有完整性、一致性和安全性,并具有充分的共享性,有效地减少了数据冗余。

例如,学校管理系统有人事管理、学生管理和课程管理 3 个部分,在数据库管理阶段应用程序与数据之间的依赖关系如图 1.3 所示。

图 1.3　在数据库管理阶段应用程序和数据的依赖关系

1.2　数据库系统

数据库系统(DataBase System,DBS)是为适应数据处理需要而发展起来的一种较为理想的数据处理的核心机构。它是一个实际可运行的、存储、维护数据的软件系统,并且可以向应用系统提供数据,是存储介质、处理对象和管理系统的集合体。

1.2.1　数据库系统的组成

数据库系统是指在计算机系统中引入数据库后的系统,一般由硬件、数据库、操作系统(Operating System,OS)、数据库管理系统、数据库开发工具、数据库应用系统、人员构成。数据库系统各元素的层次结构如图 1.4 所示。

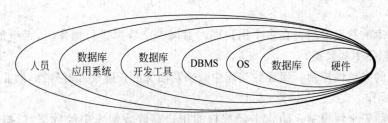

图 1.4　数据库系统层次图

数据库系统有大小之分,常见的大中型数据库系统有 Oracle、DB2、SQL Server、Sybase等,小型数据库系统有 FoxPro、Access、My SQL 等。

1. 硬件

在数据库系统中,硬件是数据库系统的物质基础,是存储数据库及运行数据库管理系统的硬件资源,主要包括主机、存储设备、输入/输出设备以及计算机网络环境。

2. 数据库

数据库是指长期存储在计算机内、有组织的、统一管理的相关数据的集合。数据库能为各种用户共享,具有较小的数据冗余度、数据间联系紧密且有较高的数据独立性等特点。

需要特别指出的是,数据库中的存储数据是"集成的"和"共享的"。

所谓"集成",是指把某个特定应用环境中的与各种应用相关的数据及其数据之间的联系(联系也是一种数据)全部集中,并按照一定的结构形式进行存储。或者说,把数据库看成是若干个性质不同的数据文件的联合和统一的数据整体,并且在文件之间局部或全部消除了冗余,使数据库系统具有整体数据结构化和数据冗余小的特点。

所谓"共享",是指数据库中的一块块数据可为多个不同用户所共享,即多个不同用户使用多种不同的语言,为了不同的应用目的同时存取数据库,甚至同时存取同一块数据。共享实际上是基于数据库是"集成的"这一事实的结果。

3. 软件

数据库系统中的软件包括操作系统、数据库管理系统、数据库开发工具及数据库应用系统。操作系统给用户提供良好的应用接口,数据库系统必须在操作系统的支持下才能正常使用。

数据库管理系统为用户或应用程序提供访问数据库的方法,包括数据库的建立、查询、更新及各种数据控制。数据库系统中各类用户对数据库的各种操作请求,都是由数据库管理系统来完成的,它是数据库系统的核心软件。

数据库管理系统的主要功能有以下 5 个方面:

(1) 数据库的定义功能。数据库管理系统提供数据定义语言(Data Definition Language,DDL)定义数据库的三级结构、两级映像,定义数据的完整性约束、保密限制等约束。

(2) 数据库的操纵功能。数据库管理系统提供数据操纵语言(Data Manipulation Language,DML)实现对数据的操作。基本的数据操作有两类,即检索(查询)和更新(包括插入、删除、更新)。

(3) 数据库的保护功能。数据库中的数据是信息社会的战略资源,因此对数据进行保护是至关重要的大事。数据库管理系统对数据库的保护通过以下 4 个方面实现:

① 数据库的恢复。在数据库被破坏或数据不正确时,系统有能力把数据库恢复到正确

的状态。

② 数据库的并发控制。在多个用户同时对同一个数据进行操作时,系统能加以控制,防止破坏数据库中的数据。

③ 数据的完整性控制。保证数据库中数据及语义的正确性和有效性,防止任何对数据造成错误的操作。

④ 数据的安全性控制。防止未经授权的用户存取数据库中的数据,以避免数据的泄露、更改或破坏。

(4) 数据库的维护功能。这一部分包括数据库的数据载入、转换、转储,数据库的改组以及性能监控等功能。

(5) 数据字典。数据库系统中存放三级结构定义的数据库称为数据字典(Data Dictionary,DD)。对数据库的操作都要通过 DD 实现,DD 中还存放着数据库运行时的统计信息,例如记录个数、访问次数等。

在这里有两点需要说明:一是数据库管理系统功能的强弱随系统而异,大系统功能较强、较全,小系统功能较弱、较少;二是应用程序并不属于数据库管理系统范围,应用程序是用主语言和 DML 编写的,程序中 DML 语句由数据库管理系统执行,而其余部分仍由主语言编译程序完成。

4. 人员

开发、管理和使用数据库系统的人员主要有数据库管理员(DataBase Administrator,DBA)、系统分析员和数据库设计人员、应用程序员和终端用户。

(1) 数据库管理员。在数据库环境下有两类共享资源,一类是数据库,一类是数据库管理系统软件,因此需要有专门的管理机构来监督和管理数据库系统。DBA 则是这个机构的一个(组)人员,负责全面管理和控制数据库系统,其职责如下:

① 决定数据库中的信息内容和结构。数据库中要存放哪些信息,DBA 要参与决策。因此,DBA 必须参加数据库设计的全过程,并与用户、应用程序员、系统分析员密切合作、共同协商,搞好数据库设计。

② 决定数据库的存储结构和存取策略。DBA 要综合各用户的应用需求,和数据库设计人员共同决定数据的存储结构和存取策略,以获得较高的存取效率和存储空间的利用率。

③ 定义数据的安全性要求和完整性约束条件。DBA 的重要职责之一是保证数据库的安全性和完整性,因此,DBA 负责确定各个用户对数据库的存取权限、数据的保密级别和完整性约束条件。

④ 监控数据库的使用和运行。DBA 还有一个重要职责,就是监视数据库系统的运行情况,及时处理运行过程中出现的问题。例如,当系统发生各种故障时,数据库会因此遭到不同程度的破坏,DBA 必须在最短时间内将数据库恢复到正确状态,并尽可能地不影响或少影响计算机系统其他部分的正常运行。为此,DBA 要定义和实施适当的后备和恢复策略,例如周期性地转储数据、维护日志文件等。

⑤ 完成数据库的改进、重组或重构。DBA 还负责在系统运行期间监视系统的空间利用率、处理效率等性能指标,对运行情况进行记录、统计分析,依靠工作实践并根据实际应用环境不断改进数据库设计。不少数据库产品都提供了对数据库运行状况进行监视和分析的工具,DBA 可以使用这些软件完成这项工作。

另外,在数据运行过程中,大量数据被不断插入、删除、修改,时间一长,会影响系统的性能。因此,DBA 要定期对数据库进行重组,以提高系统的性能。

当用户的需求增加或改变时,DBA 还要对数据库进行较大的改造,包括修改部分设计,即进行数据库的重构。

(2) 系统分析员和数据库设计人员。系统分析员负责应用系统的需求分析和规范说明,要和用户及 DBA 一起确定系统的硬件和软件配置,并参与数据库系统的概要设计。数据库设计人员负责数据库中数据的确定、数据库各级模式的设计。数据库设计人员必须参与用户需求调查和系统分析,然后进行数据库设计。在很多情况下,数据库设计人员由数据库管理员担任。

(3) 应用程序员。应用程序员负责设计和编写应用系统的程序模块,并进行调试和安装。

(4) 终端用户。这里的用户指终端用户(end user),终端用户通过应用系统的用户接口使用数据库。常用的接口方式有浏览器、菜单驱动、表格操作、图形显示及报表书写等。

综上所述,数据库中包含的数据是存储在存储介质上的数据文件的集合;每个用户均可使用其中的数据,同一组数据可以被多个用户共享;数据库管理系统为用户提供对数据的存储组织、操作管理功能;用户通过数据库管理系统和应用程序实现对数据库系统的操作与应用。

1.2.2 数据库系统结构

为了有效地组织、管理数据,提高数据库的逻辑独立性和物理独立性,美国国家标准协会(American National Standards Institute,ANSI)数据库管理系统研究小组于 1978 年提出标准化的建议,为数据库设计了一个严密的三级模式体系结构,它包括外模式(external schema)、概念模式(conceptual schema)和内模式(internal schema)。三级结构之间的差别往往很大,为了实现这 3 个抽象级别的联系和转换,数据库管理系统提供了外模式与概念模式和概念模式与内模式的两级映像。数据库系统结构如图 1.5 所示。

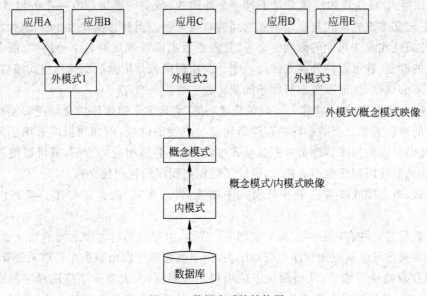

图 1.5　数据库系统结构图

1. 外模式

外模式又称为子模式或用户模式，是用户与数据库系统的接口，是用户能够看见和使用局部数据逻辑结构和特征的描述。外模式是从概念模式中导出与某一应用有关的数据子集的逻辑表示。一个数据库可以有多个外模式。如果不同用户在应用需求、看待数据的方式以及对数据保密的要求等方面存在差异，则其外模式描述就是不同的。即使概念模式中的同一数据，在外模式中的结构、类型、长度、保密级别等都可以是不同的。

外模式是保证数据库安全的一个有力措施，每个用户只能看见和访问所对应的外模式中的数据，数据库中的其余数据是不可见的。

2. 概念模式

概念模式又称为模式或逻辑模式，是数据库中全部数据逻辑结构和特征的描述，是所有用户的公共数据视图。一个数据库只有一个概念模式，通常以某种数据模型为基础，综合地考虑所有用户的需求，并将这些需求有机地结合成一个逻辑整体。定义概念模式一方面要定义数据的逻辑结构，例如数据记录由哪些数据项构成，数据项的名称、类型、取值范围等；另一方面还要定义数据项之间的联系，定义数据记录之间的联系以及定义数据的完整性、安全性等要求。

3. 内模式

内模式也称为存储模式或物理模式，是对数据物理结构和存储方式的描述，是数据在数据库内部的表示方式，一个数据库只有一个内模式。内模式是数据库最低一级的逻辑描述，它定义所有内部数据类型、索引和文件的组织方式，以及数据控制等方面的细节。例如，记录的存储方式是顺序存储，还是按照 B 树存储或按 Hash 方法存储。又如数据是否压缩存储、是否加密等。

4. 两级映像

为了能够在内部实现数据库的 3 个抽象层次的联系和转换，数据库管理系统在这三级模式之间提供了两级映像。

(1) 外模式/概念模式映像。对于每一个外模式，数据库系统都有一个外模式/概念模式映像，它定义了该外模式与概念模式之间的对应关系。当概念模式改变时，例如增加新的关系、新的属性或改变属性的数据类型等，只需要数据库管理员对各个外模式/概念模式映像做相应的改变，就可以使外模式保持不变。应用程序若是依据数据的外模式编写的，应用程序可以不必修改，保证了数据与程序的逻辑独立性。

(2) 概念模式/内模式映像。该映像是唯一的，它定义了数据库的全局逻辑结构与存储结构之间的对应关系。当数据库的存储结构发生改变的时候，例如数据库选用了另一种存储结构，此时只需数据库管理员对概念模式/内模式映射做相应的改变，就可以使概念模式保持不变，从而应用程序也不必修改，保证了数据与程序的物理独立性。

外模式/概念模式映像一般在外模式中描述，概念模式/内模式映像一般在内模式中描述。

对于数据独立性有以下两点需要说明：一方面，由于数据与程序之间的独立性，使得数据的定义和描述可以从应用程序中分离出去，由于数据的存取由数据库管理系统管理，用户不必考虑存取路径等细节，从而简化了应用程序的编制，大大减少了应用程序的维护和修改；另一方面，数据库三级模式结构使数据库系统达到了高度的数据独立性，但同时也给系统增加了额外的开销,也就是说,需要在系统中保存和管理三级结构、两级映像的内容,并且数据传输要在三级结构中来回转换,从而增加了存储空间和运行时间的开销。

1.3 数据模型

计算机不能直接处理现实世界中的客观事物,所以人们必须事先将客观事物进行抽象、组织成计算机最终能处理的某一数据库管理系统支持的数据模型(data model)。

1.3.1 数据处理的3个阶段

人们把客观存在的事物以数据的形式存储到计算机中,经历了对现实生活中事物特性的认识、概念化到计算机数据库中的具体表示的逐级抽象过程,这就需要进行两级抽象,即首先把现实世界转换为概念世界,然后将概念世界转换为某一个数据库管理系统所支持的数据模型,即现实世界—概念世界—数据世界3个阶段。有时也将概念世界称为信息世界,将数据世界称为机器世界。其抽象过程如图1.6所示。

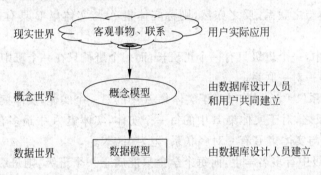

图1.6 现实世界到数据世界的抽象过程

数据模型是现实世界中数据特征的抽象,它表现为一些相关数据组织的集合。在实施数据处理的不同阶段,需要使用不同的数据抽象,包括概念模型(conceptual model)、逻辑模型(logic model)和物理模型(physical model)。

1. 概念模型

概念模型也称为信息模型,是对现实世界的认识和抽象描述,按用户的观点对数据和信息进行建模,不考虑在计算机和数据库管理系统上的具体实现,所以被称为概念模型。概念模型是对客观事物及其联系的一种抽象描述,它的表示方法很多,目前较常用的是美籍华人陈平山(Peter Chen)于1976年提出的实体—联系模型(entity-relationship model,E-R模型)。E-R模型是现实世界到数据世界的一个中间层,它表示实体及实体间的联系,涉及的基本术语如下:

(1) 实体(entity)。客观存在、可以相互区别的事物称为实体。实体可以是具体的对象,例如一名男学生、一辆汽车等,也可以是抽象的对象,例如一次借书、一场足球比赛等。

(2) 实体集(entity set)。性质相同的同类实体的集合称为实体集,例如所有的男学生、全国足球锦标赛的所有比赛等。有时,在不引起混淆的情况下实体集也称为实体。

(3) 属性(attribute)。实体有很多特性,每一个特性称为一个属性。每一个属性有一个值域,其类型可以是整数型、实数型、字符串型等。例如学生实体有学号、姓名、年龄、性别等属性。

(4) 实体标识符(identifier)。能唯一标识实体的属性或属性集称为实体标识符,有时也称为关键码(key),或简称为键。学生的学号可以作为学生实体的标识符。

例如,学生实体由学号、姓名、性别、年龄、系部等属性组成,具体学生"吕占英"的信息('S15','吕占英','女',21,'CS')是一个实体,其中,"S15"表示学生的学号,"CS"表示"计算机科学系"。2013级计算机科学系的全体同学的数据集为一个实体集,其中,学号、姓名、性别、年龄、系部等是实体的属性,"S15"是实体标识符。

现实世界的客观事物之间是有联系(relationship)的,即很多实体之间是有联系的。例如,学生和选课之间存在选课联系,教师和学生之间存在讲授联系。实体间的联系是错综复杂的,有两个实体之间的联系,称为二元联系;也有多个实体之间的联系,称为多元联系。

二元联系主要有以下 3 种情况:

(1) 一对一联系(1:1)。如果对于实体集 A 中的每一个实体,实体集 B 中最多有一个(也可以没有)实体与之联系,反之亦然,则称实体集 A 与实体集 B 具有一对一联系,记为1:1。

例如,在学校中,一个班级只有一个正班长,而一个班长只在一个班中任职,则班级与班长之间的联系就是一对一联系。

(2) 一对多联系(1:N)。如果对于实体集 A 中的每一个实体,实体集 B 中有 $N(N \geqslant 0)$ 个实体与之联系,反之,对于实体集 B 中的每一个实体,实体集 A 中最多有一个实体与之联系,则称实体集 A 与实体集 B 有一对多联系,记为 1:N。

例如,一个班级中有多名学生,而每个学生只能属于一个班级,则班级与学生之间的联系就是一对多联系。

(3) 多对多联系($M:N$)。如果对于实体集 A 中的每一个实体,实体集 B 中有 $N(N \geqslant 0)$ 个实体与之联系,反之,对于实体集 B 中的每一个实体,实体集 A 中也有 $M(M \geqslant 0)$ 个实体与之联系,则称实体集 A 与实体集 B 具有多对多联系,记为 $M:N$。

例如,一门课程同时有多个学生选修,而一个学生可以同时选修多门课程,则课程与学生之间的联系就是多对多联系。

实际上,一对一联系是一对多联系的特例,而一对多联系又是多对多联系的特例。

E-R 图是用一种直观的图形方式建立现实世界中实体与联系模型的工具,也是进行数据库设计的一种基本工具。在 E-R 图中,用矩形表示现实世界中的实体,用椭圆形表示实体的属性,用菱形表示实体间的联系。实体名、属性名和联系名分别写在相应的图形框内,并用线段将各框连接起来。

可以用 E-R 图表示两个实体之间的 3 种联系,如图 1.7 所示。

例如,有一个简单的学生选课数据库,包含学生、选修课程和任课教师 3 个实体,其中一个学生可以选修多门课程,每门课程也可以有多个学生选修,一名教师可以担任多门课程的讲授,但一门课程只允许一名教师讲授。该数据库系统的 E-R 图如图 1.8 所示。

概念模型反映了实体之间的联系,是独立于具体的数据库管理系统所支持的数据模型,是各种数据模型的共同基础。

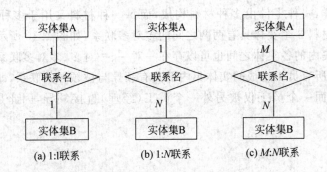

(a) 1:l联系　　　(b) 1:N联系　　　(c) M:N联系

图 1.7　两个实体间的联系

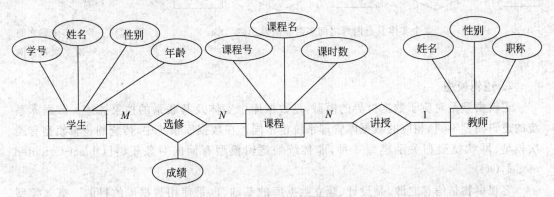

图 1.8　学生选课数据库系统的 E-R 图

三元联系是 3 个实体之间的联系,这些实体之间也存在着一对一、一对多或多对多联系。

例如,对于课程、教师与参考书 3 个实体,如果一门课程可以有多个教师讲授,使用若干本参考书,而每一个教师只讲授一门课程,每一本参考书只供一门课程使用,则课程与教师、参考书之间的联系是一对多联系,如图 1.9(a)所示。

又如,有供应商、项目和零件 3 个实体,一个供应商可以供应多个项目的多种零件,而每个项目可以使用多个供应商供应的多种零件,每种零件可由不同供应商供应,由此看出供应商、项目和零件三者之间是多对多联系,如图 1.9(b)所示。

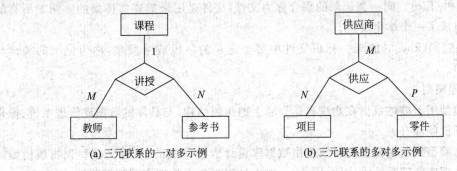

(a) 三元联系的一对多示例　　　(b) 三元联系的多对多示例

图 1.9　3 个实体之间的联系示例

要注意,3 个实体之间的多对多联系和 3 个实体两两之间的多对多联系的语义是不同的。例如有产品、零件和材料 3 个实体,一种产品中含有多种零件,一种零件又可以在多种产品中应用。同样,一种零件由多种材料构成,而每一种材料又用于多种零件生产中。这样,产品、零件和材料 3 个实体具有两两之间的多对多联系,如图 1.10 所示。

同一个实体集内的各实体之间也可以存在一对一、一对多、多对多联系,称为一元联系。例如,一个公司的所有员工组成的实体集内部具有领导与被领导的联系,即某一员工(经理)领导若干名员工,而一个员工仅被另外一个员工(经理)直接领导,因此是一对多联系,如图 1.11 所示。

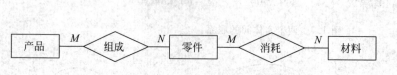

图 1.10　3 个实体具有两两之间多对多联系示例　　图 1.11　单个实体集之间
一对多联系示例

2. 逻辑模型

逻辑模型是对应于数据世界的模型,是数据库中实体及其联系的抽象描述。数据库系统的逻辑模型不同,相应的数据库管理系统也不同。在数据库系统中,传统的逻辑模型有层次模型、网状模型和关系模型 3 种,非传统的逻辑模型有面向对象模型(Object-Oriented model,OO)。

客观事物是信息之源,是设计、建立数据库的基础,也是使用数据库的目的。概念模型和逻辑模型是对客观事物及其相互关系的两种描述,实现了数据处理 3 个阶段的对应转换。

逻辑模型中的数据描述如下:

(1) 字段(field)。标记实体属性的命名单位称为字段或数据项。由于它是可以命名的最小信息单位,所以又被称为数据元素或数据项。字段的命名往往和属性名相同。例如学生有学号、姓名、性别、年龄等字段。

(2) 记录(record)。字段的有序集合称为记录。通常用一个记录描述一个实体,所以记录又可以定义为能完整地描述一个实体的字段集。例如一个学生记录由有序的字段集组成,即(学号,姓名,性别,年龄,系部)。

(3) 文件(file)。同一类记录的集合称为文件,文件是用来描述实体集的。例如所有的学生记录组成了一个学生文件。

(4) 关键码(key)。能唯一标识文件中每个记录的字段或字段集,称为记录的关键码(简称为键)。

3. 物理模型

物理模型用于描述数据在物理存储介质上的组织结构,与具体的数据库管理系统、操作系统和计算机硬件有关。

从概念模型到逻辑模型的转换是由数据库设计人员完成的,从逻辑模型到物理模型的转换是由数据库管理系统完成的,因此,一般人员不必考虑物理实现的细节。

1.3.2　常见的数据模型

数据库发展至今,有以下几种常见的数据模型。

1. 层次模型

层次模型(hierarchical model)是数据库系统中最早出现的数据模型,它的典型代表是于 1968 年由 IBM 公司推出的第一个大型商用数据库管理系统(Information Management System,IMS),这也是世界上最早的大型数据库管理系统。层次数据库系统采用树形结构来表示各类实体以及实体间的联系。现实世界中许多实体之间的联系本来就呈现出一种很自然的层次关系,例如一个单位的行政机构、一个家族的世代关系等。

根据树形结构的特点,建立数据的层次模型必须满足以下两个条件:

(1) 有一个结点没有父结点,该结点可以作为根结点。

(2) 其他结点有且仅有一个父结点。

在层次模型中,同一双亲的子女结点称为兄弟结点(sibling),没有子女结点的结点称为叶结点。图 1.12 给出了一个层次模型。其中,R_1 为根结点;R_2 和 R_3 为兄弟结点,是 R_1 的子女结点;R_4 和 R_5 为兄弟结点,是 R_2 的子女结点;R_3、R_4 和 R_5 为叶结点。

层次模型的优点如下:

(1) 层次模型的数据结构比较简单、清晰。

(2) 层次数据库的查询效率高,因为层次模型中记录之间的联系用有向边表示,这种联系在 DBMS 中常常用指针来实现。因此,这种联系也就是记录之间的存取路径。当要存取某个结点的记录值时,DBMS 沿着这一条路径很快找到该记录值,所以,层次模型的查询性能优于关系模型和网状模型。

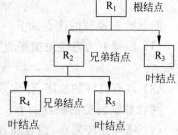

图 1.12　一个层次模型示例

(3) 层次数据模型提供了良好的完整性支持。

层次模型的缺点如下:

(1) 现实世界中很多联系是非层次型的,如结点之间具有多对多联系。

(2) 一个结点具有多个双亲等,层次模型表示这类联系的方法很笨拙,只能通过引入冗余数据(易产生不一致性)或创建非自然的数据结构(引入虚拟结点)来解决。层次模型对插入和删除操作的限制比较多,因此应用程序的编写比较复杂。

(3) 查询子女结点必须通过双亲结点。

(4) 由于结构严密,层次命令趋于程序化。

可见,用层次模型对具有一对多层次联系的实体描述非常自然、直观,容易理解,这是层次数据库的突出优点。

2. 网状模型

在现实世界中事物之间的联系更多的是非层次关系的,用层次模型表示非树形结构是很不直接的,网状模型(network model)可以克服这一弊病。在关系数据库出现之前,网状DBMS 要比层次 DBMS 用得更普遍。网状模型允许多个结点没有双亲结点,也允许结点有多个双亲结点。此外,它还允许两个结点之间有多种联系(称之为复合联系)。

下面以学生选课为例,看一看网状数据库是怎样来组织数据的。

按照常规语义,一个学生可以选修若干门课程,某一课程可以被多个学生选修,因此学生与课程之间是多对多联系。为此引进一个学生选课的实体,它由 3 个属性组成,即学号、课程号、成绩,表示某个学生选修某一门课程及其成绩。这样,学生选课数据库就包括学生、课程和选课 3 个实体。

每个学生可以选修多门课程。对于学生实体中的一个值,选课实体中可以有多个值与之联系,而选课实体中的一个值,只能与学生实体中的一个值联系。学生与选课之间的联系是一对多联系,课程与选课之间的联系也是一对多联系。图 1.13 所示为学生选课数据库的网状数据模型。

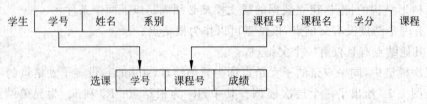

图 1.13　学生选课数据库的网状数据模型

网状数据模型的优点如下:

(1) 能够更为直接地描述现实世界,如一个结点可以有多个双亲,结点之间可以有多种联系。

(2) 具有良好的性能,存取效率较高。

网状数据模型的缺点如下:

(1) 结构比较复杂,而且随着应用环境的扩大,数据库的结构变得越来越复杂。

(2) 网状模型的数据表示、数据操作复杂。

(3) 由于记录之间的联系是通过存取路径实现的,应用程序在访问数据时必须选择适当的存取路径,因此,用户必须了解系统结构的细节,这样就加重了编写应用程序的负担。

3. 关系模型

关系模型(relational model)是目前比较流行的一种数据模型。自 20 世纪 80 年代至今,所推出的数据库管理系统几乎都支持关系模型。关系模型用规范化的二维表来表示实体及其相互之间的联系。每个关系(relation)均有一个名字,称为关系名。每一行称为该关系的一个元组(tuple),每一列称为一个属性(attribute)。一个关系不能有相同的元组和相同的属性,如表 1.1 所示的学生登记表。

表 1.1　学生登记表

学号	姓名	年龄	性别	系名	年级
201312004	王小明	19	女	计算机系	2013
201312006	黄大鹏	20	男	数学系	2013
201312008	张文斌	18	女	经管系	2013
…	…	…	…	…	…

关系模型的优点如下:

(1) 关系模型与非关系模型不同,它是建立在严格数学概念基础上的。

(2) 关系模型概念单一,无论实体还是实体之间的联系都用关系来表示。对数据的检索和更新结果也是关系(即二维表),所以其数据结构简单、清晰,用户易懂易用。

(3) 关系模型的存取路径对用户透明,从而具有更高的数据独立性、更好的安全保密性,也简化了程序员工作和数据库开发操作。

当然,关系模型也有缺点,其中最主要的缺点是,由于存取路径对用户透明,查询效率往往不如非关系数据模型高。因此,为了提高性能,DBMS 必须对用户的查询请求进行优化,这样就增加了开发 DBMS 的难度。

本书所讨论的 SQL Server 2008 就是关系数据库管理系统(Relationship DataBase Management System,RDBMS),关系数据库的相关概念将在第 2 章中详细介绍。

4. 面向对象模型

面向对象模型是一种新兴的数据模型,它是将数据库技术与面向对象程序设计方法相结合的数据模型。面向对象数据模型的存储以对象为单位,每个对象包含对象的属性和方法,具有类和继承等特点。

例如,对于图 1.8 所示的 E-R 图,可以设计成图 1.14 所示的面向对象模型。该模型中有 5 个类,分别是学习_1(学生和课程实体的联系)、学习_2(课程和教师实体的联系)、学生、课程、教师。其中,"学习_1"类的属性"学号"的取值为"学生"类中的对象,属性"课程号"的取值为"课程"类中的对象;"学习_2"类的属性"课程号"的取值为"课程"类的对象,属性"姓名"取值为"教师"类的对象,这就充分表达了图 1.8 中 E-R 图的全部语义。

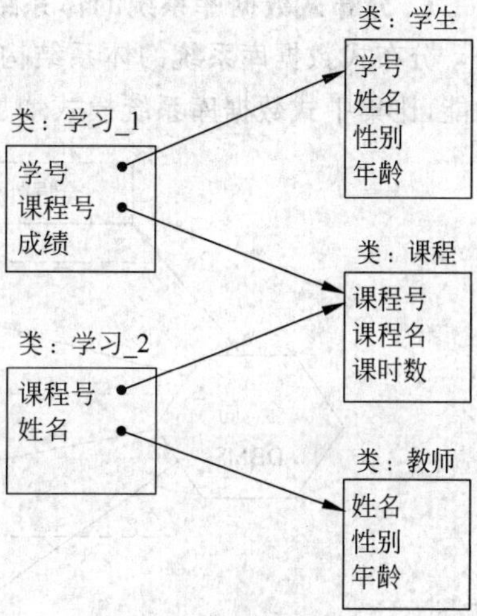

面向对象模型的优点如下:

(1) 能有效地表达客观世界和有效地查询信息。

(2) 可维护性好。

(3) 能很好地解决应用程序语言与数据库管理系统对数据类型支持的不一致问题。

图 1.14　学生选课的面向对象模型

面向对象模型的缺点如下:

(1) 技术还不成熟,面向对象模型还存在着标准化问题,是修改 SQL 以适应面向对象的程序,还是用新的对象查询语言来代替它,目前还没有解决。

(2) 面向对象系统开发的有关原理才刚开始,只是初具雏形,还需要一段时间的研究。但在可靠性、成本等方面还是可以令人接受的。

(3) 理论还需完善,到现在为止还没有关于面向对象分析的一套清晰的概念模型,怎样设计独立于物理存储的信息还不明确。

1.4　几种新型的数据库系统

数据库技术自 20 世纪 60 年代中期以来,已从第一代的网状、层次数据库系统,第二代的关系数据库系统,发展到第三代以面向对象模型为主要特征的数据库系统。随着计算机技术和网络通信技术的发展,计算机应用领域迅速扩展,以关系数据库为代表的传统数据库系统已经很难胜任新领域的需求,因为新的应用要求数据库能处理复杂性较高的数据,例如处理存储地点分散的数据、多媒体数据、与时间和空间有关的数据,甚至还要求数据库有动态性和主动性等。

1.4.1　分布式数据库系统

分布式数据库管理系统(Distributed DataBase Management System,DDBMS)是数据库技术、计算机网络技术与分布处理技术相结合的产物,是地理上分布在计算机网络的不同结点上、逻辑上属于同一系统的数据库系统。

分布式数据库系统常常采用集中和自治相结合的控制机构。各局部的数据库管理系统可以独立地管理局部数据库,具有自治的功能。同时,系统又设有集中控制机制,协调各局部数据库管理系统的工作,执行全局应用。

1. 分布式数据库系统的体系结构

分布式数据库系统的体系结构是在原来集中式数据库系统的基础上增加了分布式处理功能,比集中式数据库系统模式增加了四级模式和映像。其体系结构如图 1.15 所示。

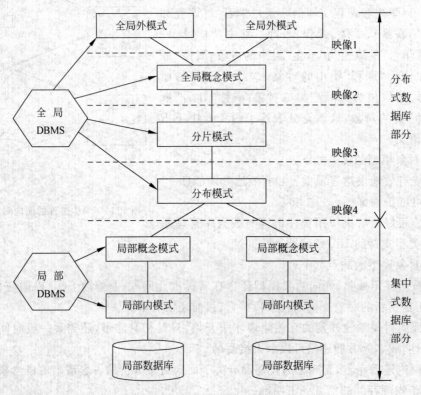

图 1.15　分布式数据库系统体系结构

在该图的下半部分,是原来集中式数据库系统的结构,只是加上了"局部"二字,实际上,每个"局部"都是一个相对独立的数据库系统。该图的上半部分增加了四级模式和映像,包括以下内容:

(1) 全局外模式。全局应用的用户视图,是全局概念模式的子集。

(2) 全局概念模式。定义分布式数据库系统的整体逻辑结构,为便于向其他模式映像,一般采取关系模式,其内容包括一组全局关系的定义。

(3) 分片模式。全局关系可以划分为若干不相交的部分,每个部分就是一个片段。分片模式定义片段以及全局关系到片段的映像。一个全局关系可以定义多个片段,每个片段只能来源于一个全局关系。

(4) 分布模式。一个片段可以物理地分配在网络的不同结点上,分片模式定义片段的存放结点。

由分布模式到各个局部数据库的映像,把存储在局部结点的全局关系或全局关系的片段映像为各个局部概念模式。局部概念模式采用局部结点上数据库管理系统所支持的数据模型。

2. 分布式数据库系统的优点和缺点

分布式数据库系统是在集中式数据库系统的基础上发展起来的,与集中式数据库系统相比较,分布式数据库系统具有以下优点:

(1) 更适合分布式的管理与控制。分布式数据库系统的结构更适合具有地理分布特性的组织或机构使用,允许分布在不同区域、不同级别的各个部门对其自身的数据实行局部控制。例如,实现全局数据在本地输入、查询及维护,这时由于计算机资源靠近用户,可以降低通信代价,提高响应速度,而涉及其他场地数据库中的数据只是少量的,从而可以大大减少网络上的信息传输量,同时,局部数据的安全性也可以做得更好。

(2) 具有灵活的体系结构。集中式数据库系统强调的是集中式控制,物理数据库是存放在一个场地上的,由一个数据库管理系统集中管理。多个用户只可以通过近程或远程终端在多用户操作系统支持下运行该数据库管理系统来共享集中式数据库中的数据。而分布式数据库系统的场地具有局部数据库管理系统的自治性,使得大部分局部事务管理和控制都能就地解决,只有在涉及其他场地的数据时才需要通过网络作为全局事务来管理。

(3) 系统经济、可靠性高,并且可用性好。与一个大型计算机支持一个大型的集中式数据库再加一些进程和远程终端相比,分布式数据库系统往往具有更高的性价比和实施的灵活性。分布式系统比集中式系统具有更高的可靠性和更好的可用性,如果数据分布在多个场地并有许多冗余数据,当个别场地或个别通信链路发生故障时,不至于导致整个系统的崩溃,而且系统的局部故障不会引起全局失控。

(4) 在一定条件下响应速度加快。如果存取的数据在本地数据库中,那么就可以由用户所在的计算机来执行,速度加快。

(5) 可扩展性好,易于集成现有系统,也易于扩充。对于一个企业或组织,可以采用分布式数据库技术在已建立的若干数据库基础上开发全局应用,对原有局部数据库系统作某些改动,形成一个分布式系统。这比重建一个大型数据库系统要简单,既节省时间,又节省财力、物力。用户也可以通过增加场地数的办法,迅速扩充已有的分布式数据库系统。

分布式数据库系统的缺点如下:

(1) 通信开销较大,故障率高。例如,在网络通信传输速度不高时,系统的响应速度慢,与通信的相关因素往往导致系统故障,同时系统本身的复杂性也容易导致较高的故障率。当故障发生后系统恢复也比较复杂,可靠性有待提高。

(2) 数据的存取结构复杂。一般来说,在分布式数据库中存取数据比在集中式数据库中存取数据更复杂,开销更大。

(3) 数据的安全性和保密性较难控制。在具有高度场地自治的分布式数据库中,不同场地的局部数据库管理员可以采用不同的安全措施,但是无法保证全局数据都是安全的。

安全性问题是分布式系统固有的问题，因为分布式系统是通过通信网络来实现分布控制的，而通信网络本身却在保护数据的安全性和保密性方面存在弱点，所以，数据很容易被窃取。

（4）分布式数据库的设计、场地划分及数据在不同场地的分配比较复杂。数据的划分及分配对系统的性能、响应速度及可用性等具有极大的影响。不同场地的通信速度与局部数据库系统的存取速度相比是非常慢的，因为通信系统有较高的延迟，在 CPU 上处理通信信息的代价也很高。

分布式数据库系统中要重点解决的是分布式数据库的设计、查询处理和优化、事务管理及并发控制和目录管理等问题。

1.4.2　面向对象数据库系统

面向对象数据库系统（Object-Oriented DataBase System，OODBS）是将面向对象的模型、方法和机制与先进的数据库技术有机地结合起来而形成的新型数据库系统。面向对象数据库的产生主要是为了解决面向对象程序设计语言与数据库的无缝连接，也就是说，不需要对数据库做任何改动（或基本不需要），就可以用面向对象程序设计语言透明地访问数据库。由于实现了无缝连接，使得面向对象数据库能够支持非常复杂的数据模型。例如，职工有职工号、姓名、性别、工资、部门等属性，而部门又有部门号、部门名、部门性质、部门经理等属性。关系数据库中属性的取值只能是基本数据类型，这样，职工元组中的部门属性的取值只能是部门号，要查询某职工及其所在部门的信息就需要做"职工"和"部门"两个关系的连接，这样的表示方式既不自然，又影响查询速度。面向对象数据库中对象属性的取值可以是另外一个对象，一个职工对象的部门属性的取值可以是该部门对象，实际储存的是该对象的对象标识，这样的表示方式自然、易理解，而且在查询某职工及其所在部门的信息时可以通过该部门的对象标识直接找到那个部门，提高了查询的速度。

面向对象的数据库系统的基本思想是在数据库框架中发展类、数据抽象、继承和持久性，一方面把面向对象语言向数据库方向扩展，使应用程序能够直接存取并处理对象，另一方面扩展数据库系统，使其具有面向对象特征，以便对现实世界中复杂应用的实体和联系建模。面向对象数据库系统的优点如下：

（1）有效地表达客观世界和有效地查询信息。面向对象方法综合了在关系数据库中发展的全部工程原理、系统分析、软件工程和专家系统领域的内容。面向对象的方法符合一般人的思维规律，即将现实世界分解成明确的对象，这些对象具有属性和行为。系统设计人员用面向对象数据库管理系统创建的计算机模型能更直接地反映客观世界，最终用户不管是不是计算机专业人员，都可以通过这些模型理解和评述数据库系统。

（2）工程中的一些问题对关系数据库来说显得太复杂，不采取面向对象的方法很难实现。面向对象数据库管理系统扩展了面向对象的编程环境，该环境可以支持高度复杂数据结构的直接建模。

（3）可维护性好。数据库设计者可以在尽可能少影响现存代码和数据的条件下修改数据库结构，在发现有不能适合原始模型的特殊情况下，能增加一些特殊的类来处理这些情况而不影响现存的数据。如果数据库的基本模式或设计发生变化，为了与模式变化保持一致，数据库可以建立原对象的修改版本，从而简化了在异种硬件平台的网络上的分布式数据库的运行。

面向对象数据库系统的缺点是技术还不成熟，理论还需完善。

经过数年的开发和研究，面向对象数据库的当前状况是，对面向对象数据库的核心概念逐步取得了共同的认识，标准化的工作正在进行；随着核心技术逐步解决，外围工具正在开发，面向对象数据库系统正走向实用阶段；对性能和形式化理论的担忧仍然存在。系统在实现中仍面临着新技术的挑战。

1.4.3 多媒体数据库系统

多媒体数据库系统(Multimedia DataBase System，MDBS)是数据库技术与多媒体技术结合的产物。多媒体数据库是从多媒体数据与信息本身的特性出发，考虑将其引入到数据库中之后所带来的有关问题。多媒体数据库主要解决 3 个方面的问题，一是信息媒体的多样化，不仅仅是数值数据和字符数据，还要扩大到多媒体数据(如文本、图片、音频、视频、半结构化数据、元数据等)的存储、组织、使用和管理；二是要解决多媒体数据集成或表现集成，实现多媒体数据之间的交叉调用和融合，集成粒度越细，多媒体一体化表现越强，应用的价值就越大；三是多媒体数据与用户之间的交互性。

多媒体数据库系统的特点如下：

(1) 比传统数据库管理系统更强地适合非格式化数据的查询功能。如对图片、音频、视频等数据做整体或部分查询，通过范围、知识和其他描述符的确定值和模糊值查询各种媒体数据，通过对非格式化数据的分析建立图示等索引来查询数据，可以同时查询多个数据库中的数据。

(2) 适合非格式化数据的浏览功能。浏览数据库信息的目录结构，对于某一具体问题，浏览与该题目相关的一般信息，并且可以查找数据库中用户假设的信息支持。

(3) 构造解的功能。使用一系列的应用约束和触发条件，解决要求访问大容量数据问题和数据库的一致性问题。

(4) 对不同非格式数据具有相应的操作。如对图形数据进行覆盖(overlay)、邻接(abutment)、镶嵌(mosaic)、交接(overlap)、比例(scale)、剪裁(crop)、颜色转换、定位等操作；对声音数据进行声音合成、声音信号调度、声调和声音强度增减调整等。

1.4.4 空间数据库系统

空间数据库系统(Spatial DataBase System，SDBS)指的是地理信息系统(Geographic Information System，GIS)在计算机物理存储介质上存储与应用相关地理空间数据的总和，通常是以一系列特定结构的文件的形式组织在存储介质之上的。空间数据库的研究始于 20 世纪 70 年代的地图制图与遥感图像处理领域，其目的是为了有效地利用卫星遥感资源迅速绘制出各种经济专题地图。由于传统的关系数据库在空间数据的表示、存储、管理、检索上存在许多缺陷，从而形成了空间数据库这一数据库研究领域。而传统数据库系统只针对简单对象，无法有效地支持复杂对象(如图形、图像)。

空间数据库系统的特点如下。

(1) 数据量庞大。空间数据库面向的是地理学及其相关对象，而在客观世界中它们所涉及的往往是地球表面信息、地质信息、大气信息等极其复杂的现象和信息，所以描述这些信息的数据容量很大，容量通常达到 GB 级。

（2）具有高可访问性。空间信息系统要求具有强大的信息检索和分析能力，这是建立在空间数据库基础上的，需要高效访问大量数据。

（3）空间数据模型复杂。空间数据库存储的不是单一性质的数据，而是涵盖了几乎所有与地理相关的数据类型，这些数据类型主要可以分为 3 类：

① 属性数据。与通用数据库基本一致，主要用来描述地理现象的各种属性，一般包括数字、文本、日期类型。

② 图形图像数据。与通用数据库不同，空间数据库系统中大量的数据借助于图形、图像来描述。

③ 空间关系数据。存储拓扑关系的数据，通常与图形数据合二为一。

（4）属性数据和空间数据联合管理。

（5）应用范围广泛。

1.4.5 专家数据库系统

人工智能（Artificial Intelligence，AI）是研究计算机模拟人类大脑和模拟人类活动的一门科学，因此，逻辑推理和判断是其最主要的特长，但对于信息检索其效率很低。数据库技术是数据处理的最先进的技术，对于信息检索有其独特的优势，但对于逻辑推理却无能为力。专家数据库系统（Expert DataBase System，EDBS）是人工智能与数据库技术相结合的产物，它具有这两种技术的优点，避免了它们的缺点。专家数据库系统是一种新型的数据库系统，它所涉及的技术除了人工智能和数据库以外还有逻辑、信息检索等多种技术和知识。

1. 研究目标

专家数据库系统的研究目标如下：

（1）专家数据库系统中不仅包含大量的事实，而且应包含大量的规则。

（2）专家数据库系统应具有较高的检索和推理效率，满足实时要求。

（3）专家数据库系统不仅能检索，而且能推理。

（4）专家数据库系统应能管理复杂的类型对象，如计算机辅助设计（Computer Aided Design，CAD），计算机辅助制造（Computer Aided Manufacturing，CAM）等。

（5）专家数据库应能进行模糊检索。

2. 研究成果

专家数据库系统的研究成果如下：

（1）智能数据库接口。这是比较模糊的说法，并没有准确的定义，主要包括自然语言输入理解，多媒体声、图、文一体化用户接口，不确定推理。

（2）知识数据模型的发展。传统的数据模型中没有关于知识的描述，专家数据库既要处理数据，又要处理知识，在数据模型中当然要反映出来，因此提出了知识数据模型。知识数据模型要扩展数据模型，使新系统能处理复杂的对象，例如时态、特殊坐标、事件、活动等。

（3）存储模型。传统人工智能系统在存储上是非常落后的、原始的，未采用现代数据存储和存取技术，因此，只能处理少量规则和事实，而且效率极低。近些年，开发人员吸取了数据处理的先进技术，在存储模型方面取得了以下进展。

① 将内存模式（全部事实和规则都进内存）改为内外存交互模式，即采用缓冲区技术。

② 将规则、模式、数据等存在磁盘上。

③ 可有效存取大型数据库和知识库。

④ 不用其他逻辑方法,紧紧抓住带有递归的 HORN 子句逻辑作设计语言的基础。

⑤ 捕捉规则,寻找规则/目标树。

⑥ 提出了对数据库进行查询/子查询的优化方法——DATA-LOG 的评价。

1.4.6 工程数据库系统

工程数据库系统(Engineering DataBase System,EDBS)是数据库领域中另一个有着广阔应用前景和巨大经济效益的分支。近些年,在国际上对它的研究十分活跃,而且在某些国家已经产生了相当的经济效益。所谓工程数据库系统是指在工程设计中(主要是 CAD/CAM 中)用到的数据库。由于对工程中的环境、要求不同,工程数据库与传统的信息管理中用到的数据库有着很大的区别。

1. 应用环境

在工程设计中有着大量的数据和信息需要保存和处理。例如零件的设计模型或图纸上的各种数据、材料、工差、精度、版本等信息需要保存、管理和检索。管理这些信息最好的技术就是数据库技术。

一个计算机辅助设计系统主要包括 4 个软件模块,即数据库管理系统、图形系统、方法库及应用程序。图 1.16 是工程数据库系统的应用环境。

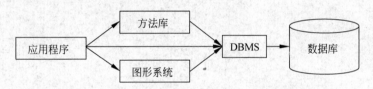

图 1.16　工程数据库系统的应用环境

从该图中可以看出,在计算机辅助设计系统中任何运行都离不开数据库。无论是交互设计、分析、绘图,还是数据控制信息的输出,所有这些工作都建立在公共数据库上。数据库是 CAD 系统的核心,是 CAD 系统的信息源,是连接 CAD 应用程序、方法库及图形处理系统的"桥梁"。在工程数据库系统中,存放着各用户的设计资料、原始资料、规范、典型设计、标准图纸及各种手册等数据。

2. 主要特点

工程数据库系统的主要特点如下:

(1) 设计者是一个临时用户。

(2) 主要数据库是图形和图像数据。

(3) 数据库规模庞大。

(4) 设计处理的状态是直观和暂时的。

(5) 设计的多次版本信息都要予以保存。

(6) 事务是"长寿的",从设计到生产周期较长。

(7) 数据要求有序性。

(8) 数据项可多达几百项。

这些特点决定了工程数据库与传统数据库的应用要求有着许多不同之处。

习 题 1

1. 名词解释：

DB　　　　DBMS　　　　DBS　　　　外模式　　　　概念模式

内模式　　实体　　　　属性　　　　实体标识符　　分布式数据库

2. 文件管理阶段的数据管理有哪些特点？

3. 文件管理阶段的数据管理有什么缺陷？试举例说明。

4. 数据库管理阶段的数据管理有哪些特点？

5. 实体之间的联系有哪几种？分别举例说明？

6. 分析层次模型、网状模型和关系模型的特点。

7. 简述数据库系统的两级映像和数据独立性之间的关系。

8. 分析分布式数据库的体系结构。

9. 当前几种主要的新型数据库系统各有何特点？用于哪些领域？

第 2 章　关系数据库的基本理论

关系数据库是目前应用最为广泛的主流数据库,由于它以数学方法为基础管理并处理数据库中的数据,所以关系数据库与其他数据库相比具有比较突出的优点。20 世纪 80 年代以来,数据库厂商新推出的数据库管理系统产品主要以关系数据库为主,非关系数据库产品也大多添加了关系接口。正是关系数据库的出现和发展,促进了数据库应用领域的扩大和深入,因此关系数据库的理论、技术和应用十分重要,也是本书重点研究的内容之一。

2.1　关系数据模型

关系数据模型采用人们熟悉的二维表来描述实体与实体之间的联系,每一个关系就是一张规范的二维表,概念清晰,使用方便。

2.1.1　关系数据结构

数据结构是所研究对象类型的集合。关系模型的数据结构非常单一,在关系模型中,概念世界的实体及实体间的联系均用关系来表示。

1. 关系模式

每个关系都有一个模式,称为关系模式(relation schema),关系模式由一个关系名和它的所有属性名构成,一般表示为关系名(属性 1,属性 2,…,属性 n)。在不引起混淆的情况下,也常称关系名为关系模式或关系,例如关系模式 R(A,B,C),也称为关系 R 或关系模式 R。

表 2.1 是一张学生表,它是一张二维表格,显然,这就是一个关系。

为简单起见,对表格进行数学化,用字母表示表格的内容。表 2.1 可用图 2.1 所示的表格表示。

表 2.1　学生表(实体集)

SNO	SNAME	SEX	AGE	SDEPT
S1	程晓晴	F	21	CS
S2	姜 芸	F	20	IS
S3	李小刚	M	21	CS

关系中属性的个数称为"元数"(arity),元组的个数称为"基数"(cardinality)。

在关系模型中,字段称为属性,字段值称为属性值,记录类型称为关系模式。在图 2.1 中,关系模式名是 R,关系模式表示为 R(A,B,C,D,E)。记录称为元组(tuple),元组的集合称为关系(relation)或实例(instance)。

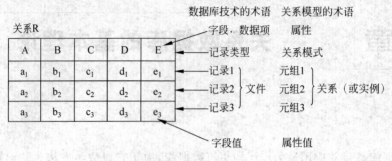

图 2.1 关系模型术语

通常用大写字母 A、B、C、…表示单个属性,用大写字母…、W、X、Y、Z 表示属性集,用小写字母表示属性值。

在此,关系 R 的元数为 5,基数为 3。有时也习惯直接称关系为表格,元组为行,属性为列。关系中的每一个属性都有一个取值范围,称为属性的域(domain)。属性 A 的域用DOM(A)表示。每一个属性对应一个值域,不同的属性可对应同一值域。

从表 2.1 所示的学生表实例,可以归纳出关系具有以下特点:

(1) 关系(表)可以看成是由行和列(3 行和 5 列)交叉组成的二维表格,它表示的是一个实体集合。

(2) 表中的一行称为一个元组,可用来表示实体集中的一个实体。

(3) 表中的列称为属性,要给每一列起一个名称,即属性名,表中的属性名不能相同。

(4) 列的取值范围称为域,同列具有相同的域,不同的列也可以有相同的域。例如,SEX 的取值范围是{M(男),F(女)},AGE 为整数域。

(5) 表中的任意两行(元组)不能相同,能唯一标识表中不同行的属性或属性组称为主键。

尽管关系与二维表格传统的数据文件有类似之处,但它们又有区别,严格地说,关系是一种规范化了的二维表格,具有以下性质:

(1) 属性值是原子的,不可分解。

(2) 没有重复元组。

(3) 没有行序。

(4) 理论上没有列序,但使用时一般都有列序。

2. 键

在关系数据库中,键(key)也称为码或关键字,它通常由一个或几个属性组成,能唯一地表示一个元组。

(1) 超键(super key)。在一个关系中,能唯一标识元组的属性或属性组称为关系的超键。

(2) 候选键(candidate key)。如果一个属性组能唯一标识元组,且不含有多余的属性,那么这个属性组称为关系的候选键。

(3) 主键(primary key,PK)。若一个关系中有多个候选键,则选择其中的一个为关系的主键。通常用主键实现关系定义中"表中任意两行(元组)不能相同"的约束。包含在任何一个候选键中的属性称为主属性(primary attribute),不包含在任何键中的属性称为非主属性(nonprimary attribute)或非键属性(non-key attribute)。

例如,在表2.1所示的关系中,设属性组 K＝(SNO,SDEPT),虽然 K 能唯一标识学生记录,但 K 只能是关系的超键,不能作为候选键使用。因为 K 中的"SDEPT"是一个多余属性,只有"SNO"能唯一标识学生记录,所以"SNO"是一个候选键。另外,如果规定"不允许有同名同姓的学生",那么"SNAME"也可以是一个候选键。关系的候选键可以有多个,但不能同时使用,一次只能使用其中的一个。例如,使用"SNO"来标识学生记录,那么"SNO"就是主键了。

(4) 外键(foreign key,FK):若一个关系 R 中包含有另一个关系 S 的主键所对应的属性组 F,则称 F 为 R 的外键,称关系 S 为参照关系,称关系 R 为依赖关系。

例如,学生关系和系部关系分别为:

学生(SNO,SNAME,SEX,AGE,SDNO)
系部(SDNO,SDNAME,CHAIR)

学生关系的主键是 SNO,系部关系的主键为 SDNO,在学生关系中,SDNO 是它的外键。更确切地说,SDNO 是系部表的主键,将它作为外键放在学生表中,实现两个表之间的联系。在关系数据库中,表与表之间的联系就是通过公共属性实现的。本书约定,在主键的属性下面加下划线,在外键的属性下面加波浪线。

3. 关系模式、关系子模式和存储模式

关系模型基本上遵循数据库的三级体系结构。在关系模型中,概念模式是关系模式的集合,外模式是关系子模式的集合,内模式是存储模式的集合。

1) 关系模式

关系模式是对关系的描述,严格来讲,关系模式除了应该包含模式名,组成该关系的属性名以外,还应该包含值域名和模式的主键。一个具体的关系称为一个实例。

例 2.1 图 2.2 是一个简单教学管理数据库模型的实体联系图。实体类型"学生"的属性 SNO、SNAME、SEX、AGE、SDEPT 分别表示学生的学号、姓名、性别、年龄和学生所在系部;实体类型"课程"的属性 CNO、CNAME、CDEPT、TNAME 分别表示课程号、课程名、课程所属系部和任课教师。学生用 S 表示,课程用 C 表示,S 和 C 之间的联系 SC 是 $M:N$ 联系(一个学生可以选多门课程,一门课程可以被多个学生选修)。SC 的属性"成绩"用 GRADE 表示。

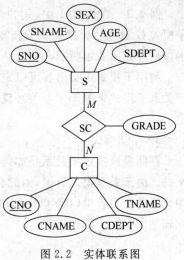

图 2.2 所示的 E-R 图中表示学生情况的部分转换成相应的关系模式为:

S(SNO,SNAME,SEX,AGE,SDPET)

关系模式 S 描述了学生的数据结构,它是图 2.2 中学生实体的关系模式。

图 2.2 所转换成的关系模式集如图 2.3 所示,其中,

图 2.2 实体联系图

SNO、CNO 为关系 SC 的主键，SNO、CNO 又分别为关系 SC 的两个外键。

> 学生关系模式　　S(SNO,SNAME,SEX,AGE,SDPET)
> 选修关系模式　　SC(SNO,CNO,GRADE)
> 课程关系模式　　C(CNO,CNAME,CDEPT,TNAME)

图 2.3　关系模式集

表 2.2 是这个关系模式的实例。

表 2.2　关系模式集的 3 个具体关系

(a) 学生关系

SNO	SNAME	SEX	AGE	SDEPT
S1	王丽萍	F	19	CS
S2	姜芸	F	20	IS
S3	马长友	M	20	CS

(b) 课程关系

CNO	CNAME	CDEPT	TNAME
C1	高等数学	IS	王红卫
C2	数据库原理	CS	李绍丽
C3	数据结构	CS	刘良

(c) 选修关系

SNO	CNO	GRADE
S1	C1	87
S1	C2	78
S1	C3	90
S2	C1	67
S2	C2	79
S2	C3	56
S3	C1	80
S3	C2	76
S3	C3	92

关系模式是用数据定义语言(DDL)定义的，关系模式的定义包括模式名、属性名、值域名以及模式的主键。由于不涉及物理存储方面的描述，所以，关系模式仅仅是对数据本身特征的描述。

2) 关系子模式

有时，用户使用的数据不直接来自一个关系模式中的数据，而是通过外键连接从若干关系模式中抽取满足一定条件的数据，这种结构可用关系子模式实现。关系子模式是用户所需数据结构的描述，其中包括这些数据来自哪些模式和应满足哪些条件。

例 2.2　在例 2.1 中，用户需要用到成绩子模式 G(SNO,SNAME,CNO,GRADE)。子模式 G 对应的数据来源于表 S 和表 SC，构造时应满足它们的 SNO 值相等。子模式 G 的构造过程如图 2.4 所示。

利用子模式定义语言可以定义用户对数据进行操作的权限，例如是否可读、更新等。由于关系子模式来源于多个关系模式，因此是否允许对子模式的数据进行插入和更新就不一定了。

3) 存储模式

存储模式描述了关系是如何在物理存储设备上存储的，关系存储时的基本组织方式是文件。由于关系模式有键，因此存储一个关系可以用散列方法或索引方法实现。如果关系中元组的数目较少(100 以内)，也可以用堆文件方式实现。此外，还可以对任意的属性集建立辅助索引。

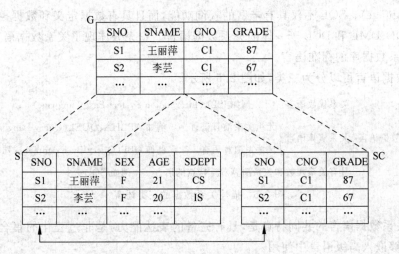

图 2.4 子模式 G 的定义

2.1.2 关系操作

关系操作的特点是集合操作方式,即操作的对象和结果都是集合,这种操作方式也称为一次一集合(set-at-a-time)方式。相应地,非关系数据模型的数据操作方式则为一次一记录(record-at-a-time)方式。

1. 基本的关系操作

关系模型中常用的关系操作包括查询(query)、插入(insert)、删除(delete)和更新(update)操作。

关系的查询表达能力很强,是关系操作中最主要的部分。查询操作又可以分为选择(select)、投影(project)、连接(join)、除(divide)、并(union)、差(except)、交(intersection)、笛卡儿积(cartesian product)等。

其中,选择、投影、并、差、笛卡儿积是 5 种基本操作,其他操作可以用基本操作来定义和导出,就像乘法可以用加法来定义和导出一样。

2. 关系操作的表示

早期的关系操作通常用代数方式或逻辑方式来表示,分别称为关系代数(relational algebra)和关系演算(relational calculus)。关系代数是用对关系的运算来表达查询要求的,关系演算是用谓词来表达查询要求的。关系演算又可按谓词变元的基本对象是元组变量还是域变量分为元组关系演算和域关系演算。关系代数、元组关系演算和域关系演算语言在表达能力上是完全等价的。

关系代数、元组关系演算和域关系演算均是抽象的查询语言,这些抽象的语言与具体的 RDBMS 中实现的实际语言并不完全一样,但它们能作为评估实际系统中查询语言能力的标准或基础。实际的查询语言除了提供关系代数或关系演算的功能外,还提供了许多附加功能,例如统计函数(statistical function)、关系赋值、算术运算等,使得目前实际的查询语言功能十分强大。

另外,还有一种介于关系代数和关系演算之间的结构化查询语言 SQL(Structured

Query Language)。SQL 不仅具有丰富的查询功能,而且具有数据定义和数据控制功能,是集查询、DDL、DML 和 DCL 于一体的关系数据语言。它充分体现了关系数据语言的特点和优点,是关系数据库的标准语言。

关系数据语言可以分为三类,如图 2.5 所示。

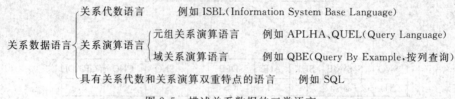

图 2.5　描述关系数据的三类语言

这些关系数据语言的共同特点是,具有完备的表达能力,是非过程化的集合操作语言,功能强,能够嵌入高级语言中使用。

关系语言是一种高度非过程化的语言,用户不必请求 DBA 为其建立特殊的存取路径,存取路径的选择由 RDBMS 的优化机制来完成。例如,在一个存储有几百万条记录的关系中查找符合条件的某一个或某一些记录,从原理上讲可以有多种查找方法。例如,可以顺序扫描这个关系,也可以通过某一种索引来查找。不同的查找路径(或者称为存取路径)的效率是不同的,有的完成某一个查询可能很快,有的可能极慢。在 RDBMS 中研究和开发了查询优化方法,系统可以自动地选择较优的存取路径,从而提高查询效率。

2.1.3　关系的完整性约束

由于关系数据库中的数据不断更新,为了维护数据库中的数据与现实世界的一致性,必须对关系数据库加以约束。关系的完整性约束是对关系的某种约束条件,也就是说,关系的值随时间变化时都应该满足这些约束条件。

1. 域完整性约束

域完整性约束(domain constraints):关系中属性 A 的值应该是域 DOM(A)中的值,并由语义决定其能否取空值(NULL)。

若选修关系 SC 中 DOM(GRADE)是 0～100 的整数范围,当某学生的成绩为 76.5 或 105 时则破坏了域完整性约束。NULL 用来说明在数据库中某些属性值可能是未知的,或在某些场合下是不适应的。例如,教师的关系模式 T(TNO,TNAME,TDEPT),其属性分别表示教师编号、教师姓名、教师所在系部。如果一个教师刚刚调入并且尚未分配具体单位,属性 TDEPT 可以取空值。

域完整性约束是最简单、最基本的约束。在目前的 RDBMS 中,一般都有域完整性约束检查功能。

2. 实体完整性约束

实体完整性约束(entity integrity constraints):若属性(指一个或一组属性)A 是基本关系 R 的主属性,则 A 不能取空值。

例如,在关系 S(SNO,SNAME,SEX,AGE,SDPET)中,SNO 属性为主属性,则 SNO 不能取空值。

按照实体完整性约束的规定,基本关系的主键都不能取空值。如果主键由若干属性组成,则所有这些主属性都不能取空值。例如,在学生选课关系 SC(SNO,CNO,GRADE)中,SNO、CNO 为主键,则 SNO 和 CNO 两个属性都不能取空值。

对于实体完整性约束有以下几点说明:

(1) 实体完整性约束是针对基本关系而言的,一个基本关系通常对应现实世界中的一个实体集。例如,学生关系对应学生的集合。

(2) 现实世界中的实体是可区分的,即它们具有某种唯一性标识。例如,每个学生都是独立的个体,是不一样的。

(3) 关系模型中以主键作为唯一性标识。

(4) 如果主属性取空值,则说明存在某个不可标识的实体,即存在不可区分的实体,这与(2)相矛盾,因此这个规则称为实体完整性。

3. 参照完整性约束

现实世界中的实体之间往往存在某种联系,在关系模型中,实体与实体间的联系都是用关系来描述的,这样就自然存在着关系与关系间的引用。

参照完整性约束(referential integrity constraint):关系的外键必须是另一个关系主键的有效值或者是空值。

例 2.3 学生实体 S 的属性 SNO、SNAME、SEX、AGE、PNO 分别表示学生的学号、姓名、性别、年龄和专业号;"专业"实体 P 的属性 PNO、PNAME 分别表示学生所学专业的专业号和专业名,可以用下面的关系来表示。其中,主键用下划线标识,外键用波浪线标识:

S(SNO, SNAME, SEX, AGE, PNO)
P(PNO, PNAME)

这两个关系之间存在着属性的引用,即关系 S 引用了 P 关系的主键 PNO。显然,S 关系中的 PNO 值必须是实际存在的专业的专业号,即 P 关系中有该专业的记录。也就是说,S 关系中的 PNO 属性的取值必须是 P 关系主键属性 PNO 的有效值。但是如果关系 S 中的属性 PNO 取空值,则说明该学生尚未分配专业。

例 2.4 在例 2.1 中,3 个关系 S、C、SC 之间的多对多联系也存在着属性的引用,即 SC 关系引用了 S 关系的主键 SNO 和 C 关系的主键 CNO。同样,SC 关系中的 SNO 值必须是实际存在的学生的学号,即 S 关系中有该学生的记录;SC 关系中的 CNO 值也必须是实际存在课程的课程号,即 C 关系中有该课程的记录。换而言之,SC 关系中某些属性的取值必须是其他关系主键属性的有效值。

参照完整性是不同关系之间或同一关系的不同元组之间的一种约束。在使用参照完整性时,用户需要注意以下三点:

(1) 外键和相应的主键可以不同名,只要定义在相同的域上即可。

(2) 同一个关系中也可能存在不同元组之间的参照完整性约束。例如学生关系模式:

学生(学号,姓名,性别,年龄,班长学号)

其中,主键是"学号"属性,"班长学号"属性是外键,"班长学号"的取值一定是某个"学号"的值,表示班长一定是该班的某位同学。

(3) 外键的取值是否为空值,应视具体情况而定。如果外键是相应主键的属性,则不允许外键的值为空。在例2.1中,按照参照完整性约束,关系SC的SNO和CNO属性可以取两类值:空值或相应关系中已经存在的值。但由于SNO和CNO是SC关系中的主属性,按照实体完整性约束,它们均不能取空值。所以,SC关系中的SNO和CNO属性实际上只能取相应被参照关系中已经存在的主键值。

4. 用户定义完整性约束

任何关系数据库系统都应该支持实体完整性和参照完整性,这是关系模型所要求的。除此之外,不同的关系数据库系统根据其应用环境的不同,往往还需要一些特殊的约束条件。用户定义完整性约束(user defined integrity constraint)就是针对用户的具体应用环境给出的具体数据的约束条件,它反映某一具体应用所涉及的数据必须满足的语义要求。例如某个属性必须取唯一值、某个非主属性不能取空值(在例2.1的S关系中必须给出学生姓名,因此可以要求学生姓名不能取空值)、某个属性的取值范围为0~100(例如学生的成绩)等。

关系数据库应提供定义和检验这类完整性的机制,以便用统一、系统的方法处理它们,而不要由应用程序承担这一功能。

在早期的RDBMS中没有提供定义和检验这些完整性的机制,因此,需要开发人员在应用系统的程序中进行检查。在例2.1的选修关系SC中,每插入一条记录,必须在应用程序中写一段程序来检查其中的SNO是否等于S关系中的某个SNO,检查其中的CNO是否等于课程关系中的某个CNO,如果等于,则插入这一条选修记录,否则拒绝插入,并给出错误信息。

2.2 关系代数基本理论

关系代数是一种抽象的查询语言,用对关系的运算来表达查询。作为研究关系数据库语言的数学工具,关系代数是一种代数符号,其中的查询是通过向关系附加特定的操作符来表示的。

关系代数的运算对象是关系,运算结果也是关系。关系代数用到的运算符包括集合运算符、关系运算符、比较运算符和逻辑运算符,如表2.3所示。

表2.3 关系代数运算符

运　算　符		含　　义
集合运算符	∪	并
	－	差
	∩	交
	×	笛卡儿积
关系运算符	σ	选择
	Π	投影
	⋈	连接
	÷	除

运　算　符		含　义
比较运算符	>	大于
	≥	大于等于
	<	小于
	≤	小于等于
	=	等于
	≠	不等于
逻辑运算符	¬	非
	∧	与
	∨	或

　　关系的集合运算是把关系看成元组的集合,把每一个元组看成一个元素,关系的运算就类似于传统的集合运算。关系的专门运算不仅涉及关系的元组,还涉及元组的属性值。比较运算符和逻辑运算符用于辅助专门的关系运算。

2.2.1　传统的集合运算

　　传统的集合运算包括关系的并(union)、交(intersection)、差(difference)和笛卡儿积(cartesian product),它们都是二目运算。在进行关系的并、交、差运算时,参与运算的关系 R 和 S 必须具有相同的属性,相应的属性取自同一个域,而且两个关系的属性的排列顺序一样,即 R 和 S 具有相同的结构,这是对关系进行并、交、差运算的前提条件。于是,可以定义以下 4 种运算:

1. 并运算

　　n 元关系 R 和 S 的并记为 R∪S,其结果仍然是一个 n 元关系,由属于 R 或 S 的元组组成。并运算的形式如下:

$$R∪S = \{t \mid t \in R \lor t \in S\}$$

　　其中,t 是元组变量,R 和 S 的元数相同。关系并运算示意图如图 2.6 所示。

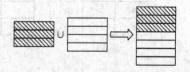

　　两个关系的并运算是将两个关系中的所有元组构成一个新关系,并运算要求两个关系属性的性质必须一致,且并运算的结果要消除重复的元组。

图 2.6　关系并运算示意图

2. 交运算

　　n 元关系 R 和 S 的交记为 R∩S,其结果仍然是一个 n 元关系,由同时属于 R 和 S 的元组组成。交运算的形式如下:

$$R∩S = \{t \mid t \in R \land t \in S\}$$

　　其中,t 是元组变量,R 和 S 的属性性质一致。关系交运算示意图如图 2.7 所示。

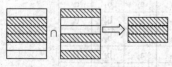

图 2.7　关系交运算示意图

3. 差运算

　　n 元关系 R 和 S 的差记为 R−S,其结果仍然是一个 n 元关系,由属于 R 但不属于 S 的元组组成。差运算的定义如下:

$$R-S=\{t|t\in R \wedge t\notin S\}$$

其中，t 是元组变量，R 和 S 的属性性质一致。关系差运算示意图如图 2.8 所示。

注意，R−S 不同于 S−R。差运算可用于完成对元组的删除操作。

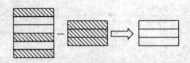

图 2.8　关系差运算示意图

4. 笛卡儿积运算

这里的笛卡儿积严格地讲应该是广义的笛卡儿积，因为这里的笛卡儿积的元素是元组。

n 元关系 R 和 m 元关系 S 的笛卡儿积记为 R×S，其结果是一个 $n+m$ 列元组的集合。元组的前 n 列是关系 R 的一个元组，后 m 列是关系 S 的一个元组。若 R 有 k_1 个元组，S 有 k_2 个元组，则关系 R 和关系 S 的笛卡儿积有 $k_1 \times k_2$ 个元组。笛卡儿积运算的形式如下：

$$R\times S=\{t|t=<t^n t^m>,t^n\in R,t^m\in S\}$$

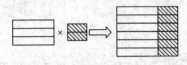

图 2.9　关系的笛卡儿积运算示意图

在进行关系 R 与 S 的笛卡儿积运算时，可以从 R 的第一个元组开始，依次与 S 的每一个元组组合，生成 R×S 的一个新元组，然后对 R 的下一个元组进行同样的操作，直至 R 的最后一个元组也进行完同样的操作为止，即可得到 R×S 的全部元组。关系的笛卡儿积运算示意图如图 2.9 所示。

例 2.5　图 2.10(a)、(b)分别是具有 3 个属性列的关系 R 和 S。图 2.10(c)为关系 R 与 S 的并；图 2.10(d)为关系 R 与 S 的交；图 2.10(e)为关系 R 和 S 的差；图 2.10(f)为关系 R 和 S 的笛卡儿积。

关系 R

A	B	C
a_1	b_1	c_1
a_1	b_2	c_2
a_2	b_2	c_1

(a)

关系 S

A	B	C
a_1	b_2	c_2
a_1	b_3	c_2
a_2	b_2	c_1

(b)

R∪S

A	B	C
a_1	b_1	c_1
a_1	b_2	c_2
a_2	b_2	c_1
a_1	b_3	c_2

(c)

R∩S

A	B	C
a_1	b_2	c_2
a_2	b_2	c_1

(d)

R−S

A	B	C
a_1	b_1	c_1

(e)

R×S

R.A	R.B	R.C	S.A	S.B	S.C
a_1	b_1	c_1	a_1	b_2	c_2
a_1	b_1	c_1	a_1	b_3	c_2
a_1	b_1	c_1	a_2	b_2	c_1
a_1	b_2	c_2	a_1	b_2	c_2
a_1	b_2	c_2	a_1	b_3	c_2
a_1	b_2	c_2	a_2	b_2	c_1
a_2	b_2	c_1	a_1	b_2	c_2
a_2	b_2	c_1	a_1	b_3	c_2
a_2	b_2	c_1	a_2	b_2	c_1

(f)

图 2.10　传统的集合运算举例

2.2.2 专门的关系运算

专门的关系运算包括选择(selection)、投影(projection)、连接(join)、除(division)等运算。

1. 选择运算

选择是在关系 R 中选择满足给定条件的所有元组构成新的关系。选择运算的形式如下:

$$\sigma_F(R) = \{t \mid t \in R \wedge F(t) = \text{true}\}$$

其中,F 表示选择条件,它是一个逻辑表达式,取逻辑值"true"或"false"。在选择条件表达式 F 中,属性有时也用其排列序号来表示,常量值用单引号括起来。选择运算示意图如图 2.11 所示。

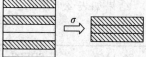

图 2.11 选择运算示意图

在例 2.1 中的关系 S(SNO,SNAME,SEX,AGE,SDEPT) 中,查找所有男同学的元组,这里的 F 表示为 SEX='M'或3='M';又如查找计算机科学系(CS)的所有男同学的元组,则 F 表示为 SDEPT='CS' $\wedge$ SEX='M'或5='CS' $\wedge$ 3='M'。

选择运算实际上是从关系 R 中选取使逻辑表达式 F 为真的全部元组,是从行角度进行的运算,即在水平方向抽取元组。经过选择运算得到的新关系模式不变,但其中元组的数目小于或等于原关系中元组的个数,它是原关系的一个子集。

例 2.6 在表 2.2(a)所示的学生关系 S 中,查询计算机科学系(CS)的全体学生。用代数表达式表示如下:

$\sigma_{\text{SDEPT}='CS'}(S)$ 或 $\sigma_{5='CS'}(S)$

结果如表 2.4 所示。

表 2.4 例 2.6 选择运算结果

SNO	SNAME	SEX	AGE	SDEPT
S1	王丽萍	F	19	CS
S3	马长友	M	20	CS

例 2.7 在表 2.2(a)所示的学生关系 S 中,查询信息系(IS)年龄小于 21 的学生。用代数表达式表示如下:

$\sigma_{\text{SDEPT}='IS' \wedge \text{AGE}<'21'}(S)$ 或 $\sigma_{5='IS' \wedge 4<'21'}(S)$

结果如表 2.5 所示。

表 2.5 例 2.7 选择运算结果

SNO	SNAME	SEX	AGE	SDEPT
S2	李芸	F	20	IS

2. 投影运算

关系 R 上的投影是从 R 中选出若干属性列组成新的关系。投影运算的形式如下:

33

$$\Pi_A(R) = \{ t[A] \mid t \in R \}$$

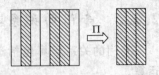

图 2.12　投影运算示意图

其中，A 为 R 中的属性列集合，A 也可以用属性序号表示。投影运算示意图如图 2.12 所示。

投影操作是从列角度进行的运算。经过投影运算得到的新关系所包含的属性个数往往比原关系的属性个数少，或者属性的排列顺序不同。

例 2.8　在表 2.2(a)所示的学生关系 S 中，查询学生的姓名和所在系，即求 S 关系上学生姓名和所在系两个属性的投影。

$\Pi_{\text{SNAME, SDEPT}}(S)$ 或 $\Pi_{2,5}(S)$

结果如表 2.6 所示。

表 2.6　例 2.8 投影运算结果

SNAME	SDEPT	SNAME	SDEPT	SNAME	SDEPT
王丽萍	CS	李芸	IS	马长友	CS

投影之后不仅取消了原关系中的某些列，还可能取消某些元组。这是因为取消了某些属性列后，可能出现重复行，而结果中又取消了这些完全相同的行。

3. 连接运算

连接(join)运算是从两个关系的笛卡儿积中选取属性间满足一定条件的元组。连接运算的形式如下：

$$R \underset{(\text{连接条件})}{\bowtie} S = \sigma_{(\text{连接条件})}(R \times S)$$

其中，连接条件是关系 R 和 S 上可比属性的比较运算表达式或可比属性组的逻辑运算表达式。例如在关系 R(A,B,C)和 S(A,C,D)中，当连接条件为 R.B<S.D(或记为 B<D，不会引起混淆)时是一个比较表达式，当连接条件为 R.A<S.A∧R.B>S.C 时是一个逻辑表达式。等值连接示意图如图 2.13 所示。

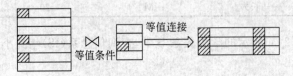

图 2.13　等值连接示意图

当连接条件为等式时，称连接为等值连接(equal join)。

如果两个关系所有相同的属性做等值连接，而且取消了重复属性，则称其为自然连接(natural join)。关系 R 和 S 的自然连接记为 R ⋈ S。自然连接是最常用的一种连接运算，在后面所接触的连接运算中，除非特别声明，一般都是自然连接。

连接操作通常从行的角度进行运算，但自然连接还需要取消重复列，所以是同时从行和列角度进行的运算。

例 2.9 设图 2.14(a)和(b)分别为关系 R 和关系 S,图 2.14(c)为一般连接 $R \underset{C<E}{\bowtie} S$ 的结果,图 2.14(d)为等值连接 $R \underset{R.B<S.B}{\bowtie} S$ 的结果,图 2.14(e)为自然连接 $R \bowtie S$ 的结果。

R

A	B	C
a_1	b_1	5
a_1	b_2	6
a_2	b_3	8
a_2	b_4	12

(a) 关系 R

S

B	E
b_1	3
b_2	7
b_3	10
b_3	2
b_5	2

(b) 关系 S

$R \underset{C<E}{\bowtie} S$

A	R.B	C	S.B	E
a_1	b_1	5	b_2	7
a_1	b_1	5	b_3	10
a_1	b_2	6	b_2	7
a_1	b_2	6	b_3	10
a_2	b_3	8	b_3	10

(c) 一般连接

$R \underset{R.B=S.B}{\bowtie} S$

A	R.B	C	S.B	E
a_1	b_1	5	b_1	3
a_1	b_2	6	b_2	7
a_2	b_3	8	b_3	10
a_2	b_3	8	b_3	2

(d) 等值连接

$R \bowtie S$

A	B	C	E
a_1	b_1	5	3
a_1	b_2	6	7
a_2	b_3	8	10
a_2	b_3	8	2

(e) 自然连接

图 2.14 R 和 S 的连接运算

两个关系 R 和 S 在做自然连接时,选择两个关系在公共属性上值相等的元组构成新的关系。此时,关系 R 中某些元组有可能在 S 中不存在公共属性上值相等的元组,从而造成 R 中这些元组在操作时被舍弃了,同样,S 中的某些元组也可能被舍弃。例如,在图 2.14 所示的自然连接中,R 中的第 4 个元组、S 中的第 5 个元组都被舍弃了。

如果把被舍弃的元组也保存到结果关系中,而在其他属性上填空值(NULL),那么这种连接称为外连接(outer join)。如果只把左边关系 R 中要舍弃的元组保留,则称为左外连接(left outer join 或 left join);如果只把右边关系 S 中要舍弃的元组保留,则称为右外连接(right outer join 或 right join)。图 2.15(a)是图 2.14 中的关系 R 和关系 S 的外连接,图 2.15(b)是左外连接,图 2.15(c)是右外连接。

A	B	C	E
a_1	b_1	5	3
a_1	b_2	6	7
a_2	b_3	8	10
a_2	b_3	8	2
a_2	b_4	12	NULL
NULL	b_5	NULL	2

(a) 外连接

A	B	C	E
a_1	b_1	5	3
a_1	b_2	6	7
a_2	b_3	8	10
a_2	b_3	8	2
a_2	b_4	12	NULL

(b) 左外连接

A	B	C	E
a_1	b_1	5	3
a_1	b_2	6	7
a_2	b_3	8	10
a_2	b_3	8	2
NULL	b_5	NULL	2

(c) 右外连接

图 2.15 R 和 S 的外连接运算

4. 除运算

除法操作是用含有 m 个属性的关系 R 除以一个含有 n 个属性的关系 S,其运算结果是

一个含有 $m-n$ 个属性的新关系,记为 R÷S。关系 R 与关系 S 必须满足下列两个条件才能相除。

(1) 关系 R 中的属性包含关系 S 中的全部属性。

(2) 关系 R 中的某些属性不出现在 S 中。

设 T= R÷S,则 T 也是一个关系,T 的属性由 R 中不出现在 S 中的属性组成,T 的元组由在 S 中出现且在 R 中对应值相同的元组组成。除运算示意图如图 2.16 所示。

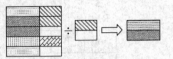

图 2.16 除运算示意图

例 2.10 设某校计算机科学与技术专业大一学生第一学期几门考查课的关系:学生学习成绩关系 R 和课程成绩关系 S,则 R÷S 的结果是满足一定课程成绩条件的学生信息关系,如表 2.7 所示。

表 2.7 学生学习成绩关系除法

(a) 关系 R

SNAME	SEX	CNAME	GREAD
王曲波	F	计算机导论	优
高海芸	F	大学语文	优
王曲波	F	大学语文	优
马长友	M	电工基础	良
高海芸	F	计算机导论	优
高海芸	F	军事理论	中
张翔宇	M	大学语文	良

(b) 关系 S

CNAME	GREAD
计算机导论	优
大学语文	优

(c) 关系 R÷S

SNAME	SEX
王曲波	F
高海芸	F

2.2.3 关系代数表达式及其应用实例

在关系代数运算中,把由 5 个基本操作经过有限次运算和复合的式子称为关系代数表达式,这种表达式的运算结果仍是一个关系。我们可以用关系代数表达式表示各种数据查询操作。

例 2.11 设教学管理数据库中有以下 3 个关系:

学生关系 S(SNO, SNAME, AGE, SEX)
选课关系 SC(SNO, CNO, GRADE)
课程关系 C(CNO, CNAME, TNAME)

其中,关系属性 SNO、SNAME、AGE、SEX、CNO、GRADE、CNAME、TNAME 分别表示学生学号、学生姓名、学生年龄、学生性别、课程号、成绩、课程名、教师姓名。

下面用关系代数表达式表达每个查询语句。

(1) 检索学习课程号为"C2"的学生的学号与成绩。

$$\Pi_{SNO, GRADE}(\sigma_{CNO='C2'}(SC))$$

该式表示先对关系 SC 执行选择操作,然后执行投影操作。在表达式中也可以不写属性名,而写上属性的序号,例如下面的表达式:

$$\Pi_{1,3}(\sigma_{CNO='C2'}(SC))$$

（2）检索学习课程号为"C2"的学生的学号与姓名。

$$\Pi_{SNO, SNAME}(\sigma_{CNO = \text{'C2'}}(S \bowtie SC))$$

由于这个查询涉及关系 S 和 SC,因此要先对这两个关系执行自然连接操作,然后再执行选择和投影操作。

（3）检索选修课程名为"MATHS"的学生的学号与姓名。

$$\Pi_{SNO, SNAME}(\sigma_{CNAME = \text{'MATHS'}}(S \bowtie SC \bowtie C))$$

（4）检索选修课程号为"C2"或"C4"的课程的学生的学号。

$$\Pi_{SNO}(\sigma_{CNO = \text{'C2'} \lor CNO = \text{'C4'}}(SC))$$

（5）检索至少选修课程号为"C2"和"C4"的课程的学生的学号。

$$\Pi_1(\sigma_{1 = 4 \land 2 = \text{'C2'} \land 5 = \text{'C4'}}(SC \times SC))$$

这里的(SC×SC)表示关系 SC 自身做笛卡儿积操作。

（6）检索不学"C2"课程的学生的姓名与年龄。

$$\Pi_{SNAME, AGE}(S) - \Pi_{SNAME, AGE}(\sigma_{CNO = \text{'C2'}}(S \bowtie SC))$$

这里要用到集合的差操作,先求出全体学生的姓名和年龄,再求出学了"C2"课程的学生的姓名和年龄,最后执行两个集合的差操作。

查询语句的关系代数表达式的一般形式如下:

$$\Pi \cdots (\sigma \cdots (R \times S)) \quad \text{或者} \quad \Pi \cdots (\sigma \cdots (R \bowtie S))$$

首先把查询涉及的关系取出,执行笛卡儿积或自然连接操作得到一张大的表格,然后对大表格执行水平分割(选择操作)和垂直分割(投影操作)。

2.3 关系数据库的规范化理论

为使关系数据库的结构设计合理可靠、简单实用,要根据现实世界存在的数据依赖对关系模式进行规范化处理,从而构造出好的、合适的关系模式,它涉及一系列的理论和方法,形成了关系数据库的规范化理论。

2.3.1 关系模式规范化的必要性

在数据管理中,数据冗余一直是影响系统性能的大问题。数据冗余是指同一个数据在系统中多次重复出现。在文件系统中,由于文件之间没有联系,使得一个数据在多个文件中出现。数据库系统克服了文件系统的这种缺陷,但对于数据冗余问题仍然要加以关注。如果一个关系模式设计得不好,就会出现像文件系统一样的数据冗余、异常、不一致等问题。

例 2.12 设有学生选课信息关系模式:

SC_T(SNO, CNO, CNAME, GRADE, TNAME, TSEX, TITLE, TADDR)

其属性分别表示学生学号、选修课程的课程号、课程名、成绩、任课教师姓名、任课教师性别、任课教师职称、任课教师住址。SC_T 关系实例如表 2.8 所示。假设一门课程只有一个教师讲授，则关系模式的主键为"SNO，CNO"。

表 2.8　学生选课 SC_T 关系实例

SNO	CNO	CNAME	GRADE	TNAME	TSEX	TITLE	TADDR
S2	C4	数据结构	82	魏桂环	F	讲师	枚乘路 45 号
S4	C4	数据结构	87	魏桂环	F	讲师	枚乘路 45 号
S6	C4	数据结构	63	魏桂环	F	讲师	枚乘路 45 号
S6	C2	C++	89	马笑天	M	副教授	民主东街 3 号
S4	C2	C++	92	马笑天	M	副教授	民主东街 3 号
S8	C6	C#	64	王庆功	M	副教授	明远西路 26 号

从表 2.8 中的数据可以看出，该关系存在以下问题：

（1）数据冗余大。如果一门课程有多个学生选修，那么在关系中要出现多个元组，也就是说这门课程的课程名和任课教师信息（教师姓名、教师性别、教师职称和教师住址）要重复存储多次。

（2）操作异常。由于数据冗余，在对数据操作时会引起各种异常。

① 更新异常。例如 C4 课程有 3 个学生选修，在关系中就会有 3 个元组。如果讲授这门课程的教师更新为李春玉老师，那么这 3 个元组的教师信息都要更新为李春玉老师的相应信息。若有一个元组相应的教师信息未更新，就会造成这门课程的任课教师的信息不唯一，从而产生了不一致现象。

② 插入异常。如果需要安排一门新课程，其课程号为"C8"、课程名为"计算机组成原理"，由陈志辉老师讲授。在尚无学生选修时，要把这门课程的数据信息插入到关系 SC_T 中，主属性 SNO 上会出现空值，根据关系型数据库的实体完整性约束，这是无法插入的，即引起插入异常。

③ 删除异常。如果在表 2.8 中要删除学生 S8 选课元组，随之也删除了王庆功老师的所有信息。虽然这个关系依然存在，但在数据库中却无法找到王庆功老师的信息，即出现了删除异常。

由以上分析可以看出，学生选课信息关系模式 SC_T 尽管看起来很简单，但存在的问题比较多，因此，它不是一个好的关系模式。

在上例中，关系模式 SC_T 存在数据冗余和操作异常现象。我们可以将 SC_T 分解成下面两个关系模式，即学生选课表 SC 和教师信息表 T：

SC(SNO, CNO, GRADE)
T(CNO, CNAME, TNAME, TSEX, TITLE, TADDR).

其相应的关系实例如表 2.9(a)、(b)所示。

这样分解后，例 2.12 中提到的冗余和异常现象就基本消除了（没有完全消除）。每门课程的课程名和教师信息只存储一次，即使这门课程还没有学生选修，其课程名和教师信息也可存放在关系 T 中。分解是解决冗余的主要方法，也是规范化的一条原则，即"关系模式有冗余问题，就分解它"。

表 2.9　分解后的关系 SC 和关系 T 实例

(a) 关系 SC 实例　　　　　　　　　　　　(b) 关系 T 实例

SNO	CNO	GRADE
S2	C4	82
S4	C4	87
S6	C4	63
S6	C2	89
S4	C2	92
S8	C6	64

CNO	CNAME	TNAME	TSEX	TITLE	TADDR
C4	数据结构	魏桂环	F	讲师	枚乘路 45 号
C2	C++	马笑天	M	副教授	民主东街 3 号
C6	C#	王庆功	M	副教授	明远西路 26 号

但是将 SC_T 分解成 SC 和 T 两个关系模式是否最佳分解,也不是绝对的。如果要查询学生所学课程的任课教师,就要对两个关系做连接操作,而连接的代价是很大的。在原来模式 SC_T 的关系中,即可直接找到上述结果。到底什么样的关系模式是最优的?标准是什么?如何实现?这些都是本部分要讨论的问题。

为了便于阅读,本部分使用的符号有以下规定:

(1) 英文字母的大写字母“A,B,C,…”表示单个的属性或属性集。

(2) 大写字母 R 表示关系模式,小写字母 r 表示具体的关系。为叙述方便,有时也用属性名的组合写法表示关系模式。若模式 R 有 A、B、C 3 个属性,就用 R(ABC)表示关系模式,如果 U 是 R 的属性集,R 的关系模式表示为 R(U)。

(3) 属性集 $\{A_1,\cdots,A_n\}$ 简写为 $A_1\cdots A_n$,属性集 X 和 Y 的并集 X∪Y 简写为 XY,X∪ $\{A\}$ 简写为 XA 或 AX。

2.3.2　函数依赖

数据之间存在的各种联系现象称为数据依赖(data dependency),它是同一关系中属性间的相互依赖和相互制约。而数据冗余和操作异常等现象与数据依赖有着密切的联系。关系规范化理论主要解决关系模式中不合适的数据依赖问题。在数据依赖中,函数依赖(functional dependency,FD)是最基本的一种依赖形式,它反映了同一关系中属性之间的内在联系,也是关系模式中的一种重要约束。

1. 函数依赖的概念

假设 R(U)是一个关系模式,U 是 R 的属性集合,X、Y 是 U 的两个属性子集。若对于 R(U)的任意一个可能的关系 r,r 中不可能存在两个元组在 X 上的属性值相等,而在 Y 上的属性值不等,则称 X 函数确定 Y 或 Y 函数依赖于 X,记作 X→Y,也称 X 为决定项,称 Y 为依赖项。

例 2.13　有一个关于学生选课、教师任课的关系模式:

R(SNO,SNAME,CNO,CNAME, GRADE, TNAME,TAGE)

其属性分别表示学生的学号、姓名、选修课程的课程号、课程名、成绩、任课教师姓名和教师年龄。

如果规定,每个学号只能有一个学生姓名,每个课程号只能决定一门课程,一门课程只有一名教师讲授,那么可写成下列函数依赖:

SNO→SNAME, CNO→CNAME

每个学生每学一门课程,有一个成绩,那么可写出下列函数依赖:

(SNO,CNO)→GRADE

还可以写出其他一些函数依赖:

CNO→(CNAME,TNAME,TAGE), TNAME→TAGE

在关系模式 R(U)中,对于 U 的子集 X 和 Y,如果 Y⊆X,则必有 X→Y,称该函数依赖为平凡函数依赖,否则称非平凡函数依赖。对于任一关系模式,平凡函数依赖不反映新的语义。如果没有特殊声明,我们后面讨论的函数依赖都是非平凡函数依赖。

对于关系 R 函数依赖的概念,需要说明以下几点:

(1)函数依赖不是指关系 R 的某个或某些关系实例满足的约束条件,而是指 R 的所有关系实例均满足的约束条件。

例如关系模式 S(SNO,SNAME,SEX,AGE,SDEPT)中,存在以下函数依赖:

SNO→(SNAME,SEX,AGE,SDEPT)

若每一个专业都是一个关系实例,则要求每一个关系实例均满足该依赖关系。

(2)函数依赖和其他数据之间的依赖关系一样,是语义范畴的概念,人们只能根据各属性的实际意义来确定函数依赖。

例如,在关系模式 S(SNO,SNAME,SEX,AGE,SDEPT)中,存在以下函数依赖:

SNAME→(SNO,SEX,AGE,SDEPT)

该函数依赖只有在不允许有相同姓名学生的前提条件下成立。

(3)数据库设计者可以根据现实世界自行定义函数依赖,以限制插入关系的所有元组都必须符合所定义的条件,否则拒绝接受插入。

在关系模式 S(SNO,SNAME,SEX,AGE,SDEPT)中,若函数依赖 SNAME→AGE 成立,所插入的元组必须满足规定的函数依赖,若发现有同名学生存在,则拒绝装入该元组。

2. 完全函数依赖和部分函数依赖

假设在关系模式 R(U)中,X 和 Y 是属性集 U 的子集,且有 X→Y,如果对于 X 的任一个真子集 W,都有 W→Y 不成立,则称 Y 完全函数依赖于 X,否则称 Y 部分函数依赖于 X。

完全函数依赖说明了在依赖关系的决定项中没有多余的属性。

例如,在例 2.13 的关系模式 R 中,函数依赖(SNO,CNO)→GRADE、TNAME→TAGE 是完全函数依赖,(SNO,CNO)→SNAME、(SNO,CNO)→CNAME、(SNO,CNO)→TNAME、(SNO,CNO)→TAGE 都是部分函数依赖。

利用完全函数依赖和部分函数依赖可以说明函数依赖和键的关系,假设关系模式 R 的属性集是 U,X 是 U 的一个子集,如果 U 部分函数依赖于 X,则 X 是 R 的一个超键;如果 U 完全函数依赖于 X,则 X 是 R 的一个候选键。

3. 传递函数依赖

假设在关系模式 R(U)中,X、Y 和 Z 是属性集 U 的不同子集,如果 X→Y(并且 Y→X 不成立)、Y→Z,则称 Z 传递函数依赖 X,或称 X 传递函数确定 Z。

例如,在例 2.13 的关系模式 R 中,由于在 R 中存在函数依赖 CNO→TNAME 和 TNAME→TAGE,所以 R 的函数依赖 CNO→TAGE 是传递函数依赖。

4. Armstrong 推理

从已知的一些函数依赖,可以推导出另外一些函数依赖,这就需要一系列的推理规则。函数依赖的推理规则最早出现在 1974 年 W. W. Armstrong 的论文里,因此也常被称为 Armstrong 公理。

设 A、B、C、D 是给定关系模式 R 的属性集 U 的任意子集,则其推理规则可归结为以下 3 条:

- 自反性(reflexivity)。如果 B⊆A,则 A→B,这是一个平凡的函数依赖。
- 增广性(augmentation)。如果 A→B,则 AC→BC。
- 传递性(transitivity)。如果 A→B 且 B→C,则 A→C。

由 Armstrong 公理可以得到以下推论:

- 合并性(union)。如果 A→B 且 A→C,则 A→BC。
- 分解性(decomposition)。如果 A→BC,则 A→B、A→C。
- 伪传递性。如果 A→B、BC→D,则 AC→D。
- 复合性(composition)。如果 A→B、C→D,则 AC→BD。

通常称上述 Armstrong 公理及其推理为 Armstrong 推理规则,简称为 Armstrong 推理。

关系模式 R(U)的全体函数依赖构成的集合 F 称为 R 的函数依赖集。如果两个函数依赖集 F_1 和 F_2 在 Armstrong 公理的推理下相同,则称 F_1 和 F_2 对于 Armstrong 推理保持一致。例如,$F_1=\{A→BC\}$ 和 $F_2=\{A→B,A→C\}$ 对于 Armstrong 推理保持一致。

例 2.14 设关系 R(ABCDE)上的函数依赖集为 F,并且 F＝{A→BC,CD→E,B→D,E→A},求出 R 的候选键。

解: 已知 A→BC,由分解性得 A→B,A→C;又已知 B→D,由传递性得 A→D;接着由合并性得 A→CD,又已知 CD→E,再由传递性得 A→E,因此,A 是 R 的一个候选键。

同理,可得出 R 的另外 3 个候选键——E、CD 和 BC。

2.3.3 关系的范式及规范化

如果想设计一个好的关系模式,必须使关系模式满足一定的约束条件,这些约束条件已形成了规范,分成了几个等级,一级比一级要求严格,每一级称为一个范式。下面分别介绍几种常用范式。

1. 第一范式

如果关系模式 R 的所有属性都是不可再分的基本数据项,则称 R 满足第一范式(first normal form),简记为 R∈1NF。

在例 2.12 中,关系模式 SC_T 满足第一范式。

满足 1NF 的关系称为规范化关系,否则称为非规范化关系。非规范化关系中一般存在多值属性。

假设有关系模式 R(NAME, ADDRESS, PHONE),如果一个人有两个电话号码(PHONE),则 PHONE 就是多值属性,那么在关系中至少要出现两个元组,以便存储这两个号码,而该关系 R 的主键是 NAME,因此就破坏了关系模型的主键约束。

表 2.10 不是规范化了的二维表,其中,"基本工资"属性也是多值属性。

表 2.10　非规范二维表示例

工号	姓名	基 本 工 资				...
		基础工资	级别工资	职务工资	工龄工资	
...	...	...	...	...	...	...

在任何一个关系数据库系统中,第一范式是对关系模式的最低要求,否则就不能称为关系数据库。但是满足第一范式的关系模式未必是好的关系模式,例如例 2.12 中的关系模式 SC_T,本身存在着插入异常、删除异常、更新异常和数据冗余大等问题。

2. 第二范式

如果关系模式 R 属于 1NF,且它的每一个非主属性都完全函数依赖于 R 的候选键,则称 R 属于第二范式,简记为 R∈2NF。

例 2.15　设关系模式 R(SNO,CNO,GRADE,TNAME,TADDR)的各属性的含义同例 2.12,(SNO,CNO)是 R 的候选键。

R 上有两个函数依赖:(SNO,CNO)→(TNAME,TADDR)和 CNO→(TNAME,TADDR),因此,前一个函数依赖是局部依赖,R 不属于 2NF 模式。此时,R 的关系就会出现数据冗余和操作异常现象。

例如某一门课程有 100 个学生选修,那么在关系中就会存在 100 个元组,因而教师的姓名和地址就会重复 100 次。

如果把 R 分解成 R₁(CNO,TNAME,TADDR)和 R₂(SNO,CNO,GRADE),局部依赖 (SNO,CNO)→(TNAME,TADDR)即消失,R₁ 和 R₂ 都属于 2NF 模式。

此时 R₁ 的关系中仍会出现数据冗余和操作异常。例如一个教师开设 5 门课程,那么关系中就会出现 5 个元组,教师的地址就会重复 5 次,因此,有必要寻找更强的规范条件。

3. 第三范式

如果关系模式 R 属于 1NF,且每个非主属性都不传递依赖于 R 的候选键,那么称 R 属于第三范式,简记为 R∈3NF。

如果关系模式 R∈3NF,则必有 R∈2NF。

例 2.15 中的 R₁(CNO,TNAME,TADDR)属于 2NF 模式。如果 R₁ 中存在函数依赖 CNO→TNAME 和 TNAME→TADDR,那么 CNO→TADDR 就是一个传递依赖,即 R₁ 不是 3NF 模式。如果把 R₁ 分解成 R₁₁(TNAME,TADDR)和 R₁₂(CNO,TNAME),CNO→TADDR 就不会出现在 R₁₁ 和 R₁₂ 中了,这样 R₁₁ 和 R₁₂ 都属于 3NF 模式。

把关系模式分解到第三范式,可以在相当程度上减轻原关系中的操作异常和数据冗余,但不能彻底消除关系模式中的各种操作异常和数据冗余。

4. BC 范式

如果关系模式 R 是 1NF,且每个属性都不传递依赖于 R 的候选键,那么称 R 属于 BC(Boyce-Codd)范式,简记为 R∈BCNF。

BC 范式的条件有这样的等价描述:每个非平凡函数依赖的左边必须包含候选键。

从定义可以看出,BC 范式既检查非主属性,又检查主属性,显然比第三范式限制更严格。当只检查非主属性而不检查主属性时,就成了第三范式。因此,属于 BC 范式的关系一定属于第三范式。

例 2.16 设关系模式 C(CNO,CNAME,PCNO)的属性分别表示课程号、课程名和选修课程号,CNO 是主键,这里没有任何非主属性对 CNO 部分依赖或传递依赖,所以 C 属于 3NF。同时 C 中的 CNO 是唯一的决定因素,所以 C∈BCNF。

例 2.17 在关系模式 STJ(S,T,J)中,S 表示学生,T 表示教师,J 表示课程。每一个教师只教一门课,每门课有若干教师,某一学生选定某门课,就对应一个固定的教师。由语义可得以下函数依赖:

$$(S,J) \rightarrow T; (S,T) \rightarrow J; T \rightarrow J$$

这里的(S,J)、(S,T)都是候选键。

因为没有任何非主属性对候选键传递函数依赖或部分函数依赖,所以 STJ∈3NF。但 STJ∉BCNF,这是因为函数依赖 T→J 的决定项 T 不包含候选键。

3NF 和 BCNF 是在函数依赖的条件下对模式分解所能达到的分离程度的测度。一个数据库中的关系模式如果都是 BCNF,那么在函数依赖范畴内,它已经实现了彻底的分离,已经消除了插入和删除异常。3NF 的"不彻底"性表现在可能存在主属性对键的部分依赖和传递依赖。

2.3.4 关系模式的分解

研究函数依赖的目的是为了规范关系模式,即通过关系模式的分解,使之满足某种规范化条件。所谓模式分解,就是对原有关系在不同的属性上进行投影,从而将原有关系分解成两个或两个以上的含有较少属性的多个关系。但是这种分解过程必须是"可逆"的,即模式分解的结果应该能重新映像到分解前的关系模式。可逆性是很重要的,它意味着在模式分解的过程中没有丢失信息,且数据间的语义联系依然存在。

下面看一个模式分解的例子。

例 2.18 设选课关系模式 R(SNO,CNAME,TNAME,GRADE),各属性的含义同例 2.12。选课关系 R 实例如表 2.11 所示。

表 2.11 选课关系 R 实例

SNO	CNAME	TNAME	GRADE
S10	数据结构	王洪信	84
S21	数据结构	王洪信	92
S21	C++	刘丽荣	77

首先分析选课关系模式 R,主键为(SNO,CNAME),函数依赖如下:

(SNO,CNAME)→(TNAME,GRADE)
CNAME→TNAME

显然,(SNO,CNAME)→TNAME 是部分函数依赖,所以 R 不属于第二范式,可以把选课关系模式 R 分解成关系 R_1 和 R_2:

R₁(SNO,CNAME,GRADE),主键为(SNO,CNAME)。

R₂(CNAME,TNAME),主键为CNAME。

选课关系模式R的分解实例如表2.12所示。

表 2.12   关系模式 R 分解实例

(a) 关系模式 R₁ 实例

SNO	CNAME	GRADE
S10	数据结构	84
S21	数据结构	92
S21	C++	77

(b) 关系模式 R₂ 实例

CNAME	TNAME
数据结构	王洪信
C++	刘丽荣

经过这种分解后的两个关系 R₁ 和 R₂ 都属于 BCNF,当然也属于 3NF。并且,从这两个表(表 2.12(a)、(b))可以经过自然连接恢复到原来的表(表 2.11),这就保证了分解的数据没有丢失。同时该分解没有丢失关系模式 R 的函数依赖,因此,数据间的语义联系依然存在。

1. 无损分解

当对关系模式 R 进行分解时,R 的元组将分别在相应属性集进行投影而产生新的关系。如果对新的关系进行自然连接得到的元组集合与原关系完全一致,则称该分解为无损分解(lossless decompose),否则称有损分解。

例 2.18 中的模式分解是无损分解。如果在例 2.18 中,将关系模式 R 分解为关系模式 R₃(SNO,CNAME,TNAME) 和 R₄(CNAME,GRADE),如表 2.13 所示。

表 2.13   关系模式 R 分解实例

(a) 关系模式 R₃ 实例

SNO	CNAME	TNAME
S10	数据结构	王洪信
S21	数据结构	王洪信
S21	C++	刘丽荣

(b) 关系模式 R₄ 实例

CNAME	GRADE
数据结构	84
数据结构	92
C++	77

对 R₃ 和 R₄ 进行自然连接,实例如表 2.14 所示。

表 2.14   关系模式 R₃ 和 R₄ 自然连接实例

SNO	CNAME	TNAME	GRADE
S10	数据结构	王洪信	84
S10	数据结构	王洪信	92
S21	数据结构	王洪信	84
S21	数据结构	王洪信	92
S21	C++	刘丽荣	77

则 R₃ 和 R₄ 自然连接后(表 2.14)与原关系 R(表 2.11)不一致,因此,该分解是有损分解。

Heath 定理：假设关系模式 R 分解为两个子关系模式 R_1 和 R_2，如果 $R_1 \cap R_2$ 至少包含其中一个子关系模式的主键，则此分解是无损分解。

在例 2.18 中，R(SNO,CNAME,TNAME,GRADE)分解成 R_1(SNO,CNAME,GRADE)和 R_2(CNAME,TNAME)两个子关系模式，由于 $R_1 \cap R_2 = \{CNAME\}$，且 CNAME 是关系模式 R_2 的主键，由 Heath 定理可知，该分解为无损分解。

2. 保持函数依赖分解

当对关系模式 R 进行分解时，R 的函数依赖集也按相应的模式进行分解。如果分解后总的函数依赖集合与原来关系 R 的函数依赖集合对于 Armstrong 推理保持一致，则称该分解为保持依赖分解(preserve dependency decompose)。

例如例 2.18 中的分解保持函数依赖分解，这是因为关系 R 的函数依赖集合为：

$$F = \{(SNO,CNAME) \rightarrow GRADE, (SNO,CNAME) \rightarrow TNAME, CNAME \rightarrow TNAME\}$$

R 分解为 R_1 和 R_2 后分别有函数依赖集 F_1 和 F_2，其中：

$$F_1 = \{(SNO,CNAME) \rightarrow GRADE\}, F_2 = \{CNAME \rightarrow TNAME\}$$

显然，$(F_1 \cup F_2) \subseteq F$。在 $F_1 \cup F_2$ 中，由平凡函数依赖(SNO,CNAME)→CNAME 和 CNAME→TNAME 以及 Armstrong 推理规则可得(SNO,CNAME)→TNAME，即有 $F \subseteq (F_1 \cup F_2)$，从而 $F = (F_1 \cup F_2)$。因此，F 与 $F_1 \cup F_2$ 对于 Armstrong 推理保持一致。

3. 关系模式分解的原则

关系模式在分解时应保持数据等价和语义等价两个原则，分别用无损分解和保持函数依赖分解两个特征来衡量。

无损分解能保持原关系模式分解的子关系模式自然连接后能恢复回来，而保持函数依赖分解能保证分解的子关系模式连接后其语义不会发生变化，也就是不会违反函数依赖的语义。但无损分解与保持函数依赖分解两者之间没有必然的联系。

实际上，在对关系模式进行分解时，除了考虑数据等价和语义以外，还要考虑效率。当对数据库的操作主要是查询而更新较少时，为了提高查询效率，有时可保留适当的数据冗余，让关系模式中的属性多一些，但不要把模式分解得太小，否则为了查询一些数据要做大量的连接运算，把多个关系模式连接在一起才能从中找到相关的数据。因此，保留适量的冗余，达到以空间换时间的目的，也是关系模式分解的一个重要原则。

4. 3NF 分解

目前在信息系统的设计中，广泛采用的是"基于 3NF 的系统设计"方法，这是由于理论上已经证明任何关系模式都可以无损地分解为多个 3NF，并且符合 3NF 的关系模式基本上解决了数据冗余大和操作异常问题。

假设 R 是一个关系模式，将 R 分解成多个 3NF 关系模式的步骤如下：

(1) 如果 R 不属于 1NF，对其进行分解，使其满足 1NF。

将关系模式分解为符合 1NF 条件的方法是，直接将其多值属性进行分解，用分解后的多个单值属性集取代原来的属性，或将多值属性单独定义为一个关系模式。

例如关系模式 R(NAME,ADDRESS,PHONE)中，假设每条记录最多有 3 个电话号码，此时可将多值属性分解为 R_1(NAME,ADDRESS,PHONE1,PHONE2,PHONE3)。有时，当多值属性的取值较多时，为了防止出现大量的空值，一般将多值属性单独定义为一个

关系数据库的基本理论

关系模式。

（2）如果 R 属于 1NF 但不属于 2NF，分解 R 使其满足 2NF。

将关系模式分解为符合 2NF 条件的方法如下：

设关系模式 R(U)，主键是 W，R 上还存在函数依赖 $X \rightarrow Z$，并且 Z 是非主属性且 $X \subset W$，那么 $W \rightarrow Z$ 就是一个局部依赖。此时，应该把 R 分解成两个模式 $R_1(XZ)$，主键是 X 和 $R_2(Y)$，其中 $Y = U - Z$，主键仍是 W，外键是 X。

例如在例 2.15 的关系模式 R(SNO，CNO，GRADE，TNAME，TADDR)中，取 $W = \{SNO, CNO\}$，$Z = \{TNAME, TADDR\}$，$X = \{CNO\}$，$Y = \{SNO, CNO, GRADE\}$，利用该方法就可以得到符合 2NF 的关系模式 R_1(CNO，TNAME，TADDR)和 R_2(SNO，CNO，GRADE)。

（3）如果 R 属于 2NF 但 R 不属于 3NF，分解 R 使其满足 3NF。

将关系模式分解为符合 3NF 条件的方法如下：

设关系模式 R(U)，主键是 W，R 上还存在函数依赖 $X \rightarrow Z$。Z 不包含于 X 并且是非主属性，X 不是候选键，那么 $W \rightarrow Z$ 就是一个传递函数依赖。此时，应该把 R 分解成两个模式 R_1(XZ)，主键是 X 和 R_2(Y)，其中 $Y = U - Z$，主键仍是 W，外键是 X。

例如在例 2.15 的关系模式 R_1(CNO，TNAME，TADDR)中，取 $W = \{CNO\}$，$X = \{TNAME\}$，$Z = \{TADDR\}$，利用该方法就可以得到符合 3NF 条件的关系模式 R_{11}(TNAME，TADDR)和 R_{12}(CNO，TNAME)。

习 题 2

1. 名词解释：

超键　　　候选键　　　实体完整性约束　　　　参照完整性约束　　　　函数依赖

无损分解　2NF　　　3NF

2. 为什么关系中的元组没有先后顺序，且不允许有重复元组？

3. 笛卡儿积、等值连接和自然连接三者之间有什么区别？

4. 设有关系 R 和 S，如图 2.17 所示。

R	A	B	C
	3	6	7
	2	5	7
	7	2	3
	4	4	3

S	A	B	C
	3	4	5
	7	2	3

图 2.17　关系 R 和 S

计算 $R \cup S, R - S, R \cap S, R \times S, \Pi_{3,2}(S), \sigma_{B<'5'}(R), R \underset{2<2}{\bowtie} S, R \bowtie S$。

5. 设教学管理数据库中有以下 3 个关系：

S(SNO, SNAME, AGE, SEX, SDEPT)

SC(SNO, CNO, GRADE)

C(CNO, CNAME, CDEPT, TNAME)

试用关系代数表达式表示下列查询语句：

(1) 检索 LIU 老师所授课程的课程号、课程名。

(2) 检索年龄大于 23 岁的男学生的学号与姓名。

(3) 检索学号为 S_3 的学生所学课程的课程名与任课教师名。

(4) 检索至少选修 LIU 老师所授课程中一门课的女学生的姓名。

(5) 检索 WANG 同学不学的课程的课程号。

(6) 检索至少选修两门课程的学生的学号。

6. 设关系模式 R(ABCD)，F 是 R 上成立的 FD 集，F＝{A→B，C→B}，则相对于 F，试写出关系模式 R 的候选键，并说明理由。

7. 设关系模式 R(ABCD)，F 是 R 上成立的 FD 集，F＝{AB→CD，A→D}。

(1) 试说明 R 不是 2NF 模式的理由。

(2) 试把 R 分解成 2NF 模式集。

8. 设有关系模式 R(职工编号，日期，日营业额，部门名，部门经理)，该模式统计商店里每个职工的日营业额，以及职工所在的部门和经理信息。如果规定每个职工每天只有一个营业额；每个职工只在一个部门工作；每个部门只有一个经理。试回答下列问题：

(1) 根据上述规定，写出模式 R 的基本函数依赖和候选键。

(2) 说明 R 不是 2NF 的理由，并把 R 分解成 2NF 模式集。

(3) 将 R 分解成 3NF 模式集。

9. 设有关系模式 R(运动员编号，比赛项目，成绩，比赛类别，比赛主管)，如果规定每个运动员每参加一个比赛项目，只有一个成绩；每个比赛项目只属于一个比赛类别；每个比赛类别只有一个比赛主管。试回答下列问题：

(1) 根据上述规定，写出模式 R 的基本函数依赖和候选键。

(2) 说明 R 不是 2NF 的理由，并把 R 分解成 2NF 模式集。

(3) 将 R 分解成 3NF 模式集。

关系数据库的基本理论

第3章 数据库设计

在数据库领域内,通常把使用数据库的各类信息系统都称为数据库应用系统。例如,以数据库为基础的各种管理信息系统、办公自动化系统、地理信息系统、电子政务系统、电子商务系统等都可以称为数据库应用系统。

数据库应用系统设计是指创建一个性能良好的、能满足不同用户使用要求的、能被选定的DBMS所接受的数据库以及基于该数据库上的应用程序,其中的核心问题是数据库的设计。

3.1 数据库设计概述

数据库设计是指对于一个给定的应用环境,构造(设计)出优化的数据库逻辑模式和物理结构,并在此基础上建立数据库及其应用系统,使之能够有效地存储和管理数据,满足各种用户的应用需求,包括信息管理要求和数据操作要求。

3.1.1 数据库设计的目标和方法

1. 数据库设计目标

数据库设计目标是为用户和各种应用系统提供一个较好的信息基础设施和高效率运行环境。高效率的运行环境包括数据库的存取效率、数据库存储空间的利用率、数据库系统运行管理的效率等。

数据库设计的目标主要包括以下几个方面的内容:

(1) 最大限度地满足用户的应用功能需求,主要是指用户可以将当前与可预知的将来应用所需要的数据及其联系,全部、准确地存放在数据库中。

(2) 获得良好的数据库性能,即要求数据库设计保持良好的数据特性以及对数据的高效率存取和资源的合理使用,并使建成的数据库具有良好的数据共享性、独立性、完整性及安全性等。对于关系数据库而言主要有以下要求:

① 数据要达到一定的规范化程度,避免数据重复存储和异常操作;

② 保持实体之间连接的完整性,避免数据库的不一致性;

③ 满足对事务响应时间的要求;

④ 尽可能减少数据的存储量和内外存间数据的传输量;

⑤ 便于数据库的扩充和移植,使系统有更好的适应性。

(3) 对现实世界模拟的精确度要高。

(4) 数据库设计应充分利用和发挥现有 DBMS 的功能和性能。

(5) 符合软件工程设计要求,因为应用程序设计本身就是数据库设计任务的一部分。

上述目标中的某些内容有时候是相互冲突的。通常要对数据库的存取效率、维护代价及用户需求等方面全面考虑,权衡折中,以获得更好的设计效果。

2. 数据库设计方法

大型数据库设计是涉及多学科的综合性技术,也是一项庞大的工程项目。它要求从事数据库设计的专业人员具备多方面的技术和知识,主要包括以下方面:

- 计算机的基础知识;
- 软件工程的原理和方法;
- 程序设计的方法和技巧;
- 数据库的基本知识和设计技术;
- 应用领域的相关知识。

这样,才能设计出符合具体领域要求的数据库及其应用系统。

要成功、高效地设计一个结构复杂、应用环境多样的数据库系统,仅仅靠手工的方法是很难的,必须在科学的设计理论和工程方法的支持之上,采用非常规范的设计方法,否则,就很难保证数据库设计的质量。近年来,人们将软件工程的思想和方法应用于数据库设计实践中,提出了许多优秀的数据库设计方法。

(1) 新奥尔良(new orleans)方法。传统数据库设计方法,在完成系统的需求分析后随即开始数据库的逻辑设计。而新奥尔良方法是在"逻辑设计"阶段的前面增加一个"概念设计"阶段,如图 3.1 所示。

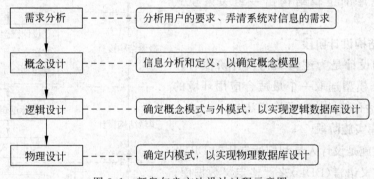

图 3.1　新奥尔良方法设计过程示意图

(2) 基于 E-R 模型的数据库设计方法。该方法是数据库概念设计阶段广泛采用的方法,它完成了将现实世界的客观事物及其联系转换为概念世界的实体与联系。

(3) 3NF 设计方法。该方法以关系数据库理论为指导来设计数据库的逻辑模型,需要利用关系规范化理论对所设计的关系模式进行规范,一般要求将关系模式规范到 3NF 以上。

(4) 对象定义语言(Object Definition Language,ODL)方法。这是面向对象的数据库设计方法,该方法用面向对象的概念和术语来说明数据库结构。用 ODL 描述面向对象的数据库结构设计,可以将其直接转换为面向对象的数据库。

利用一些数据库设计工具或自动建模软件辅助完成数据库的设计也是十分重要的方法。目前,不少数据库厂商设计和开发了一些很有特色的数据库设计工具和建模软件,如 Sybase 公司的 Design 2000、Power Designer,Rational 公司的 Rose,CA 公司的 E-Rwin 等。

3.1.2　数据库设计的基本步骤

目前,数据库设计主要采用以逻辑数据库设计和物理数据库设计为核心的规范化设计方法,即将数据库设计分为需求分析、概念结构设计、逻辑结构设计、物理结构设计、数据库实施、数据库运行和维护6个阶段。

1. 需求分析阶段

需求分析是对用户提出的各种要求加以分析,对各种原始数据加以综合、整理,需求分析阶段是形成最终设计目标的首要阶段,也是整个数据库设计过程中最困难的阶段。该阶段任务的完成,将为以后各阶段任务打下坚实的基础。该阶段的结果是需求分析报告,在需求分析报告中,需要列出目标系统所涉及的全部数据实体、每个数据实体的属性名一览表以及数据实体间的联系等。

2. 概念结构设计阶段

概念结构设计是对用户需求进行进一步抽象、归纳,并形成独立于 DBMS 和有关软、硬件的概念数据模型的设计过程,是对现实世界中具体数据的首次抽象,实现了从现实世界到信息世界的转化过程。概念结构设计是数据库设计的一个重要环节,数据库的概念结构通常用 E-R 模型等来描述。

3. 逻辑结构设计阶段

逻辑结构设计是将概念结构转化为某个 DBMS 所支持的数据模型,并进行优化的设计过程。关系数据库的逻辑结构由一组关系模式组成。

4. 物理结构设计阶段

物理结构设计是为逻辑结构设计阶段所产生的逻辑数据模型选取一个最适合应用环境的物理结构(包括存储结构和存取方法)。

5. 数据库实施阶段

数据库实施是设计人员利用所选用的 DBMS 提供的数据定义语言(DDL)来严格定义数据库,包括建立数据表、定义数据表的完整性约束,编制与调试应用程序,组织数据入库,并进行试运行。

6. 数据库运行和维护阶段

数据库试运行合格后,数据库开发工作就基本完成,即可投入正式运行了。但是,由于应用环境在不断变化,数据库运行过程中的物理存储也会不断变化,因此,对数据库设计进行评价、调整、修改等维护是一个长期的任务,也是设计工作的继续和提高。

综上所述,数据库设计过程可以用图 3.2 表示。对于其具体详细过程,将在本章后面各节中逐一讲解。

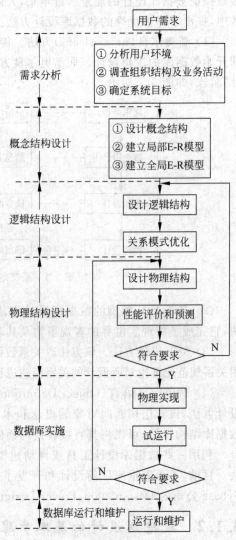

图 3.2　数据库设计过程图示

3.2 需求分析

目前,数据库应用非常广泛、非常复杂,整个企业可以在同一个数据库上运行。此时,为了支持所有用户的运行,数据库设计就变得异常复杂。如果没有对数据信息进行充分的事先分析,这种设计将很难取得成功。因此,需求分析工作被置于数据库设计过程的"前沿"。

3.2.1 需求分析的任务

需求分析阶段的任务是对系统的整个应用情况作全面的、详细的调查,确定企业组织的目标,收集支持系统总的设计目标的基础数据和对这些数据的要求,确定用户的需求,并把这些要求写成用户和数据库设计者都能够接受的文档。

需求分析中调查分析的方法很多,通常的方法是对不同层次的企业管理人员进行个人访问,内容包括业务处理和企业组织中的各种数据。访问的结果应该包括数据的流程、过程之间的接口以及访问者和职员两方面对流程和接口语义上的核对说明和结论。对于某些特殊的目标和数据库的要求,可以从企业组织中的最高层机构得到。

设计人员还应该了解系统将来要发生的变化,收集未来应用所涉及的数据,充分考虑系统可能的扩充和变动,使系统设计更符合未来发展的趋势,并且易于改动,以减少系统维护的代价。

这一阶段的任务如图 3.3 所示。

总体信息需求定义了未来系统用到的所有信息,描述了数据之间本质上和概念上的联系,描述了实体、属性及联系的性质。

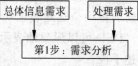

图 3.3 需求分析阶段图示

处理需求定义了未来系统的数据处理的操作,描述了操作的先后顺序、操作执行的频率和环境、操作与数据之间的联系。

在定义总体信息需求和处理需求说明的同时还应定义安全性和完整性约束。

这一阶段的结果是"需求规格说明书",其主要内容是系统的数据流图和数据字典。需求说明书应是一份既切合实际,又具有远见的文档,是一个描述新系统的轮廓图。

3.2.2 需求分析的步骤

需求分析阶段的工作主要由下面 4 个步骤组成:

(1) 分析用户活动,产生用户活动图。这一步主要了解用户当前的业务活动和职能,搞清其处理流程(即业务流程)。如果一个处理流程比较复杂,就要把这个处理流程分解成若干个子处理流程,使每个处理流程功能明确、界面清楚,分析之后画出用户活动图(即用户的业务流程图)。

(2) 确定系统范围,产生系统范围图。这一步是确定系统的边界,在和用户经过充分讨论的基础上,确定计算机所能进行数据处理的范围,确定哪些工作由人工完成,哪些工作由计算机系统完成,即确定人机界面。

(3) 分析用户活动所涉及的数据,产生数据流图。深入分析用户的业务处理,以数据流图形式表示出数据的流向和对数据所进行的加工。

数据流图(Data Flow Diagram,DFD)是从"数据"和"数据加工"两方面表达数据处理系统工作过程的一种图形表示法。它是一种直观、易于被用户和软件人员双方都能理解的表达系统功能的描述方式。

DFD 有 4 个基本成分:数据流(用箭头表示),加工或处理(用圆圈表示),文件(用双线段表示)和外部实体(数据流的源点或终点,用方框表示)。图 3.4 是一个简单的 DFD。

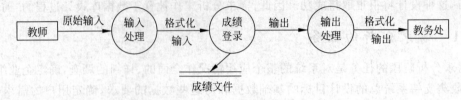

图 3.4　一个简单的 DFD

在众多分析和表达用户需求的方法中,自顶向下逐步细化是一种简单实用的方法。为了将系统的复杂度降低到人们可以掌握的程度,通常把大问题分割成若干个小问题,然后分别解决,这就是"分解"。分解也可以分层进行,即先考虑问题最本质的属性,暂时把细节略去,以后再逐层添加细节,直到涉及最详细的内容。

DFD 可作为自顶向下逐步细化时描述对象的工具。顶层的每一个圆圈(加工处理)都可以进一步细化为第 0 层;第 0 层的每一个圆圈又可以进一步细化为第 1 层……;直到最底层的每一个圆圈表示一个最基本的处理动作为止。

DFD 可以形象地表示数据流与各业务活动的关系,它是需求分析的工具和分析结果的描述手段。

例 3.1　在学生选课业务的处理流程中,假设开发人员收集到学生基本信息表、课程表、选课单、选课情况一览表、成绩单等数据。

通过分析,确认学生基本信息表、课程表、选课单是输入选课系统的原始数据,选课情况一览表以及成绩单等是选课系统最终需要输出的数据,如图 3.5 所示。

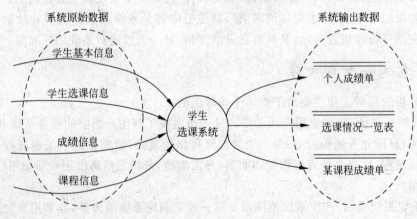

图 3.5　学生选课系统顶层数据流图

在学生选课业务处理流程中如何对输入的原始数据进行处理最后得到输出数据呢?图 3.6 给出了学生选课系统的整个数据流图,它是图 3.5 的进一步分解和细化。数据流图是一种从数据的角度描述数据作为输入进入系统,经过若干加工处理,或者合并,或者分解,或者存储,最后输出的整个过程。

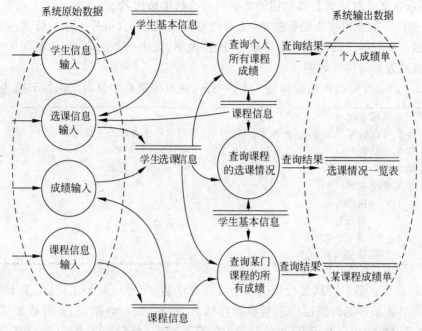

图 3.6   学生选课系统的 0 层数据流图

（4）分析系统数据,产生数据字典。仅仅有 DFD 并不能构成需求说明书,因为 DFD 只表示系统由哪几部分组成和各部分之间的关系,并没有说明各个成分的含义,只有对每个成分都给出确切的定义,才能较完整地描述系统。

数据字典提供了对数据库中数据描述的集中管理,它的功能是存储和检索各种数据描述,也称为元数据(metadata),如叙述性的数据定义等,并且为 DBA 提供有关的报告。对数据库设计来说,数据字典是进行详细的数据收集和数据分析所获得的主要成果,因此,在数据库设计中占有很重要的地位。

数据字典中通常包括数据项、数据结构、数据流、数据存储和处理过程 5 个部分。其中,数据项是数据的最小组成单位,若干个数据项可以组成一个数据结构,数据字典通过对数据项和数据结构的定义来描述数据流以及数据存储的逻辑内容。

① 数据项。数据项是数据的最小单位。对数据项的描述,通常包括数据项名、含义、别名、类型、长度、取值范围以及与其他数据项的逻辑关系。

例 3.2   在图 3.6 中有一个数据流查询个人所有课程成绩,每个人的成绩单有一个数据项为学生的学号 SNO。在数据字典中对此数据项如下描述:

数据项名：SNO
说　　明：标识每张成绩单
类　　型：CHAR(9)
长　　度：9
别　　名：学生学号
取值范围：000000000～999999999

② 数据结构。数据结构反映了数据之间的组合关系。一个数据结构可以由若干个数据项组成，也可以由若干个数据结构组成，或由若干个数据项和数据结构混合而成。它包括数据结构名、含义及组成该数据结构的数据项名或数据结构名。

③ 数据流。数据流可以是数据项，也可以是数据结构，表示某一加工处理过程的输入或输出数据。对数据流的描述应包括数据流名、说明、流出的加工名、流入的加工名以及组成该数据流的数据结构或数据项。

例 3.3　图 3.6 中的成绩查询是一个数据流，在数据字典中可对其作如下描述：

数据流名：个人成绩查询
说　　　明：学生可以根据所学专业、班级号、学生姓名、课程名称来查询个人成绩
来　　　源：学生选课信息
去　　　向：输出到个人成绩单
数据结构：个人成绩查询
　　　　　——所学专业
　　　　　——班级号
　　　　　——学生姓名
　　　　　——课程名称

---

④ 数据存储。数据存储是处理过程中要存储的数据，可以是手工凭证、手工文档或计算机文档。对数据存储的描述应包括数据存储名、说明、输入数据流、输出数据流、数据量（每次存取多少数据）、存取频度（单位时间内的存取次数）和存取方式（是批处理，还是联机处理；是检索，还是更新；是顺序存取，还是随机存取等）。

例 3.4　图 3.6 中的课程是一个数据存储，在数据字典中可对其作如下描述：

数据存储名：课程
说　　　　明：对每门课程的名称、学分、先行课程号和摘要的描述
输出数据流：课程介绍
数 据 描 述：课程号
　　　　　　课程名
　　　　　　学分数
　　　　　　先行课程号
　　　　　　摘要
数　　量：每年 328 种
存 取 方 式：随机存取

---

⑤ 加工过程。对加工处理的描述包括加工过程名、说明、输入数据流、输出数据流，并简要说明处理工作、频度要求、数据量及响应时间等。

例 3.5　对于图 3.6 中的"选课"，在数据字典中可作如下描述：

处理过程：确定选课名单
说　　　明：对选修某门课程的每一个学生，确定其是否选修该课程。再根据学生选课的人数选择适当的教室，制定选课单。
输　　　入：学生选课
　　　　　　可选课程
　　　　　　已选课程

输　　出：选课单
程序提要：a. 对所选课程在选课表中查找其是否已选此课程
　　　　　b. 若未选此课程,则在选课表中查找已选此课程的先行课程
　　　　　c. 若 a、b 都满足,则在选课表中增加一条选课记录
　　　　　d. 处理完全部学生的选课后,形成选课单

数据字典是在需求分析阶段建立,并在数据库设计过程中不断改进、充实和完善的。

3.2.3　软件需求规格说明书

软件的规格说明也称为功能规格说明、需求协议或系统规格说明,它精确地阐述了一个软件系统必须提供的功能、必须具备的性能以及需要考虑的限制条件。软件需求规格说明书不仅是系统测试和编写用户操作手册的基础,也是项目规划、设计和编码的基础,它应尽可能完整地描述系统预期的外部行为和用户可视化行为。

图 3.7 给出一个软件开发的需求规格说明书样例,该样例的结构与国际标准和国家标准相似,但有所不同,在实际应用时可根据需要对照国际标准或国家标准进行修改,以形成适合自己所开发软件的需求规格说明书。

目　　录

1 引言　　　　　　　　　　　3.4 通信接口
　1.1 目的　　　　　　　　　4 系统特性
　1.2 文档约定　　　　　　　　4.1 说明和优先级
　1.3 预期的读者和阅读建议　　4.2 激励和响应序列
　1.4 产品范围　　　　　　　　4.3 功能需求
　1.5 参考文献　　　　　　　5 其他非功能需求
2 综合描述　　　　　　　　　5.1 性能需求
　2.1 产品的前景　　　　　　　5.2 安全设施需求
　2.2 产品的功能　　　　　　　5.3 安全性需求
　2.3 用户类及其特征　　　　　5.4 软件质量属性
　2.4 运行环境　　　　　　　　5.5 业务规则
　2.5 设计和实现上的限制　　　5.6 用户文档
　2.6 假设和依赖　　　　　　6 其他需要
3 外部接口需要　　　　　　附录 A 词汇表
　3.1 用户界面　　　　　　　附录 B 分析模型
　3.2 硬件接口　　　　　　　附录 C 待确定问题的列表
　3.3 软件接口

图 3.7　软件需求规格说明书样例

对于需求规格说明文档模板中各项目的详细解释,用户可参考软件工程相关文献和国家软件文档标准。软件需求规格说明应具备完整性、一致性、可更改性和可跟踪性。

3.3　概念结构设计

概念结构设计是将需求分析得到的用户需求抽象为反映用户观点的信息结构,它是对信息世界进行建模,是整个数据库设计的关键。

3.3.1 概念结构设计任务和 E-R 模型的特点

概念结构设计的任务是在需求分析阶段产生的需求规格说明书的基础上,按照特定方法把它们抽象为一个不依赖于计算机硬件结构和具体 DBMS 的数据模型,即概念模型。概念模型使设计者的注意力能够从复杂的实现细节中解脱出来,只集中在最重要的信息组织结构和处理模式上。

数据库设计最困难的一个方面是设计人员、编程人员以及最终用户看待数据的方式不同,这就给共同理解数据带来不便。E-R 模型是一个能够在设计人员、编程人员以及最终用户之间进行交流的模型。该模型能够描述现实世界,表达一定的语义信息,且与技术实现无关。E-R 模型具有以下特点:

(1) 能真实、充分地反映现实世界,包括事物和事物之间的联系,并能满足用户对数据的处理要求。

(2) 易于理解,可以利用它在设计人员、编程人员以及最终用户之间进行交流,使得用户能够积极参与,保证数据库设计的成功。

(3) 易于更改,当应用环境和应用要求发生改变时,容易对模式进行修改和扩充。

(4) 易于向关系、网状、层次等数据模型转换。

本节主要介绍如何利用 E-R 模型进行概念建模。

3.3.2 概念结构设计的基本方法

自数据库技术广泛应用以来,出现了不少数据库概念结构设计的方法。尽管具体方法各异,但就其基本思想而言可归纳为 3 种:

(1) 自底向上的设计方法。有时也称为属性综合法,这种方法的基本点是将前面需求分析中收集到的数据元素作为基本输入,通过对这些元素的分析,先把它们综合成相应的实体或联系,进而构成局部概念模式,最后组合成全局概念模式,如图 3.8 所示。

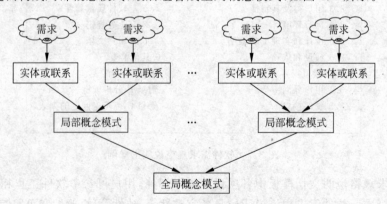

图 3.8 自底向上的设计方法

自底向上的设计方法适合于较小单位且较为简单的设计对象,对于中等规模以上的设计对象,数据元素常常多达几百甚至几千个。此时,要对这么多的数据元素进行分析,再综合成相应的实体或联系是一件非常困难的事情。

(2) 自顶向下的设计方法。它是从分析组织的事务活动开始,首先识别用户所关心的实体及实体间的联系,建立一个初步的数据模型框架,然后以逐步求精的方式加上必需的描述属性形成一个完整的局部 E-R 模型,最后将这些局部 E-R 模型集成为一个统一的全局 E-R 模型,如图 3.9 所示。

自顶向下的设计方法是一种实体分析方法,它从总体概念入手,以实体作为基本研究对象。与自底向上的设计方法相比,其实体的个数远远少于属性的个数,因此,以实体作为分析对象可以大大减少分析中所涉及的对象数,从而简化了分析过程。另外,自顶向下的设计方法通常使用图形表示法,因此更加直观、更易理解,有利于设计人员与用户的交流。

(3) 混合设计方法。它是将自底向上和自顶向下的方法相结合。在实际项目开发中概念设计常用的方法是自顶向下地进行需求分析,然后再自底向上地设计概念结构。

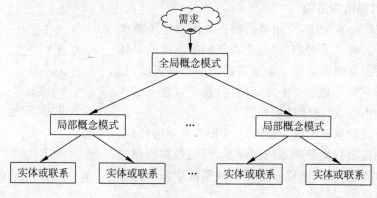

图 3.9 自顶向下的设计方法

3.3.3 概念结构设计的主要步骤

概念结构设计的任务一般分为 3 个步骤来完成:进行数据抽象,设计局部概念模式;将局部概念模式综合成全局概念模式;评审。

(1) 进行数据抽象,设计局部概念模式。局部用户的信息需求是构造全局概念模式的基础,因此,需要先从个别用户的需求出发,为每个用户建立一个相应的局部概念结构。在建立局部概念结构时,经常要对需求分析的结果进行细化、补充和修改,如有的数据项要分为若干子项,有的数据定义要重新核实等。

(2) 将局部概念模式综合成全局概念模式。综合各局部概念结构就可以得到反映所有用户需求的全局概念结构。在综合过程中,主要处理各局部模式对各种对象定义的不一致问题,包括同名异义、异名同义和同一事物在不同模式中被抽象为不同类型的对象(例如,有的作为实体,有的作为属性)等问题。在把各个局部结构合并时,有时还会产生冗余问题,或导致对信息需求的再调整与分析,以确定确切的含义。

(3) 评审。消除了所有冲突后,即可把全局结构提交评审。评审分为用户评审与 DBA 及应用开发人员评审两部分。用户评审的重点放在确认全局概念模式是否准确完整地反映了用户的信息需求和现实世界事物属性间的固有联系;DBA 和应用开发人员评审则侧重于确认全局结构是否完整,各种成分划分是否合理,是否存在不一致性,以及各种文档是否齐全等。

3.3.4 局部 E-R 模型的设计

通常,一个数据库系统是为多个不同用户服务的。各个用户对数据的观点可能不一样,信息处理需求也可能不同。在设计数据库概念结构时,为了更好地模拟现实世界,一个有效的策略是"分而治之",即先分别考虑各个用户的信息需求,形成局部概念结构,然后综合成全局结构。在 E-R 方法中,局部概念结构设计又称为局部 E-R 模型。局部 E-R 模型的设计过程如图 3.10 所示。

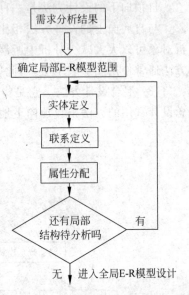

图 3.10 局部 E-R 模型设计

1. 确定局部结构范围

在用户需求分析阶段,已用多层数据流图描述了整个系统。在设计局部 E-R 模型时,首先需要根据系统的具体情况在多层数据流图中选择一个适当层次的数据流图,让这组图中的每一部分对应一个局部应用,然后以这一层次的数据流图为出发点,设计局部 E-R 图。

通常以中层数据流图作为设计局部 E-R 模型的依据,因为顶层数据流图只能反映系统的概貌,低层数据流图又太过详细,而中层数据流图能较好地反映系统中各局部应用的子系统组成。

用户在确定局部 E-R 模型的设计范围时,有两条原则可以参考:

(1) 把关系最密切的若干功能所涉及的数据尽可能包含在一个局部 E-R 模型内。

(2) 一个局部 E-R 模型中所包含的实体数不能太多,以免过于复杂,不便理解和管理。

图 3.11 教学管理信息系统的顶层数据流图

下面以学校的教学管理信息系统为例来说明局部概念结构设计范围的确定。教学管理信息系统的顶层数据流图如图 3.11 所示。教学管理信息系统的顶层数据流图只能反映系统的概貌,不能反映出教学管理信息系统是由学生学籍管理子系统、课程管理子系统、选课管理子系统以及成绩管理子系统组成的。

为使讨论简单,假设学生学籍管理子系统是对学籍变动情况进行管理;课程管理子系统是对所有开设的课程进行管理;选课管理子系统是对学生的选课情况进行管理;成绩管理子系统是对学生的成绩进行管理。

图 3.12 给出了教学管理信息系统的 0 层数据流图,该图描述了教学管理信息系统的组成部分以及各部分的输入和输出数据。

用户还可以进一步分解 0 层数据流图,即分别对其中的每一个组成部分细化,得到第 1 层数据流图。例如,选课管理的数据流图是一个第 1 层数据流图,它可以作为一个局部 E-R 模型的设计范围。因此,在讨论教学管理信息系统的例子中,0 层数据流图也是中层数据流图,在进行概念结构设计时,就可以根据 0 层数据流图分别为学生学籍管理、课程管理、选课管理以及成绩管理设计局部 E-R 模型。

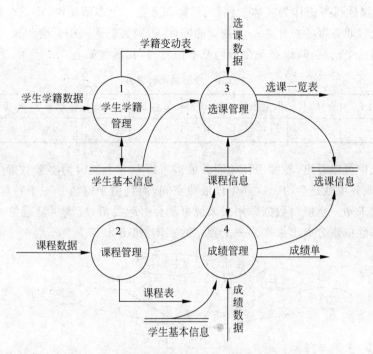

图 3.12　教学管理信息系统的 0 层数据流图

2. 确定实体及实体的主键

在确定了局部结构设计范围后,接着确定局部应用范围内的所有实体以及实体的主键。在信息系统中,实体和实体的属性通常都是数据对象。

1) 确定实体和属性

在教学管理信息系统的选课管理子系统的局部应用中,学生是一个实体,学生王丽萍、李芸的信息是学生实体中的两个实例;课程是一个实体,操作系统、数据库原理信息是课程实体中的两个实例。

在学籍管理子系统的局部应用中,学生是一个实体,学生的学籍变动情况也是一个实体,一个学生的每一次学籍变动信息是学籍变动实体中的一个实例。

在课程管理子系统的局部应用中,课程是一个实体,每门课程信息是课程实体中的一个实例;上课的教师是一个实体,每位上课的教师信息都是教师实体中的一个实例。

在成绩管理子系统的局部应用中,学生是一个实体,一个学生选修一门课程并参加了考试,就会有这门课程的成绩。因此,可以把成绩视为选课联系的一个属性。

实体与属性是相对而言的。同一事物,在一种应用环境中作为"属性",在另一种应用环境中需要作为"实体"。例如,学校中的系,在某种应用环境中,它只是作为"学生"实体的一个属性,表明一个学生属于哪个系;而在另一种环境中,由于需要考虑一个系的系主任、教师人数、学生人数、办公地点等,这时系就需要作为实体了。

在需求分析阶段,已收集了许多数据对象。在概念结构设计阶段,如何区分这些数据对象是实体还是属性呢?下面给出区分实体和属性的一般原则:

(1) 实体一般需要描述信息,而属性不需要。例如,学生需要描述属性(学号、姓名、性别、出生年月等),所以学生是实体。而性别不需要描述信息,所以性别是属性。

（2）多值属性可考虑作为实体。例如，教师职务是一个多值属性，即一个教师可能担任多个职务。此时职务可考虑作为一个独立的实体，否则数据库表中就会出现大量空值。

为了说明这个问题，假设有一个教师基本信息表，其格式如表 3.1 所示。

表 3.1 教师基本信息表

教师号	姓名	性别	出生年月	工作部门	职务 1	…	职务 5	职称	…
…	…	…	…	…	…	…	…	…	…

从表 3.1 中可以看出，教师担任的职务最多可以有 5 个。因为多数教师的职务只有一个，那么其他职务项就是空值。这样不仅浪费空间，而且由于空值是一个特殊的值，它表明该值为空缺或未知。空值对数据库用户来说可能会引起混淆，应该尽量避免。因此，表 3.1 中的"职务"属性应该分离出来作为一个独立的实体，如图 3.13 所示。

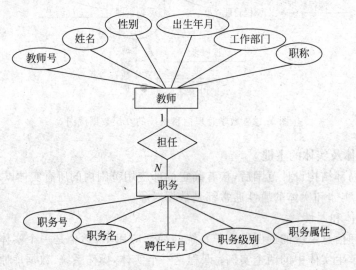

图 3.13 多值属性分离成独立实体示意图

2）确定实体的主键

学生实体的主键是学号，课程实体的主键是课程号，学籍变动实体的主键是学号＋变动日期，教师实体的主键是教师号，成绩实体的主键是学号＋课程号。

识别完所有的实体和实体的主键，再对实体进行归类，把具有共性的实体归为一类。例如，学校中的专科生、本科生以及研究生都是学生实体，他们之间具有共性，可以把他们归为学生类，然后用普遍化机制表示出来。

3. 确定实体间的联系

联系是实体之间关系的抽象表示，即对现实世界中客观事物之间关系的描述。在设计局部 E-R 模型时，需要对已识别出的实体确定不同实体间的联系属于什么类型的联系，是二元联系还是多元联系？然后确定这些实体的联系方式，即一对一，一对多，还是多对多？这些问题的解决往往是根据问题的语义或者一些事务的规则确定的。本节主要讨论常见的实体间的二元联系，它是现实世界中大量存在的联系。

关于实体间联系的确定，需要有以下几点说明：

1) 联系的属性

联系本身也可以有属性,当一个属性不能归并到两个实体上时,就可以定义为联系的属性。

例如,在图 3.12 所示的教学管理信息系统 0 层数据流图的成绩管理子系统局部 E-R 图中,"学生"实体的描述属性除了"学号"以外,还需要"姓名"、"性别"、"出生年月"、"家庭地址"、"入学时间"、"系部"、"专业"等属性;而"课程"实体的描述属性除了"课程号"属性以外,还需要"课程名"、"学时数"、"学分"、"开设学期"、"课程类型"等属性。

一个学生每学一门课程并参加考试,便可获得该门课程的成绩。如果把"成绩"属性放在"学生"实体中,由于一个学生的成绩属性有多个值(每门课一个成绩),所以不合适;如果把"成绩"属性放在"课程"实体中,也会因为一门课有多个学生选修而不易确定是哪个学生的成绩。因此,成绩一般作为选课联系的属性较为合适,如图 3.14 所示。

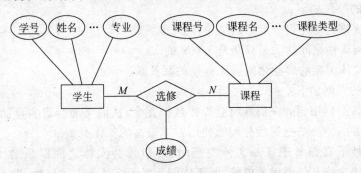

图 3.14　成绩作为选课联系的属性

2) 冗余联系

冗余联系是指可以由基本联系导出的联系。图 3.15 是一个冗余联系的例子,假设每名教师可以担任多门课程的教学,一门课程只能有一名教师讲授,一个学生可以选修多门课程,一门课程有多名学生学习。由于联系具有传递性,因此,该图隐含了教师和学生多对多的授课联系。

冗余联系也会破坏数据库的完整性,因此,如果存在冗余联系应尽量消除它,以免将问题遗留到全局 E-R 模型阶段。

3) 实体间的多个联系

实体间可能存在多个联系。例如,教师实体和项目实体,有的教师作为项目主持人负责管理项目,而有些教师作为项目成员参与项目开发。假设一个项目只有一个项目负责人但可以由多名教师参与,一名教师可以管理或参与多个项目,教师实体和项目实体之间存在多个联系,如图 3.16 所示。

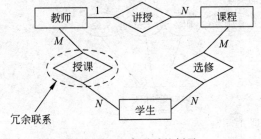

图 3.15　冗余联系的例子

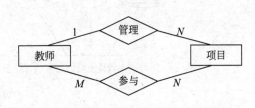

图 3.16　两个实体间存在多个联系示例

4. 给实体及联系加上描述属性

当已经在一个局部应用中识别了实体、实体的主键以及实体间的联系时，便形成了一个局部的 E-R 图。然后，为每个实体和联系加上所有必需的描述属性，以描述局部结构中的语义信息。

在需求分析阶段已收集了所有的数据对象，除了主键属性外，还需将其他属性分配给有关的实体或联系。为了使这种分配更合理，必须研究属性之间的函数依赖关系并考虑其他一些准则，而这些内容不易于用户理解。因此，在概念结构设计阶段应该避免涉及这类问题，主要从用户需求的概念上识别实体或联系应该具有哪些描述属性。

给实体及联系添加描述属性可分为两步，一是确定属性；二是把属性分配给有关的实体和联系。

确定属性的原则如下：

（1）属性应该是不可再分解的语义单位。

（2）实体与属性之间的关系只能是 $1:N$ 的。

（3）不同实体类型的属性之间应无直接关联关系。

属性分配的原则如下：

当多个实体类型用到同一属性时会导致数据冗余，从而可能会影响存储效率和完整性约束，因此，通常的做法是把属性分配给使用频率最高的实体类型。

当有些属性不宜归属于任一实体类型时，可以作为实体之间联系的属性。例如，在图 3.14 中，学生选修某门课程的成绩，既不能归为学生实体类型的属性，也不能归为课程实体类型的属性，因此，可作为选修联系类型的属性。

5. E-R 模型的操作

在数据库设计过程中，经常要对 E-R 图进行各种变化，这种变化称为 E-R 模型的操作。它包括实体类型、联系类型和属性的分裂、合并、增删等。

例 3.6　E-R 图分裂操作有水平分裂和垂直分裂两种。把教师分裂成男教师和女教师两个实体类型，属于水平分裂，也可把教师中经常变化的属性组成一个实体类型，把固定不变的属性组成另一个实体类型，这属于垂直分裂，如图 3.17 所示。但要注意，在 E-R 图垂直分裂中，键必须在分裂后的每个实体类型中出现。

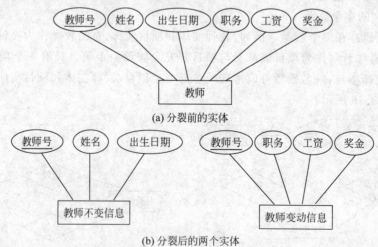

(a) 分裂前的实体

(b) 分裂后的两个实体

图 3.17　实体类型垂直分裂的 E-R 图

联系类型也可分裂。图 3.18(a)是教师担任课程的 E-R 图,"担任"联系类型可以分裂为"主讲"和"辅导"两个新的联系类型,如图 3.18(b)所示。

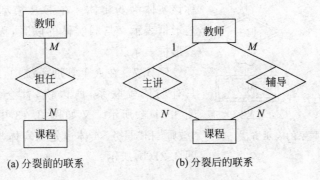

(a) 分裂前的联系   (b) 分裂后的联系

图 3.18 联系类型分裂的 E-R 图

合并是分裂操作的逆过程。例如,一个"产品销售"实体,其属性有"产品号"和"销售量",一个"产品生产"实体,其属性有"产品号"和"产量",把它们合并操作,如图 3.19 所示。

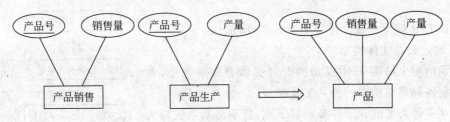

图 3.19 两个实体合并的 E-R 图

必须注意,对于联系的合并,其类型必须定义在相同的实体类型组合中,否则是不合法的合并,图 3.20 所示的合并就是不合法的合并。

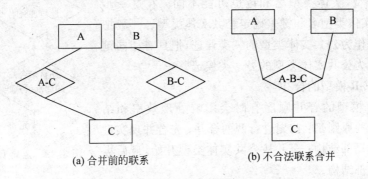

(a) 合并前的联系   (b) 不合法联系合并

图 3.20 联系的不合法合并

6. 弱实体与弱联系

在现实世界中,有时某些实体对于另一些实体具有很强的依赖联系,例如一个实体的存在必须以另一实体的存在为前提。比如,一个职工可能有多个社会关系,社会关系是多值属性,为了消除冗余,设计职工和社会关系两个实体。在职工和社会关系中,社会关系的信息以职工信息的存在为前提,所以职工和社会关系是一种依赖联系。

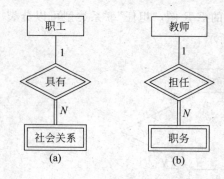

图 3.21 弱联系的表示方法

一个实体对于另一些实体具有很强的依赖联系，而且该实体主键的部分或全部从其依赖实体中获得，称该实体为弱实体。在 E-R 模型中，弱实体用双线矩形框表示。与弱实体的联系，称为弱联系，用双线菱形框表示。

例 3.7 在人事管理系统中，社会关系对于职工具有弱依赖联系，所以说，社会关系是弱实体，如图 3.21(a)所示。又如图 3.13 中教师基本信息的"教师"和"职务"实体也是弱实体与弱联系的关系，如图 3.21(b)所示。

3.3.5 全局 E-R 模型的设计

在所有局部 E-R 模型都设计好后，接下来把它们综合成为单一的全局概念结构。全局概念结构不仅要支持所有局部 E-R 模型，而且必须合理地表示一个完整、一致的数据库概念结构。

全局 E-R 模型的设计过程如图 3.22 所示。

1. 确定公共实体类型

为了给多个局部 E-R 模型的合并提供合并的基础，首先要确定各局部结构中的公共实体类型。

公共实体类型的确定并非一目了然，特别是当系统较大时，可能有很多局部模式，这些局部 E-R 模型是由不同的设计人员确定的，因此对同一现实世界的对象可能给予不同的描述，有的作为实体类型，有的作为联系类型或属性，即使都表示成实体类型，实体类型名和键也可能不同。在这一步中，将仅根据实体类型名和键来确定公共实体类型。一般把同名实体类型作为公共实体类型的一类候选，把具有相同键的实体类型作为公共实体类型的另一类候选。

2. 局部 E-R 模型的合并

局部 E-R 模型的合并顺序有时会影响处理效率和结果。建议的合并原则是：首先进行两两合并；先合并现实世界中有联系的局部结构；合并从公共实体类型开始，最后再加入独立的局部结构。

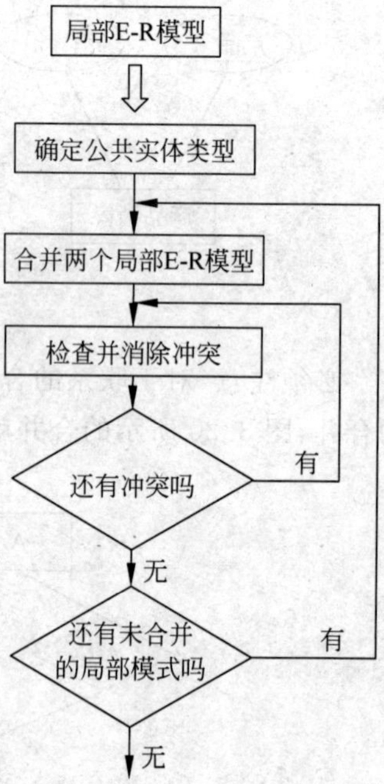

进行两两合并是为了减少合并工作的复杂性。

3. 消除冲突

由于各种类型的应用不同，不同的应用通常由不同的设计人员设计成局部 E-R 模型，因此局部 E-R 模型之间不可避免地会有不一致的地方，一般称之为冲突。通常把冲突分为 3 种类型：

(1) 属性冲突。属性冲突主要表现在属性域冲突和属性取值单位冲突两个方面。

① 属性域冲突是指同一属性在不同局部 E-R 模型中有着不同的数据类型、取值范围或

图 3.22 全局 E-R 模型设计

取值集合。例如学生作业成绩在某局部 E-R 模型中用"A、B、C、D"表示,而在另一个局部 E-R 模型中用"优、良、中、差"表示,前者的数据类型长度为1,后者的数据类型长度为2。

② 属性取值单位冲突是指同一属性在不同局部 E-R 模型中具有不同的单位。例如学生考查课成绩在某一局部 E-R 模型中用"优秀、良好、中等、及格、不及格"5 分制表示,而在另一个局部 E-R 模型中用百分制表示。

(2) 结构冲突。结构冲突主要表现在以下几个方面:

① 同一对象在不同应用中产生的抽象不同。如例 2.1 中学生实体 S 的属性"SDEPT",在设计学校管理信息系统中需要把"SDEPT"作为实体,以给出其他属性信息。

例 3.8 学校管理信息系统中的"系",在某一局部 E-R 模型中为学生实体的属性,而在另一局部 E-R 模型中为一个单独的实体,其实学生和系之间存在从属关系,应该调整、合并为如图 3.23 所示。

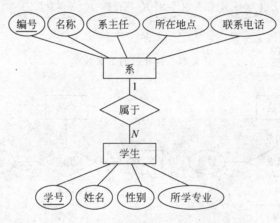

图 3.23   系和学生实体间联系的 E-R 图

一般情况下,对于同一对象在不同的局部 E-R 模型中产生的抽象不同这一问题,其解决方法是把属性变为实体或把实体变为属性,使同一对象具有相同的抽象。

② 同一实体在不同局部 E-R 图中的属性组成不同,包括属性个数、顺序等。

例 3.9   教学管理信息系统中的学生实体,在某一局部 E-R 模型中由学号、姓名、性别、所在系、所学专业组成,如图 3.24(a)所示;而在另一局部 E-R 模型中则由姓名、政治面貌、籍贯、家庭住址组成,如图 3.24(b)所示,合并后的 E-R 模型如图 3.24(c)所示。

一般情况下,对于同一个实体在不同 E-R 模型中属性的组成不同这一问题,其解决方法是取两个分 E-R 模型属性的并,作为合并后的该实体属性。

③ 实体之间的联系在不同的局部 E-R 图中呈现出不同的类型。如实体 E_1 与 E_2 在某一应用中是多对多联系,而在另一应用中是一对多联系;又如在某一应用中实体 E_1 与 E_2 发生联系,而在另一应用中,实体 E_1、E_2、E_3 三者之间发生联系等。

例 3.10   在工程管理信息系统中,产品与零件之间的多对多联系如图 3.25(a)所示,产品、零件和供应商三者之间的多对多联系如图 3.25(b)所示。因为它们的语义不同,所以不具有包含关系。将它们综合起来合并成的 E-R 模型如图 3.25(c)所示。

一般情况下,对于实体间的相同联系呈现出不同类型这一问题,其解决方法是根据具体应用的语义,对实体键的联系作适当的综合或调整。

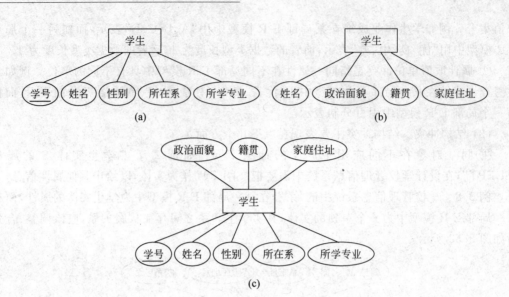

图 3.24 合并后的 E-R 模型

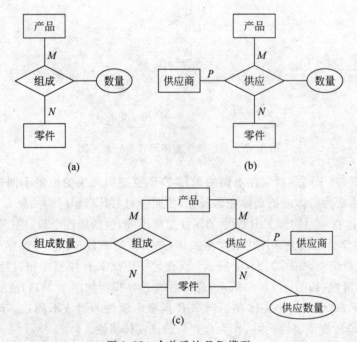

图 3.25 合并后的 E-R 模型

（3）命名冲突。命名冲突主要表现在属性名、实体名或联系名之间的冲突。其中,同名异义,即不同意义的对象具有相同的名字;异名同义,即同一意义的对象具有不同的名字。

属性冲突和命名冲突通常采用讨论、协商等手段解决,结构冲突要认真分析才能解决。

设计全局 E-R 模型的目的不在于把若干局部 E-R 模型在形式上合并为一个 E-R 模型,而在于消除冲突,使之成为能够被系统中所有用户共同理解和接受的统一概念模式。

4. 全局模式的优化

在得到初步全局 E-R 模型后,为了提高数据库系统的效率,还应进一步依据处理需求对 E-R 模型进行优化。一个好的全局 E-R 模型,除了能准确、全面地反映用户功能需求外,还应满足下列条件:

- 实体类型的个数尽可能少。
- 实体类型所含属性的个数尽可能少。
- 实体类型间无冗余联系。

但是,这些条件不是绝对的,要视具体的信息需求与处理需求而定。下面给出几个全局 E-R 模型的优化原则。

1) 相关实体类型的合并

这里的合并不是前面的"公共实体类型"的合并,而是相关实体类型的合并。在全局模式中,实体类型最终转换成关系模式,涉及多个实体类型的信息要通过连接操作获得。减少实体类型个数,就是减少连接的开销,以提高处理效率。

一般情况下,在权衡利弊后可以把 1∶1 联系的两个实体类型进行合并。

具有相同键的实体类型常常是从不同角度刻画现实世界,如果经常需要同时处理这些实体类型,那么有必要合并成一个实体类型。但这时可能会产生大量空值,因此,要对存储代价、查询效率进行权衡。

2) 冗余属性的消除

通常,在各个局部结构中不允许存在冗余属性,但在综合成全局 E-R 模型后,可能产生全局范围内的冗余属性。例如,在教育统计数据库的设计中,一个局部结构 E_1 中含有毕业生数、招生数、在校学生数和预计毕业生数;另一局部结构 E_2 中含有在校学生数、分年级学生数、各专业学生数和各专业预计毕业生数。E_1 和 E_2 自身都无冗余,但综合成一个全局 E-R 模型时,在校学生数就成了冗余属性。

一般情况下,同一非键的属性出现在几个实体类型中,或者一个属性值可从其他属性值导出,此时,应把这些冗余的属性从全局模式中去掉。冗余属性消除与否,也取决于它对存储空间、访问效率和维护代价的影响。有时为了兼顾访问效率,有意保留冗余属性。

例如上例 E_1 的预计毕业生数可以从 E_2 的各专业预计毕业生数推出,因此在全局模式中可以去掉。但是,如果系统经常需要查询 E_1 的毕业生数、招生数、在校学生数及预计毕业生数,而此时 E_1 又消除了预计毕业生数,这样就需要频繁地将 E_1 和 E_2 进行连接,造成存储空间、访问效率和维护代价的低效。因此,可以在 E_1 中保留预计毕业生数这一冗余属性。

3) 冗余联系的消除

在全局模式中可能存在有冗余的联系,通常利用规范化理论中函数依赖的概念消除冗余联系。

5. 最终全局 E-R 模型

把所有局部 E-R 模型综合成最终全局 E-R 模型应满足以下要求:

(1) 内部必须具有一致性,不再存在各种冲突。

(2) 准确地反映各原局部 E-R 结构,包括属性、实体及实体间的联系。

(3) 满足需求分析阶段所确定的所有需求。

全局 E-R 模型最终应该提交给用户,征求用户和有关人员的意见,进行评审、修改和调整,最后确定的全局 E-R 模型为数据库的逻辑设计提供依据。

概念结构设计结果的文档资料一般包括整个组织的全局 E-R 图、有关说明及经过修订、充实的数据字典等。

3.3.6 概念结构设计实例

实例 红星塑料厂产品生产综合信息管理系统的概念结构设计。塑料产品是先将各种形态的塑料材料(粉、粒料、溶液或分散体)制成所需形状的塑料产品或塑料坯件。对于塑料坯件还需要进一步二次加工,将塑料坯件装配成为塑料产品。

为了简化该信息管理系统的设计,假设实例中只涉及产品设计、产品生产和材料存储 3 个模块。

根据概念结构设计的步骤,先进行局部概念结构设计,然后再对各个局部概念进行综合。

1) 局部概念结构设计

(1) 确定局部概念结构的设计范围。该系统的局部范围为产品设计、产品生产和材料存储 3 个部分。

(2) 识别实体与实体的主键。产品生产综合信息管理系统识别出的实体应有产品(主键:产品号)、坯件(主键:坯件号)、材料(主键:材料名)、仓库(主键:仓库号)几种。

(3) 定义实体间的联系。

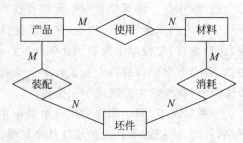

在技术部门的设计中,有些"产品"可由"材料"直接生成,则"产品"实体和"材料"实体通过"使用"发生联系,是多对多联系;还有些"产品"由"坯件"装配而成,而"坯件"由"材料"生成,则"产品"实体和"坯件"实体通过"装配"发生联系,"坯件"实体和"材料"实体通过"消耗"发生联系,而且都是多对多联系。由此可得技术部门局部模式图,如图 3.26 所示。

图 3.26 技术部门的产品、零件及材料联系

在生产部门的生产中,"产品"实体与"材料"实体通过"使用"联系在一起,而且是多对多联系。由此可得生产部门局部 E-R 模型,如图 3.27 所示。

在材料库存中,"材料"实体与"仓库"实体通过"存放"联系在一起,是多对多联系。由此可得工厂材料库存局部 E-R 模型,如图 3.28 所示。

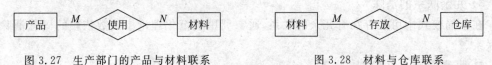

图 3.27 生产部门的产品与材料联系   图 3.28 材料与仓库联系

(4) 给实体及联系加上描述属性。给实体和联系加上描述属性应根据具体的应用需求而定,实例中的内容是简化的,在具体的系统设计中根据需求分析来确定。如图 3.29(a)、图 3.29(b)、图 3.29(c)分别是技术部门的 E-R 图、生产部门的 E-R 图、材料库存的 E-R 图。

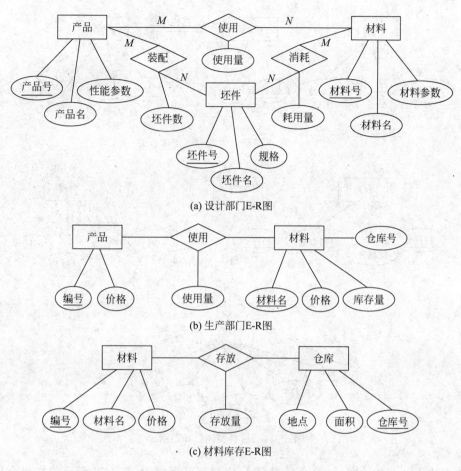

(a) 设计部门E-R图

(b) 生产部门E-R图

(c) 材料库存E-R图

图 3.29 各部门的局部模式图

2）全局概念结构设计

（1）分析所述技术部门、生产部门和材料库存 3 个局部 E-R 模型的冲突问题。

对于属性冲突，因为该例中没有涉及具体企业应用对象和实际数据，所以在这里不需要讨论。但在实际应用时，可通过各部门或不同应用设计人员之间相互讨论、协商的方式加以解决。

对于命名冲突，在设计部门局部 E-R 图中，"产品"实体有一个"产品号"属性，而在产品生产部门的局部 E-R 图中，"产品"实体有一个"编号"属性，它们都是"产品"实体的标识符，这里统一成"产品号"。

对于结构冲突，本例中的第一个结构冲突是"产品"实体在两个分 E-R 模型中属性组成部分不同的问题，取分 E-R 模型产品实体属性的并，然后统一属性名称，形成对"产品"实体新的描述，如图 3.30 所示。

本例中的第二个结构冲突是"仓库"对象在两个局部应用中具有不同的抽象，在生产部门作为"材料"实体的属性，而在材料库存的局部 E-R 模型中它是一个单独的实体，为使同一对象仓库具有相同的抽象，必须在合并时把仓库统一作为实体加以处理。

本例中的第 3 个结构冲突是 3 个局部 E-R 图中的"材料"实体的信息描述。综合上面两个冲突的处理方法，将"材料"实体合并成如图 3.31 所示。

70

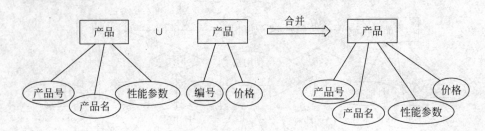

图 3.30 不同部门的"产品"实体合并

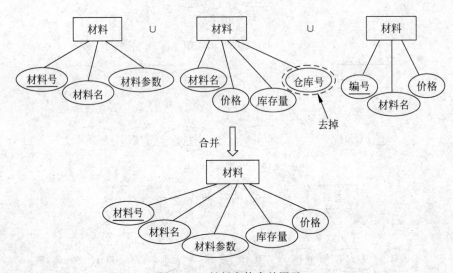

图 3.31 材料实体合并图示

在解决上述有关冲突后,综合各局部 E-R 模型可形成如图 3.32 所示的初步全局 E-R 模型。

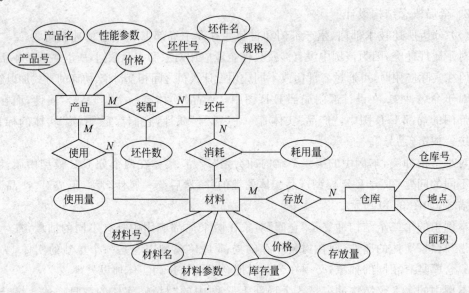

图 3.32 综合信息管理系统初步全局 E-R 图

（2）分析该 E-R 模型的数量属性可知，该初步 E-R 模型存在着存放量、库存量等属性冗余问题。消除这些冗余后，可以得到如图 3.33 所示的基本 E-R 模型。

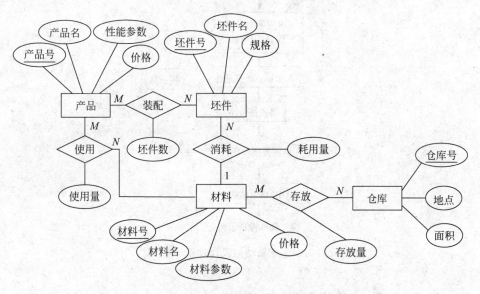

图 3.33　综合管理系统基本全局 E-R 图

目前所产生的 E-R 模型，仅仅是红星塑料厂产品生产综合信息管理系统的一个基本概念模式，它表示了用户的数据处理要求，是沟通用户需求和系统设计的"桥梁"。但是，要想把它确定下来作为最终概念模式，设计者还应提交给用户，并与用户反复讨论、研究，同时征求用户和有关人员的意见，进行评审、修改和优化等工作。在用户确认这一模式已正确无误地反映了他们的需求后，才能作为最终的数据库概念结构，进入下一阶段的数据库设计工作。

3.4　逻辑结构设计

概念结构设计的结果是得到一个与计算机硬件、软件和 DBMS 无关的概念模式。而逻辑设计的目的是把概念结构设计阶段设计好的全局 E-R 模型转换成与选用的具体计算机上的 DBMS 所支持的数据模型相符合的逻辑模型（如网状、层次、关系或面向对象模型等）。如果选用的是关系 DBMS 产品，逻辑结构设计是指设计数据库中应包含的各个关系模式的结构，其中有各关系模式的名称、各属性的名称、数据类型、取值范围等内容。

从理论上讲，设计逻辑结构应该选择最适合相应概念结构的数据模型，然后对支持这种数据模型的各种 DBMS 进行比较，从中选出最合适的 DBMS。但实际情况往往是已给定了某种 DBMS，设计人员没有挑选的余地。

目前，数据库应用系统大多采用支持关系数据模型的 RDBMS。因此，本章只讨论把基本 E-R 模型转换为关系模型的原则和方法。

关系数据库逻辑设计的结果是一组关系模式的定义。逻辑设计过程可分为 E-R 模型向关系模式的转换、关系模式的优化、对关系模式进行评价与修正等几步，如图 3.34 所示。

从图 3.34 可以看出，概念结构设计的结果直接影响逻辑结构设计的复杂性和效率。

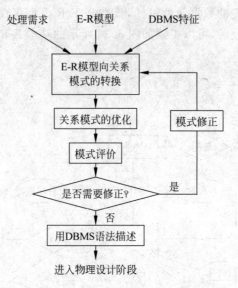

图 3.34　逻辑结构设计过程示意图

3.4.1　E-R 模型向关系模式的转换

关系模式由一组关系(二维表)组成,而 E-R 模型由实体、实体所对应的属性、实体间的相互联系 3 个要素组成,所以将 E-R 模型转换为关系模式实际上是将实体、实体的属性和实体间的联系转换为关系模式的过程。

1. 实体类型

将每个实体类型转换成一个关系模式,实体的属性即为关系的属性,实体标识符即为关系模式的键。

2. 二元联系类型

二元联系类型转换成关系模式根据不同的情况做不同的处理。两个实体的联系类型转换为关系模式的原则如下:

(1) 若实体间的联系是 1 : 1 的,可以在两个实体类型转换成的两个关系模式中的任何一个关系模式的属性中加入另一个关系模式的键和联系类型的属性。

例 3.11　教育管理信息系统中的实体“校长”与“学校”之间存在着 1 : 1 的联系,如图 3.35 所示。

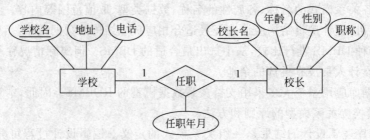

图 3.35　“学校”和“校长”的 1 : 1 联系图

在将其转化为关系模式时，"校长"与"学校"各为一个关系模式。如果用户经常要在查询学校信息时同时查询其校长信息，那么就可以在学校关系模式中加入校长名和任职年月，其关系模式设计如下（加下划线者为主键，加波浪线者为外键）：

学校关系模式（学校名，地址，电话，校长名，任职年月）

校长关系模式（校长名，年龄，性别，职称）

（2）若实体间的联系是 1：N 的，则在 N 端实体类型转换成的关系模式中加入 1 端实体类型转换成的关系模式的键和联系类型的属性。

在例 3.8 中，学校管理信息系统中的实体"系"与"学生"之间存在着 1：N 的联系，其转换成的关系模式如下：

系关系模式（编号，名称，系主任，所在地点，联系电话）

学生关系模式（学号，姓名，性别，所学专业，编号）

若弱实体间的联系是 1：N 的，而且在 N 端实体类型为弱实体，转换成关系模式时，将 1 端实体类型（父表）的键作为外键放在 N 端的弱实体（子表）中。弱实体的主键由父表的主键与弱实体本身的候选键组成，也可以为弱实体建立新的独立的标识符 ID。

例 3.12　某学校教学管理信息系统中的实体"学生"与弱实体"社会关系"之间存在着 1：N 的联系，其 E-R 图如图 3.36 所示。

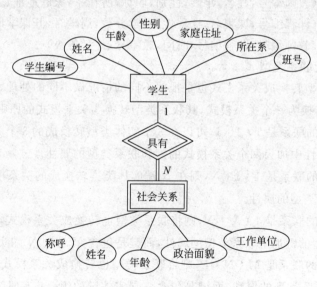

图 3.36　弱实体联系图

转换成的关系模式如下：

学生关系模式（学生编号，姓名，年龄，性别，家庭住址，所在系，班号）

社会关系模式（学生编号，称呼，姓名，年龄，政治面貌，工作单位）

（3）若实体间的联系是 M：N 的，则将联系类型转换成关系模式，其属性为两端实体类型的键加上联系类型的属性，而键是包含两端实体键的组合。

例 3.13　教学管理信息系统中的实体"教师"与"课程"之间存在着 M：N 的联系，其 E-R 图如图 3.37 所示。

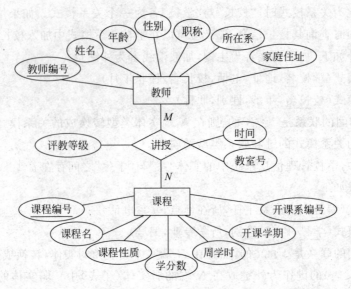

图 3.37　实体间的多对多联系

转换成的关系模式如下：

教师关系模式（<u>教师编号</u>,姓名,年龄,性别,职称,所在系,家庭地址）

课程关系模式（<u>课程编号</u>,课程名,课程性质,学分数,周学时,开课学期,开课系编号）

讲授关系模式（<u>教师编号</u>,<u>课程编号</u>,时间,教室号,评教等级）

3. 三元和一元联系类型

将三元联系类型转换成关系模式也是根据不同的情况做不同的处理,与二元联系类似。此时,3 个实体都转换为一个关系模式,其联系类型转换为关系模式的原则如下：

(1) 若实体间的联系是 1 : 1 : 1,可以在 3 个实体类型转换成的 3 个关系模式中的任意一个关系模式的属性中加另两个关系模式的键和联系类型的属性。

(2) 若实体间的联系是 1 : 1 : N,则在 N 端实体类型转换成的关系模式中加入 1 端实体类型的键和联系类型的属性。

(3) 若实体间的联系是 1 : M : N,则将联系类型也转换成关系模式,其属性为 1 端、M 端和 N 端实体类型的键加上联系类型的属性,而键是包含 M 端和 N 端实体键的组合。

(4) 若实体间的联系是 M : N : P,则将联系类型也转换成关系模式,其属性为三端实体类型的键加上联系类型的属性,而键是包含三端实体键的组合;有时为了讨论问题的方便,需要将 3 个键两两组合再加上联系类型的属性构成 3 个关系模式,其键为两端实体键的组合。

例 3.14　将图 3.38 所示的三元多对多联系的 E-R 图转换为关系模式。

图 3.38 转化的关系模式如下：

实体"供应商"、"项目"和"零件"转化为关系模式为：

供应商（<u>供应商号</u>,姓名,地址,账号,电话号码）

项目（<u>项目号</u>,开工日期,预算）

零件（<u>零件号</u>,名称,规格,单价,描述）

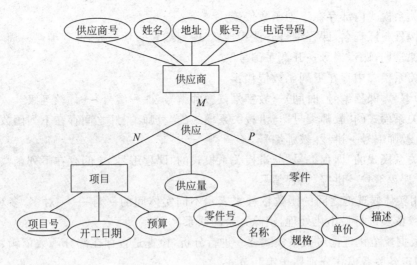

图 3.38 三元多对多联系的 E-R 图

联系"供应"转化的关系模型为：

供应(供应商号,项目号,零件号,供应量)或：

供应 1(供应商号,项目号,供应量)

供应 2(供应商号,零件号,供应量)

供应 3(项目号,零件号,供应量)

在将一元联系转换为关系模式时,只要分清楚两部分实体在联系中的身份即可,其余情况与一般二元联系相同。

例 3.15 在某公司的所有员工组成的实体类型中存在着领导与被领导的联系,这是一元联系,这里我们称"领导"为"经理",一般"员工"为"职工",如图 3.39 所示。图 3.39 转换的关系模式如下：

职工(工号,姓名,年龄,性别)

经理(经理工号,职工号,任职年月)

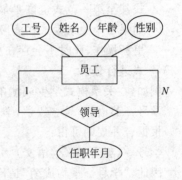

图 3.39 一元一对多联系的 E-R 图

3.4.2 关系模式的优化

在关系数据库的逻辑设计中,利用 E-R 模型向关系模式转换的规则初步得到一组关系模式集后,还应该适当地修改、调整关系模式的结构,以进一步提高数据库应用系统的性能,这个过程称为关系模式的优化。

关系模式的优化通常以规范化理论为指导。优化关系模式的方法如下：

(1) 确定函数依赖,即根据需求分析阶段所得到的数据语义,分别写出每个关系模式内部各属性之间的函数依赖以及不同关系模式属性之间的函数依赖。

例如,在图 3.37 转换的关系模式中,教师关系模式内部存在下列函数依赖：

教师编号→姓名,教师编号→年龄,教师编号→性别,教师编号→职称,教师编号→所在系,教师编号→家庭住址课程关系模式内部存在下列函数依赖：

课程编号→课程名,课程编号→课程性质,课程编号→学分数,课程编号→周学时,课程编号→开课学期,课程编号→开课系编号

讲授关系模式中存在下列函数依赖：

(教师编号,课程编号,时间)→教室号,(教师编号,课程编号)→评教等级

教师关系模式的"教师编号"与讲授关系模式的"教师编号"之间存在下列函数依赖：

教师.教师编号→讲授.教师编号

课程关系模式的"课程编号"与讲授关系模式的"课程编号"之间存在下列函数依赖：

课程.课程编号→讲授.课程编号

(2) 用实体候选键之间的函数依赖来表示不同实体间的一对一、一对多、多对多联系,然后对函数依赖进行最小化处理,消除冗余的联系。

(3) 根据规范化理论对关系模式逐一进行分析,检查是否存在部分函数依赖、传递函数依赖等,确定各关系模式分别属于第几范式。

(4) 根据需求分析阶段得到的各种应用及对数据处理的要求,分析所在的应用环境中这些关系模式是否合适,确定是否要对它们进行合并或分解。

关于关系模式的规范化问题,做以下两点说明：

- 并不是规范化程度越高的关系就越好,当一个应用的查询中经常涉及两个或多个关系模式的属性时,系统必须经常地进行连接运算,而连接运算的代价是相当高的,可以说关系模式操作低效的主要原因就是做连接运算引起的。在这种情况下,第二范式甚至第一范式也许是最好的。

- 如果一个关系模式在实际应用中只是提供查询,并不提供更新操作,或者很少提供更新操作,此时不会存在更新异常问题或更新异常不是主要问题,可以不对关系模式进行分解。

例如,在关系模式学生成绩单(学号,英语,数学,语文,平均成绩)中存在下列函数依赖：

学号→英语,学号→数学,学号→语文,学号→平均成绩,(英语,数学,语文)→平均成绩

根据合并规则可得：

学号→(英语,数学,语文)

因此,"学号→平均成绩"是传递函数依赖。由于关系模式中存在传递函数依赖,所以是2NF 关系。

虽然平均成绩可以由其他属性推算出来,但如果应用中需要经常查询学生的平均成绩,为了提高查询效率,关系模式中仍然可以保留该冗余数据,对关系模式不再做进一步分解。

对于一个具体应用来说,规范化应进行到什么程度,需要根据具体情况而定。一般来说,关系模式达到第三范式就能获得比较满意的效果。

(5) 对关系模式进行必要的分解,以提高数据操作的效率和存储空间的利用率。

常用的分解方法有两种,即水平分解和垂直分解。

① 水平分解。所谓水平分解是指把一个关系模式 R 中的元组分为若干子集合,定义每个子集合为一个子关系,以提高系统的效率。

例如,一个关系很大(这里指元组数多),而实际应用中,经常使用的数据只是一部分(最多占元组总数的 20%),此时可以将经常用到的这部分数据分解出来,形成一个子关系,这样可以减少查询的数据量。

另外，如果关系 R 上具有 n 个并发事务，而且多数事务存取的数据不相交，则 R 可分解为少于或等于 n 个子关系，使每个事务存取的数据对应一个关系。

例如有一个产品关系模式，其中包含出口产品和内销产品两类数据。由于不同的应用对应不同的产品，例如一个应用只对应出口产品，而另一个应用只对应内销产品，可将产品关系模式进行水平分解，分解为两个关系模式，一个存放出口产品数据，另一个存放内销产品数据，如图 3.40 所示，这样可以提高应用存取的效率。

出口产品

产品号	产品名	型号规格	…
…	…	…	…
…	…	…	…

内销产品

产品号	产品名	型号规格	…
…	…	…	…
…	…	…	…

图 3.40　关系模式水平分解举例

② 垂直分解。所谓垂直分解是把一个关系模式 R 的属性分解为若干子集合，形成若干子关系模式。

例如有一个职工关系模式，其中含有"职工号"、"职工名"、"性别"、"职务"、"职称"、"出生日期"、"地址"、"邮编"、"电话"、"所在部门"等描述属性。如果应用中经常存取的数据是职工号、职工名、性别、职务等信息，而其他数据很少使用，则可以对职工关系模式进行垂直分解，即分解为两个关系模式，一个存放经常使用的数据，另一个存放不常使用的数据，如图 3.41 所示，这样可以减少应用存取的数据量。

职工 1

职工号	职工名	性别	职务	…
…	…	…	…	…
…	…	…	…	…

职工 2

职工号	出生日期	地址	邮编	…
…	…	…	…	…
…	…	…	…	…

图 3.41　关系模式垂直分解举例

一般来说，将经常一起使用的属性从 R 中分解出来形成一个子关系模式，这样也可以提高数据操作的效率。

垂直分解的好处是可以提高某些事务的效率，不足之处是可能会使另一些事务不得不执行连接操作，从而降低效率。是否需要垂直分解，取决于分解后 R 上的所有事务的总效率是否得到了提高。

垂直分解可以采用简单的 E-R 模型分裂操作（如例 3.6），也可以用关系模式分解算法进行分解。需要注意的是，垂直分解必须以不损失关系模式的语义（保持无损连接性和保持函数依赖性）为前提。

下面通过一个例子来说明关系模式优化的过程。

例 3.16　假设有一个从 E-R 图直接转化过来的选课关系模式：选修课程（学号，姓名，年龄，课程名称，成绩，学分）。请分析该关系属于第几范式？如果应用中需要经常对选修课程关系进行增、删、改操作，该关系存在什么问题？对其设计进行优化。

解：由于每个学生可能选修多门课程，而每门课程对应一个成绩，因此，该关系的候选键为（学号，课程名称）。

根据数据的语义,该关系上存在的函数依赖集为:

(学号,课程名称)→(姓名,年龄,成绩,学分),课程名称→学分,学号→(姓名,年龄)。

由于(学号,课程名称)→(姓名,年龄),而(学号,课程名称)的子集"学号"能确定一个学生的姓名和年龄,即学号→(姓名,年龄)。该关系存在非主属性对候选键的部分函数依赖,因此,选修课程关系属于第一范式,且存在以下问题:

(1) 数据冗余。如果同一门课程由多个学生选修,"学分"就会重复多次;如果同一个学生选修了多门课程,该学生的姓名和年龄就会重复多次。

(2) 更新异常。若调整了某门课程的学分,则数据表中该门课程所有行的"学分"值都要更新,否则会出现同一门课程学分不同的情况。

(3) 插入异常。假定要开设一门新的课程,暂时还没有人选修。此时,由于候选键中的"学号"没有值,所以课程名称和学分无法插入数据库。

(4) 删除异常。假设有一批学生已经完成课程的选修,这些选修记录就应该从选修课程数据表中删除。与此同时,课程名称和学分信息也有可能被删除。

由于选修课程关系中的数据需要经常更新,所以必须解决上述可能出现的操作异常。通过对关系进行分解,可将选修课程关系分解为以下 3 个表。

学生(学号,姓名,年龄)

课程(课程名称,学分)

选课(学号,课程名称,成绩)

其中,学生关系上的候选键为"学号",函数依赖集为{学号→姓名,学号→年龄}。

由于不存在非主属性对候选键的部分函数依赖和传递函数依赖,因此,学生关系属于第三范式。

课程关系上的候选键为"课程名称",函数依赖集为{课程名称→学分}。

由于不存在非主属性对候选键的部分函数依赖和传递函数依赖,因此,课程关系也属于第三范式。

选课关系上的候选键为(学号,课程名称),函数依赖集为{(学号,课程名称)→成绩}。

由于不存在非主属性对候选键的部分函数依赖和传递函数依赖,因此,选课关系也属于第三范式。

如果需要增加、删除以及修改学生信息,则只需对学生关系进行操作;如果需要增加、删除以及修改课程信息,则只需对课程关系进行操作;如果需要增加、删除以及修改选课信息,则只需对选课关系进行操作。

另外,如果应用中的查询常常是统计学生的选课情况,则分解后带来的自然连接操作很少,因此,这样的设计是合理的。

通过以上对关系选修课程的分解,各关系上的函数依赖集以及不同关系模式之间的函数依赖已是最小函数依赖集,并且消除了数据冗余和操作异常,因此,关系模式得到了优化。

3.5   物理结构设计

对于给定的基本数据模式选取一个最适合应用环境的物理结构的过程,称为物理结构设计。物理结构设计的任务是为数据库选择合适的存储结构与存取方法,也就是设计数据库的内模式。物理结构设计阶段一般分为设计物理结构和评价物理结构两部分,如图 3.42 所示。

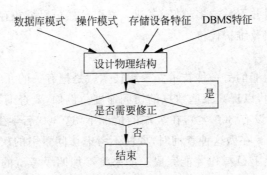

图 3.42 物理结构设计过程示意图

3.5.1 设计物理结构的内容

由于用户最终通过某一特定的 DBMS 使用数据库,因此,数据库的物理结构设计必须结合具体的 DBMS 进行,主要包括选择数据库的存储结构和存取方法两个方面。

1. 确定存储结构

数据库的物理结构设计与特定的硬件环境、DBMS 及实施环境密切相关,因此,在确定数据库的物理结构时,用户必须仔细阅读、参考具体 DBMS 的规定。一般来说,基本的存储结构(如顺序、散列)已由具体的 DBMS 确定,无须做太多考虑,设计人员主要考虑的因素是存储时间、存储空间和维护代价等方面。

数据库的配置也是确定数据库存储结构的重要内容,包括数据库空间的分配、日志文件的大小、数据字典空间的确定以及相关参数的设置(如并发用户数、超时限制)等。一般的 DBMS 产品都提供了一些有效存储分配的参数,供设计者在进行物理优化时选择。设计者在进行数据库的配置时也要仔细参考具体的 DBMS 手册。

2. 选择存取方法

数据库的存取方法有索引、聚簇等方法。目前的 DBMS 一般都支持索引、聚簇等方法。

1)索引的选择

索引的选择是数据库物理设计的基本问题之一,在物理设计中一般要解决对关系的哪些属性列建立索引、建立何种类型的索引等问题。一般来说,经常需要对下列情况的属性列建立索引:

(1) 查询很频繁的属性列。

(2) 经常出现在连接操作中的属性列。

(3) WHERE、ORDER、GROUP BY 等子句中的属性列。

不宜建立索引的属性列如下:

(1) 不出现或很少在查询条件中出现的属性列。

(2) 属性值很少的属性列,如"性别"属性列("男"、"女")。

(3) 属性值分布比较不均匀的属性列。

(4) 经常需要更新的属性列。

(5) 经常需要更新或含有记录较少的数据表的属性列。

(6) 属性值内容过长的属性列,如人事管理信息中的"简历"等。

关系上定义的索引并不是越多越好，多建立索引虽然可以缩短存取时间，但是增加了索引文件占用的存储空间及维护代价。

2）聚簇的选择

聚簇是改进系统性能的另一种技术。聚簇技术就是把有关的元组集中在一个物理块内或物理上相邻的区域内，以提高某些数据的访问速度。例如，要查询某个学校今年参加英语四级考试的学生信息（设有 300 名），在极端的情况下，这 300 名学生数据元组分散存储在300 个不同的物理块上。在做这种查询时，即使不考虑访问索引的次数，要访问这 300 个学生的数据也需要 300 次 I/O 操作才能完成。如果将参加四级考试的学生按学校集中存放，则每存取一个物理块，就可以得到多个符合条件的学生元组，这样就明显地减少了访问磁盘的次数。现代的 DBMS 一般都支持聚簇技术。聚簇分为以下 3 种情况：

（1）分段。按属性分组，将文件在垂直方向进行分解。例如将经常使用的属性域较少存取的属性分开存储到不同的存储设备或者存储区域上。

（2）分区。将文件进行水平分解，按照记录存取频度进行分组。即将访问频率高的记录和访问低的记录分开并存储到不同的存储设备或者存储区域上。

（3）聚簇。从不同的关系中取出某些属性物理地存储在一起，以改变连接查询的效率。

3.5.2　评价物理结构

数据库物理结构设计在实际完成后，还应该进行评价，以确定物理设计结构是否满足设计要求。评价的内容主要集中在时间和空间的效率方面。如果物理设计结果满足要求，则可以进入数据库实施阶段，否则需要修正甚至重新考虑物理结构的设计。一般来说，数据库的物理设计都需要经过反复测试、不断优化。

3.6　数据库的实施

当前面各阶段的数据库设计工作圆满完成后，就进入了建立数据库的阶段。数据库的实施就是根据前面逻辑设计与物理设计的结果，利用 DBMS 工具和直接利用 SQL 命令在计算机上建立其实际的数据库结构、整理并装载数据，编制和调试应用程序。

（1）建立数据库结构。利用给定的 DBMS 所提供的命令，建立数据库的结构、外模式、内模式。对于关系数据库来说，就是创建数据库及数据库中所包含的基本表、视图、索引等。

（2）整理并装载数据。装载数据的过程非常复杂，这是因为原始数据一般分散在企业的各个不同部门，而且它们的组织方式、结构和格式都与新设计数据库系统中的数据有不同程度的区别。因此，必须将这些数据从各个地方抽取出来，输入计算机，并经过分类转换，使它们的结构与新系统的数据库结构一致，然后才能输入到数据库中。

通常，调试程序时需要将少量的、适合程序调试用的数据装入数据库，系统运行正常后则需要将所有的原始数据装入数据库。一般情况下，装入大批量数据应设计输入子系统进行数据输入。

（3）编制和调试应用程序。与数据装载同时进行的工作是应用程序的编制和调试。在所编写的应用程序中都需要嵌入 SQL 语句来进行数据库数据的查询和更新。至于应用程序的设计、编码和调试方法，用户可参考有关软件工程的书籍。

3.7 数据库的运行和维护

数据库试运行结果符合设计目标后,数据库就可以真正投入运行了。数据库系统正式运行,标志着数据库设计与应用开发工作的结束和维护阶段的开始。运行维护阶段的主要任务有以下几个方面:

(1) 数据库的转储和恢复。DBA 应定期对数据库进行备份,将其转储到磁盘或其他存储设备上。这样,一旦数据库遭到破坏可以及时地将其恢复。

(2) 数据库的安全性和完整性控制。按照设计阶段规定的安全和故障恢复规则,经常监督系统的安全性,及时调整授权或密码等,如果数据库系统的完整性约束发生了变化,DBA 应该对其及时调整和修正。

(3) 数据库性能的监督、分析和改造。数据库的设计成功和运行并不意味着数据库性能是最优的、最先进的。在数据库系统的运行过程中,DBA 需要密切关注系统的性能,监督系统的运行,并对监督数据进行分析,不断改进系统的性能。

(4) 数据库的重组织与重构造。在数据库系统的运行过程中,经常对数据库进行插入、删除和修改等更新操作,这些操作会破坏数据库的物理存储,也会直接影响存储效率和系统性能。例如,由于多次的插入、删除和修改等更新操作,可能会使逻辑上属于同一记录类型或同一关系的数据被分散到不同的文件或文件的多个碎片上,从而降低数据的存取效率。此时,DBA 要负责对数据库进行重新组织,即按原设计要求重新安排数据的存储位置、回收垃圾、减少指针链等,以提高数据的存取效率和系统性能。

另外,数据库的应用环境也是不断变化的,经常会出现一些新的应用和消除一些旧的应用,这将导致出现新实体而淘汰旧实体,同时原先实体的属性和实体间的联系也会发生变化。因此,需要局部地调整数据库的逻辑结构,增加一些新的关系,删除一些旧的关系,或在某些关系中增加(删除)一些属性等,这就是数据库的重构造。当然,数据库的重构造是十分有限的,如果应用环境变化太大,重构造无法满足用户的要求,就应该淘汰旧的系统,设计新的数据库系统。

习 题 3

1. 名词解释:

数据库设计　　　　数据流图　　　　数据字典　　　　　弱实体
概念结构设计　　　逻辑结构设计　　物理结构设计

2. 数据库设计目标是什么?数据库设计的基本步骤有哪些?

3. 数据库设计的需求分析阶段是如何实现的?任务是什么?

4. 概念设计的具体步骤是什么?

5. 简述采用 E-R 方法的数据库概念设计过程。

6. 逻辑设计的目的是什么?试述逻辑设计过程的输入和输出环境。

7. 规范化理论对数据库设计有什么指导意义?

8. 什么是数据库结构的物理设计?主要包含哪些方面的内容?

9. 在数据库实施阶段主要做哪几件事情?

10. 数据库系统投入运行后,有哪些维护工作?

11. 设某商业集团数据库中有 3 个实体集,一是"商店"实体集,属性有商店编号、商店名、地址等;二是"商品"实体集,属性有商品号、商品名、规格、单价等;三是"职工"实体集,属性有职工编号、姓名、性别、业绩等。

商店与商品间存在"销售"联系,每个商店可销售多种商品,每种商品也可放在多个商店销售,每个商店销售的每一种商品有月销售量记录;商店与职工间存在着"聘用"联系,每个商店有许多职工,每个职工只能在一个商店工作,商店聘用职工有聘期和月薪。

试画出 E-R 图,并在图上注明属性、联系的类型,再转换成关系模式集,并指出每个关系模式的主键和外键。

12. 设某商业集团数据库中有 3 个实体集,一是"公司"实体集,属性有公司编号、公司名、地址等;二是"仓库"实体集,属性有仓库编号、仓库名、地址等;三是"职工"实体集,属性有职工编号、姓名、性别等。

公司与仓库间存在"隶属"联系,每个公司管辖若干仓库,每个仓库只能属于一个公司管辖;仓库与职工间存在"聘用"联系,每个仓库可聘用多个职工,每个职工只能在一个仓库工作,仓库聘用职工有聘期和工资。

试画出 E-R 图,并在图上注明属性、联系的类型,再转换成关系模式集,并指出每个关系模式的主键和外键。

13. 设某商业集团数据库中有 3 个实体集,一是"商品"实体集,属性有商品号、商品名、规格、单价等;二是"商店"实体集,属性有商店号、商店名、地址等;三是"供应商"实体集,属性有供应商编号、供应商名、地址等。

供应商与商品间存在"供应"联系,每个供应商可供应多种商品,每种商品可向多个供应商订购,供应商供应每种商品有月供应量;商店与商品间存在"销售"联系,每个商店可销售多种商品,每种商品可在多个商店销售,商店销售商品有月计划数。

试画出 E-R 图,并在图上注明属性、联系的类型,再转换成关系模式集,并指出每个关系模式的主键和外键。

14. 假设要为银行的储蓄业务设计一个数据库,其中涉及储户、存款、取款等信息,试设计 E-R 模型。

15. 假设某公司要设计一个数据库系统来管理该公司的业务信息。该公司的业务管理规则如下:

(1) 该公司有若干仓库,若干连锁商店,供应若干商品。

(2) 每个商店有一个经理和若干收银员,每个收银员只在一个商店工作。

(3) 每个商店销售多种商品,每种商品可在不同的商店销售。

(4) 每个商品编号只有一个商品名称,但不同的商品编号可以有相同的商品名称,每种商品可以有多种销售价格。

(5) 公司的业务员负责商品的进货业务。

试按上述规则设计 E-R 模型。

16. 假设要根据某大学的系、学生、班级、学会等信息建立一个数据库。一个系有若干专业,每个专业每年只招一个班,每个班有若干学生;一个系的学生住在同一个宿舍区;每个学生可以参加多个学会,每个学会有若干学生,学生参加某学会有入会年份。试为该大学的系、学生、班级、学会等信息设计一个 E-R 模型。

第 4 章　　SQL Server 2008 基础

SQL Server 2008 是 Microsoft 公司的新一代数据库管理系统,它为用户提供了一个安全、可靠和高效的平台用于企业数据管理和商业智能应用。SQL Server 2008 数据库引擎为关系数据和结构化数据提供了更为安全可靠的存储功能,使用户可以构建和管理用于数据处理的高性能应用程序,并引入了用于提高开发人员、架构师和管理员能力和效率的新功能。

4.1　SQL Server 2008 简介

SQL Server 2008 提供了设计、开发、部署和管理关系数据库、分析对象、数据转换包、报表服务器和报表,以及通知服务器所需的图形工具;提供了多种用于提交有关产品和文档反馈的方式;还提供了用于自动向 Microsoft 发送错误报告和功能使用情况数据的方式。

4.1.1　SQL Server 的发展

SQL Server 经过多年发展到了今天的产品,表 4.1 概述了这一发展历程。

表 4.1　SQL Server 发展历程

年份	版　　本	说　　明
1988	SQL Server	与 Sybase 共同开发的、运行于 OS/2 上的联合应用程序
1993	SQL Server 4.2 一种桌面数据库	一种功能较少的桌面数据库,能够满足小部门数据存储和处理的需求。数据库与 Windows 集成,界面易于使用并广受用户欢迎
1995	SQL Server 6.0 一种小型商业数据库	对核心数据库引擎做了重大的改写,性能得以提升,重要的特性得到增强。在性能和特性上,尽管以后的版本还会有所增强,但这一版本的 SQL Server 具备了处理小型电子商务和内联网应用程序的能力,且在花费上少于其他的同类产品
1996	SQL Server 6.5	SQL Server 逐渐突显实力,与 Oracle 推出的运行于 Windows NT 平台上的 7.1 版本作为直接的竞争
1998	SQL Server 7.0 一种 Web 数据库	再一次对核心数据库引擎进行了重大改写,该数据库介于基本的桌面数据库(如 Microsoft Access)与高端企业级数据库(如 Oracle 和 DB2)之间,为中小型企业提供了切实可行(并且还廉价)的可选方案。该版本易于使用,并提供了对于其他竞争数据库而言需要额外附加的昂贵的重要商业工具(例如,分析服务、数据转换服务),因此获得了良好的声誉

续表

年份	版 本	说 明
2000	SQL Server 2000 一种企业级数据库	SQL Server 在可扩缩性和可靠性上有了很大的改进，它卓越的管理工具、开发工具和分析工具赢得了大量的新客户。SQL Server 2000 有 4 个版本，即企业版、标准版、开发版和个人版
2005	SQL Server 2005	对 SQL Server 的许多地方进行了改写，通过名为集成服务（Integration Service）的工具来加载数据，引入 .NET Framework 允许构建 .NET SQL Server 专有对象，从而使 SQL Server 具有更灵活的数据管理功能
2008	SQL Server 2008	SQL Server 2008 以处理目前能够采用的多种不同的数据形式为目的，通过提供新的数据类型和使用语言集成查询（LINQ）。它提供了在一个框架中设置约束的能力，以确保数据库和对象符合定义的标准。并且，当这些对象不符合该标准时，还能够就此进行报告。它是一个全面的数据智能平台

4.1.2 SQL Server 2008 版本及所需环境

任何软件的安装都会对计算机的软、硬件环境有一定的要求。如果安装环境不能满足软件运行的最低要求，那么很可能安装失败。即使安装成功了，在运行时也可能会出现不可预料的错误。

1. SQL Server 2008 版本

根据不同的用户类型和使用需求，微软公司推出了多种不同的 SQL Server 2008 版本，用户可以根据自己的实际需求和硬件环境，以及价格水平来选用相应的 SQL Server 2008 版本。

（1）SQL Server 2008 企业版。SQL Server 2008 企业版是一个全面的数据管理和业务智能平台，为关键业务应用提供了企业级的可扩展性、数据仓库、安全、高级分析和报表支持，同时提供更加坚固的服务器和执行大规模联机事务处理（On-line Transaction Processing，OLTP）。

（2）SQL Server 2008 标准版。SQL Server 2008 标准版是一个完整的数据管理和业务智能平台，为部门级应用提供了最佳的易用性和可管理性。

（3）SQL Server 2008 工作组版。SQL Server 2008 工作组版是一个值得信赖的数据管理和报表平台，用于实现安全的发布、远程同步和对运行分支应用的管理能力。这一版本拥有核心的数据库特性，可以很容易地升级到标准版或企业版。

（4）SQL Server 2008 Web 版。SQL Server 2008 Web 版是针对运行于 Windows 服务器要求的高可用性、面向 Internet Web 服务环境而设计的。这一版本为实现低成本、大规模、高可用性的 Web 应用或客户托管解决方案提供了必要的支持工具。

（5）SQL Server 2008 开发者版。SQL Server 2008 开发者版允许开发人员构建和测试基于 SQL Server 的任意类型应用。这一版本拥有所有企业版的特性，但只限于在开发、测试和演示中使用。基于这一版本开发的应用和数据库可以很容易地升级到企业版。

（6）SQL Server 2008 Express 版。SQL Server 2008 Express 版是 SQL Server 的一个免费版本，它拥有核心的数据库功能，其中包括了 SQL Server 2008 中最新的数据类型，但它是 SQL Server 的一个微型版本。这一版本是为了学习、创建桌面应用和小型服务器应用而发布的。

（7）SQL Server Compact 3.5 版。SQL Server Compact 是一个针对开发人员而设计的免费嵌入式数据库，这一版本的意图是构建独立、仅有少量连接需求的移动设备、桌面和Web 客户端应用。SQL Server Compact 可以运行于所有的微软 Windows 平台之上，包括Windows XP 和 Windows Vista 操作系统。

2. SQL Server 2008 安装环境

SQL Server 2008 的安装环境就是对安装该 DBMS 所需软件和硬件的最低要求。一般实际安装的环境都要比最低要求高一些。

1）硬件要求

硬件配置的高低会直接影响软件的运行速度，通常情况下，对硬件性能的要求如下：

（1）CPU。对于运行 SQL Server 2008 的 CPU，建议的最低要求是 32 位版本对应1GHz 的处理器，64 位版本对应 1.6GHz 的处理器，或兼容的处理器，或具有类似处理能力的处理器，但推荐使用 2GHz 的处理器。

（2）内存。对于运行 SQL Server 2008 的 RAM 至少为 512MB，微软推荐 1GB 或更大的内存。如果运行企业版，2GB 内存比较理想，可以获得较高的性能。

（3）硬盘空间。SQL Server 2008 自身将占用 1GB 以上的硬盘空间，也可以通过选择不安装某个可选部件，减少对硬盘空间的需求，如选择不安装联机丛书。此外，还需要在硬盘上留有备用的空间，以满足 SQL Server 和数据库的扩展，还需要为开发过程中要用到的临时文件准备硬盘空间。

2）软件要求

（1）操作系统。SQL Server 2008 可以运行在 Windows Vista Home Basic 或更高版本上，也可以在 Windows XP 上运行。从服务器端来看，它可以运行在 Windows Server 2003 SP2 及 Windows Server 2008 上，也可以运行在 Windows XP Professional 的 64 位操作系统上以及 Windows Server 2003 和 Windows Server 2008 的 64 位版本上，因此，可以运行SQL Server 的操作系统有很多的。

（2）互联网软件。互联网软件要求 IE 6.0 SPI 或更高版本。如果要安装报表服务组件，还需要安装 IIS 5.0 或更高版本。

4.1.3　SQL Server 2008 新增及加强功能

SQL Server 2008 是 SQL Server 2005 的升级版本，一方面在 SQL Server 2005 基础上新增加了一些功能，如对空间和非结构型数据的支持、追踪资料异动等新功能；另一方面对SQL Server 2005 中的某些功能进行了加强，如改进企业报告引擎、时间序列分析服务、T-SQL 增强，XML 支持改善，改进日期和时间数据类型、性能数据搜集，ORDPATH 改善，数据库镜像增强等。

SQL Server 2008 也大大提高了与 Office Excel 2007、Office SharePoint Server 等产品的集成与协作，还包含 Visual Studio 集成开发环境和新的 .NET Framework。

4.1.4　SQL Server 2008 的系统数据库

SQL Server 的系统数据库是 SQL Server 自身使用的数据库，存储有关数据库系统的信息。系统数据库是在 SQL Server 安装好时就被建立的，SQL Server 2008 提供了 5 个系统数据库。

1．master 数据库

master 数据库是 SQL Server 系统中最重要的数据库，它记录了 SQL Server 系统的所有系统级别信息。这个数据库包括了登录信息、系统设置信息、SQL Server 初始化信息和用户数据库的相关信息。master 数据库位于 SQL Server 的核心，如果该数据库被损坏，则系统将无法正常启动。

2．tempdb 数据库

tempdb 数据库是一个临时数据库，它保存所有的临时表、临时存储过程和临时操作结果。tempdb 数据库由整个系统的所有数据库使用，不管用户使用哪个数据库，所建立的临时表和存储过程都存储在 tempdb 数据库中，在用户的连接断开时，该用户产生的临时表和存储过程会被 SQL Server 自动删除。tempdb 数据库在 SQL Server 每次启动时都重新创建，运行时根据需要自动增长。

在 SQL Server 2008 中，tempdb 数据库还有一项额外的任务，就是被用作一些特性的版本库，如新的快照隔离层和在线索引（index）操作等。

3．model 数据库

model 数据库用作在系统上创建的所有数据库的模板。当用户创建新数据库时，新数据库的第一部分通过复制 model 数据库中的内容创建，剩余部分由空页填充。

4．msdb 数据库

msdb 数据库给 SQL Server 代理提供必要的信息来运行作业，如为代理程序的报警、任务调度和记录操作员的操作提供存储空间。SQL Server 代理是 SQL Server 中的一个 Windows 服务，用于运行任何已创建的计划作业。作业是 SQL Server 中定义的自动运行的一系列操作，它不需要任何手工干预来启动。

5．resource 数据库

resource 数据库是一个只读数据库，它包含 SQL Server 2008 中的所有系统对象。SQL Server 系统对象在物理上存放于 resource 数据库中，但在逻辑上，它们出现在每个数据的 SYS 构架中。

4.2　SQL Server 2008 的常用管理工具

SQL Server 2008 提供了一整套管理工具及实用程序，使用这些工具和程序，可以实现对系统快速、高效的管理。

4.2.1　SQL Server Management Studio

SQL Server Management Studio（SSMS）是一个集成的可视化管理环境，用于访问、配置、控制和管理所有 SQL 组件。SSMS 组合了大量的图形工具和丰富的脚本编辑器，是一种易于使用且直观的工具，用户通过它能快速、高效地在 SQL Server 中进行工作。

1．启动 SSMS

在 Windows 中单击"开始"按钮，选择"程序"→Microsoft SQL Server 2008→SQL

Server Management Studio 命令,启动 SSMS,弹出"连接到服务器"对话框,如图 4.1 所示。

图 4.1　SSMS 的"连接到服务器"对话框

（1）服务器类型：本书实例中,将"服务器类型"保持为"数据库引擎"。

（2）服务器名称：在"服务器名称"下拉列表框中单击"浏览更多"将搜索更多本地的 SQL Server 安装列表或网络上的服务器,可以从中选择一个。

（3）身份验证：如果在安装时选用 Windows 身份验证模式,在此处选用此项。如果在安装时选用的是混合模式安装,则可把此处的选项更改为 SQL Server 身份验证,这样就会激活下面的"用户名"和"密码"两个文本框,并允许输入。

单击"选项"按钮,切换到"连接属性"选项页。在这里,将看到这个连接的特定属性,如图 4.2 所示。

图 4.2　SSMS 的"连接属性"选项页

（1）连接到数据库：它基于"登录"选项页中的服务器和登录细节，提供一个数据库列表。单击其右侧的下拉按钮，可以查看并选择要连接的服务器上的数据库。正常情况下，Windows 账户或 SQL Server 登录名能够连接的数据库都会出现在列表中。

（2）网络：此区域详细说明了将如何与 SQL Server 建立连接，在此，选取默认值。

（3）连接：此区域处理连接超时。各参数项有如下说明：

① 连接超时值：该项定义在返回错误值之前等待建立连接的时间。对于本地安装以及大多数网络安装而言，设置 15 秒已经绰绰有余了。唯一需要增加该设置的情况是，连接是通过 WAN 建立的或是连接到 ISP 的 SQL Server 上的。

② 执行超时值：该项定义了 T-SQL 代码执行的时间。设置为 0 秒意味着不超时。对于这里的设置，一般不需要修改。

③ 加密连接：通过该项来指定是否要对 SQL Server 的连接加密。当组织机构与外部进行连接时，这一项很有用。

当"连接属性"的各参数设置完毕后，单击"连接"按钮即可连接到 SSMS 上。

2. SSMS 窗口

SQL Server Management Studio 为所有开发和管理阶段提供了很多强大的工具窗口。当 SQL Server 2008 连接成功后，就进入了如图 4.3 所示的 SQL Server 2008 管理平台窗口。下面介绍 SSMS 窗口中的几个主要组件。

1）对象资源管理器

在"对象资源管理器"窗口中，可以浏览服务器、创建和定位对象、管理数据源以及查看日志。当用户第一次打开 SSMS 时，该窗口就已经存在，如果看不到该窗口，可以选择"视图"→"对象资源管理器"命令或按 F8 键显示该窗口。每个子对象作为一个结点，仅当单击结点前面的加号时，子对象才可以出现。在对象上右击，则显示此对象的属性。减号表示对象目前已被展开，要压缩一个对象的所有子对象，单击子对象前的减号（或双击该文件夹）即可。

对象资源管理器中的各个结点的含义如下：

（1）数据库。该结点包含连接到的 SQL Server 中的系统数据库和用户数据库。

（2）安全性。该结点详细显示能连接到 SQL Server 上的 SQL Server 登录名列表。

（3）服务器对象。该结点详细显示对象（如备份设备），并提供链接服务器列表。通过链接服务器可以把服务器与另一个远程服务器相连。

（4）复制。该结点显示有关数据复制的细节，数据从当前服务器的数据库复制到另一个数据库或另一台计算机上的数据库，或反方向复制。

（5）管理。该结点详细显示维护计划、策略管理、数据收集和数据库邮件设置，并提供信息消息和错误消息日志，这些日志对于 SQL Server 的故障排除非常有用。

（6）SQL Server 代理。该结点在特定的时间建立和运行 SQL Server 中的任务，并把成功或失败的详细情况发送给 SQL Server 中定义的操作员或电子邮件等。

2）"视图"菜单

SSMS 的"视图"菜单如图 4.4 所示，主要包含了"对象资源管理器"、"已注册的服务器"、"对象资源管理器详细信息"、"解决方案资源管理器"、"模板资源管理器"、和"其他窗口"等。有时为了获得更多的屏幕空间，需要关闭某些组件窗口，在需要时再通过该菜单或

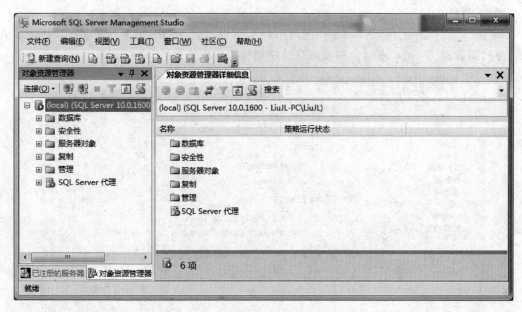

图 4.3 SQL Server 2008 管理平台窗口

相应快捷键重新打开这些组件。

3)"工具"菜单

SQL Server 有两个内置的工具,在启动后还能包含其他工具,当需要这些工具时,可以通过如图 4.5 所示的"工具"菜单得到。

SQL Server Profiler 和"数据库引擎优化顾问"两个工具可以在 SSMS 之外启动,在 Windows 中单击"开始"按钮,选择"程序"→Microsoft SQL Server 2008→"性能工具"下的相应命令,就可以启动这两个工具。

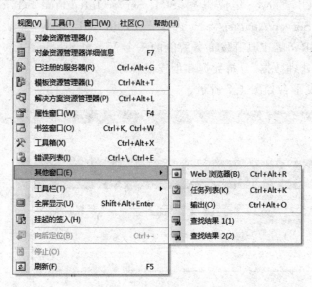

图 4.4 SSMS 的"视图"菜单

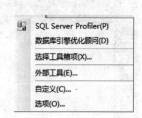

图 4.5 SSMS 的"工具"菜单

89

第 4 章

SQL Server 2008 基础

4) SSMS 的选项

通过 SSMS 的"工具"菜单中的"选项"命令，可以设置 SSMS 的环境和外观，对文本编辑、源代码管理、T-SQL 查询代码执行环境选项等进行配置，如图 4.6 所示。

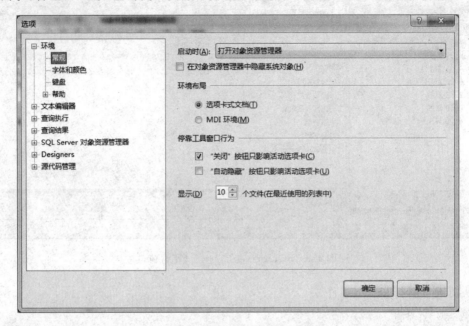

图 4.6　SSMS 的"选项"对话框

4.2.2　SQL Server 2008 商务智能开发平台

SQL Server 2008 商务智能开发平台（Business Intelligence Development Studio，BIDS）是一个集成环境。BIDS 是利用 SQL Server 集成服务（SQL Server Integrated Service，SSIS）、SQL Server 分析服务（SQL Server Analysis Services，SSAS）和 SQL Server 报表服务（SQL Server Report Services，SSRS）等工具开发商务智能的一个 Visual Studio 平台，允许最终用户创建数据库、查找数据、处理数据、分析数据和创建报表等。

SQL Server 2008 商务智能开发平台如图 4.7 所示。

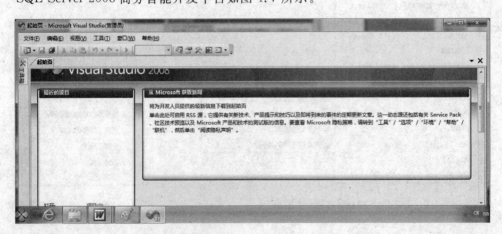

图 4.7　SQL Server 2008 商务智能开发平台

如果要启动 SQL Server 2008 商务智能开发平台,单击"开始"按钮,然后选择"程序"→Microsoft SQL Server 2008→SQL Server Business Intelligence Development Studio 命令即可。

4.2.3　SQL Server 2008 分析服务

SQL Server 2008 分析服务(Analysis Services,AS)为商务智能应用程序提供联机分析处理(On-Line Analytical Processing,OLAP)和数据挖掘功能。AS 允许设计、创建和管理包含从其他数据源(如关系数据库)聚合数据的多维结构,以实现对 OLAP 的支持。对于数据挖掘应用程序,AS 允许设计、创建和可视化处理通过使用各种行业标准数据挖掘算法,并根据其他数据源构造出来的数据挖掘模型。

如果要启动 SQL Server 2008 分析服务,单击"开始"按钮,然后选择"程序"→Microsoft SQL Server 2008→Analysis Services→Deployment Wizard 命令即可。

4.2.4　SQL Server 2008 配置管理器

SQL Server 2008 配置管理器(Configuration Manager)是一种工具,用于管理与 SQL Server 相关联的服务、配置 SQL Server 使用的网络协议以及从 SQL Server 客户端计算机管理网络连接配置。SQL Server 2008 配置管理器界面如图 4.8 所示,其程序菜单主要包含下列内容:

(1) SQL Server 服务。它包括 SQL Server 数据库服务、服务器代理、全文检索、报表服务和分析服务等服务。

(2) SQL Server 网络配置。它是服务器端网络配置,通常在 SQL Server 正确安装之后不需要更改服务器网络连接。但是如果需要重新配置服务器连接,以使 SQL Server 监听特定的网络协议、端口或管道,则可以使用 SQL Server 配置管理器对网络进行重新配置。

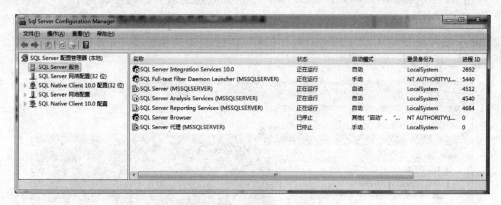

图 4.8　SQL Server 2008 配置管理器界面

(3) SQL Native Client 10.0 配置。它是运行客户端程序的计算机网络配置,配置过程与服务端相似。

如果要启动 SQL Server 2008 的配置管理器,单击"开始"按钮,然后选择"程序"→Microsoft SQL Server 2008→"配置工具"→"SQL Server 配置管理器"命令即可。

4.2.5 SQL Server 文档和教程

SQL Server 文档和教程提供了大量的联机帮助文档(Books Online),它具有索引和全文搜索能力,可以根据关键词来快速查找用户所需信息。SQL Server 2008 中提供的教程可以帮助用户了解 SQL Server 技术和开始项目。

如果要启动 SQL Server 2008 的文档和教程,单击"开始"按钮,选择"程序"→Microsoft SQL Server 2008→"文档和教程"命令,或者在 SSMS 的"帮助"菜单中选择"教程"命令即可。

4.3 SQL Server 2008 服务器的配置与管理

SQL Server 2008 是运行于网络环境下的数据库管理系统,它支持网络中不同计算机上的多个用户同时访问和管理数据库资源。服务器是 SQL Server 2008 数据库管理系统的核心,它为客户提供网络服务,使用户能够远程访问和管理 SQL Server 数据库。配置服务器的过程就是充分利用 Microsoft SQL Server 系统资源设置 Microsoft SQL Server 服务器默认行为的过程。合理地配置服务器,可以加快服务器响应请求的速度、充分利用系统资源、提高系统的工作效率。

4.3.1 注册 SQL Server 2008 服务器

为了管理、配置和使用 Microsoft SQL Server 2008 系统,用户必须使用 Microsoft SQL Server Management Studio 注册服务器。注册服务器就是为 Microsoft SQL Server 客户机/服务器系统确定数据库所在的计算机,该计算机作为服务器,为客户端的各种请求提供服务。

1. 注册服务器

使用 Microsoft SQL Server Management Studio 注册服务器的步骤如下:

(1) 启动 Microsoft SQL Server Management Studio,然后选择"视图"→"已注册的服务器"命令或按快捷键 Ctrl+Alt+G,在打开的"已注册的服务器"窗口中选择"数据库引擎"图标,如图 4.9 所示。

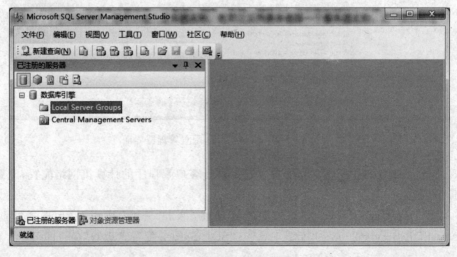

图 4.9 "已注册的服务器"窗口

（2）展开"数据库引擎"对象，选择"数据库引擎"的子对象 Local Server Groups，然后右击，从快捷菜单中选择"新建服务器注册"命令，弹出如图 4.10(a)所示的"新建服务器注册"对话框。选择"常规"选项页，可以在该选项页中输入将要注册的服务器的名称。

① 在"服务器名称"下拉列表框中，既可以输入服务器的名称，也可以从中选择一个服务器名称。

② 在"身份验证"下拉列表框中，可以选择身份验证模式，在此选择"Windows 身份验证"。

（3）选择"连接属性"选项页，如图 4.10(b)所示，在该选项页中可以设置连接到的数据库、网络以及其他连接属性。在"连接到数据库"下拉列表框中可以指定用户将要连接到的数据库的名称。如果选择"＜默认值＞"选项，即表示连接到 Microsoft SQL Server 系统中当前用户的默认数据库。

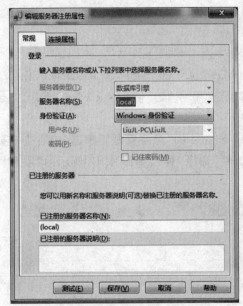 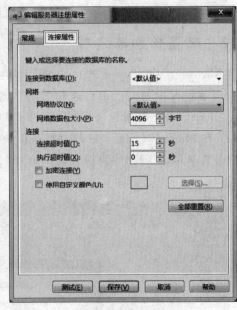

(a) "常规"选项页 　　　　　　　　　　(b) "连接属性"选项页

图 4.10 "新建服务器注册"对话框

（4）单击"测试"按钮，就可以对当前设置的连接属性进行测试。如果连接属性设置正确，会弹出如图 4.11 所示的消息框。

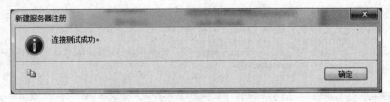

图 4.11 "新建服务器注册"消息框

（5）完成连接属性的设置后，单击"保存"按钮，即可完成连接属性的设置。

2. 修改服务器注册

在需要修改的服务器名称上右击，从快捷菜单中选择"编辑 SQL Server 注册属性"命令,在弹出的对话框中用户可以修改身份验证模式和服务器组等属性。

3. 删除服务器

在需要删除的服务器名称上右击,从快捷菜单中选择"删除"命令,在弹出的"确认删除"对话框中单击"是"按钮即可完成删除操作。

4. 关于注册服务器的几点说明

关于注册服务器,有以下几点说明:

(1) 当第一次运行 Microsoft SQL Server Management Studio 时,将自动注册本地 SQL Server 2008 已经安装的所有实例。

(2) 如果已有一个注册的 SQL Server 实例,接着又安装了更多的 SQL Server 实例,可以启动注册服务器向导或使用"已注册的 SQL Server 属性"对话框来注册其他的服务器。

(3) 如果连接到远程服务器有困难,可使用客户端网络工具来配置对该服务器的访问。

4.3.2 配置服务器选项

在 Microsoft SQL Server 2008 中,可以使用 Microsoft SQL Server Management Studio、sp_configure 系统存储过程、SET 语句等方式来配置服务器。使用 Microsoft SQL Server Management Studio 配置服务器选项的步骤如下:

(1) 在 Microsoft SQL Server Management Studio 的"对象资源管理器"中右击需要配置的服务器名称,从弹出的快捷菜单中选择"属性"命令,弹出如图 4.12 所示的"服务器属性"对话框。

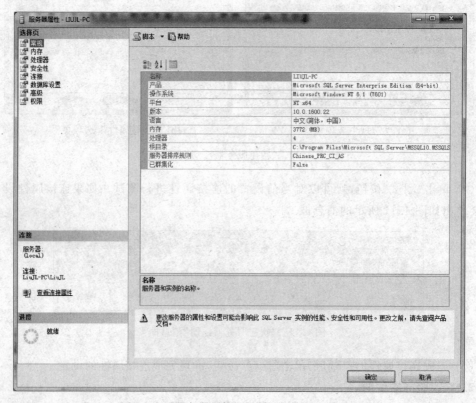

图 4.12 "服务器属性"对话框的"常规"选项页

该对话框包含 8 个选项页,通过这 8 个选项页可以查看或设置服务器的常用选项。

"常规"选项页如图 4.12 所示。该选项页列出了当前服务器的产品名称、操作系统名称、平台名称、版本号、使用的语言、当前服务器的最大内存数量、当前服务器的处理器数量、当前 SQL Server 安装的根目录、服务器使用的排序规则以及是否已群集化等信息。

(2) 切换到"内存"选项页,如图 4.13 所示,在该选项页中可以设置与内存管理相关的选项。

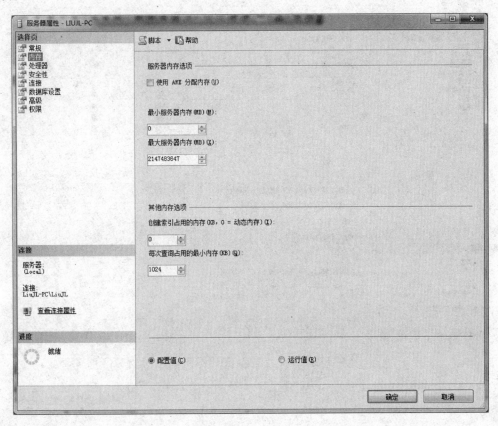

图 4.13 "服务器属性"对话框的"内存"选项页

"使用 AWE 分配内存"复选框表示在当前服务器上使用 AWE 技术执行超大物理内存,从理论上讲,32 位地址最多可以映射 4GB 内存,但是,通过使用 AWE 技术,SQL Server 系统可以使用远远超过 4GB 的内存空间。一般情况下,只有在使用大型数据库系统时才选中该复选框。

如果要设置服务器可以使用的内存范围,可以通过"最小服务器内存(MB)"和"最大服务器内存(MB)"两个组合框来完成设置。

如果希望指定索引占用的内存,可以通过"创建索引占用的内存"组合框来完成。当"创建索引占用的内存"组合框中的值为 0 时,表示系统为索引动态分配内存。查询也需要耗费内存,在"每次查询占用的最小内存(KB)"组合框中可以设置查询所占内存的大小,默认值为 1024。

需要说明的是,该选项页上还有两个单选按钮,即"配置值"和"运行值"。"配置值"指的是当前设置了但是还没有真正起作用的选项值;"运行值"指的是当前系统正在使用的选项值。在对某个选项进行设置之后,选中"运行值"单选按钮可以查看该设置是否立即生效。如果这些设置不能立即生效,则必须重新启动服务器才能使设置生效。

(3)切换到"处理器"选项页,如图 4.14 所示,在该选项页中可以设置与服务器的处理器相关的选项。只有当服务器上安装了多个处理器时,"处理器关联"和"I/O 关联"才有意义。

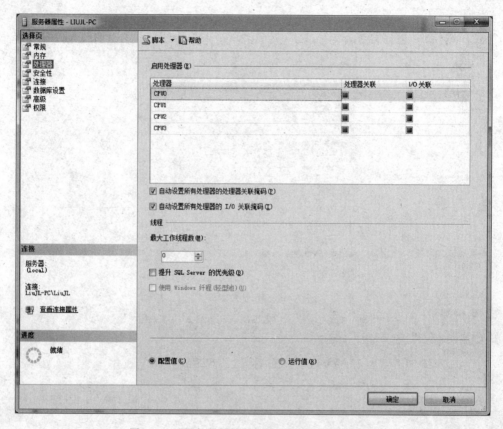

图 4.14　"服务器属性"对话框的"处理器"选项页

在 Windows 操作系统中,有时为了执行多个任务,需要在不同的处理器之间进行移动,以便处理多个线程。但是,这种移动会使处理器缓存不断地重新加载数据,从而降低 Microsoft SQL Server 系统的性能。如果事先将每个处理器分配给特定的线程,则可以避免处理器缓存重新加载数据,从而提高 Microsoft SQL Server 系统的性能。线程与处理器之间的这种关系称为处理器关联。

"最大工作线程数"选项用于设置 Microsoft SQL Server 进程的工作线程数。如果客户端比较少,可以为每一个客户端设置一个线程;如果客户端很多,则可以为这些客户端设置一个工作线程池。当该值为 0 时,表示系统动态分配线程。最大线程数受服务器硬件的限制。例如,当服务器的 CPU 个数低于 4 时,32 位计算机的最大可用线程数为 256,64 位计算机的最大可用线程数为 512。

选中"提升 SQL Server 的优先级"复选框表示设置 SQL Server 进程的优先级高于操作

系统上的其他进程。一般情况下,选中"使用 Windows 线程(轻型池)"复选框,可以通过减少上下文的切换频率来提高系统的吞吐量。

(4)切换到"安全性"选项页,如图 4.15 所示,在该选项页中可以设置与服务器身份认证模式、登录审核等安全性相关的选项。

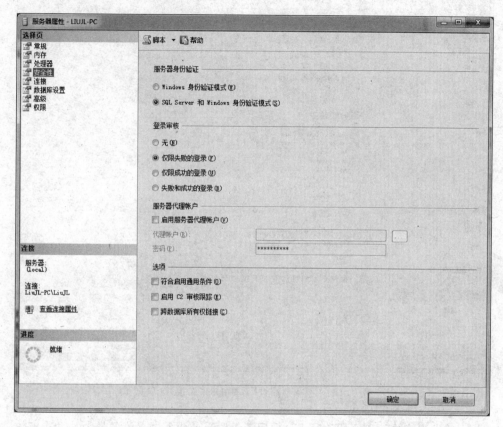

图 4.15 "服务器属性"对话框的"安全性"选项页

在该选项页中可以修改系统的身份验证模式。通过设置登录审核功能,可以将用户的登录结果记录在日志文件中。选中"无"单选按钮,表示不对登录过程进行审核;选中"仅限失败的登录"单选按钮,表示只记录登录失败的事件;选中"失败和成功的登录"单选按钮,表示无论是登录失败事件还是登录成功事件都将记录在日志文件中,以便对这些登录事件进行跟踪和审核。这种登录审核仅仅是对登录事件的审核。

如果要对执行某条语句的事件进行审核和对使用某个数据库对象的事件进行审核,可以选中"启用 C2 审核跟踪"复选框,该复选框可以在日志文件中记录对语句和对象访问的事件。

如果选中"启用服务器代理账户"复选框,则需要指定代理账户的名称和密码。需要注意的是,如果服务器代理账户的权限过大,有可能被恶意用户利用,形成安全漏洞,危及系统的安全。因此,服务器代理账户应该只具有执行既定工作所需的最低权限。

"跨数据库所有权链接"通过对某个对象的权限进行设置,允许对多个对象的访问进行管理,使得这种所有权链接可以跨数据库。

(5) 切换到"连接"选项页,如图 4.16 所示,在该选项页中可以设置与连接服务器相关的选项和参数。

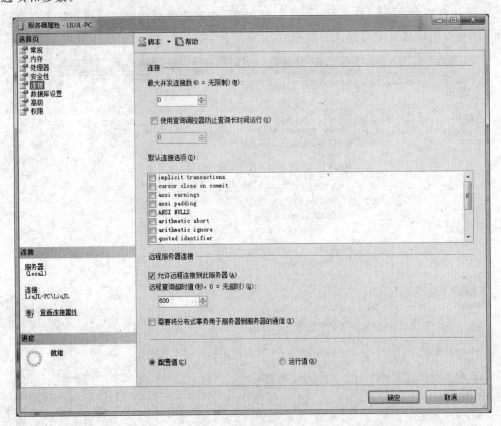

图 4.16　"服务器属性"对话框的"连接"选项页

"最大并发连接数(=0 无限制)"组合框用于设置当前服务器允许的最大并发连接数。并发连接数是同时访问服务器的客户端数量,这种限制受到技术和商业两方面的限制。其中,技术上的限制可以在这里设置,商业上的限制是通过合同或协议来确定的。将该选项设置为 0,表示在技术上不对并发连接数进行限制,在理论上允许有无数个客户端同时访问服务器。

在 Microsoft SQL Server 系统中,查询语句执行时间的长短是通过查询调控器进行限定的。如果在"使用查询调控器防止查询长时间运行"下面的组合框中指定一个正数,那么查询调控器将不允许查询语句的执行时间超过这个设定值;如果指定为 0,则表示不限制查询语句的执行时间。另外,用户可以通过设置"默认连接选项"中的列表清单来控制查询语句的执行行为。

如果要设置与远程服务器连接有关的操作,可以选中"允许远程连接到此服务器"复选框,设置"远程查询超时值(秒,0=无超时)",并选中"需要将分布式事务用于服务器到服务器的通信"复选框。

(6) 切换到"数据库设置"选项页,可以设置与创建索引、执行备份和还原等操作相关的选项。

(7) 切换到"高级"选项页,可以设置有关服务器的并行操作行为和网络行为等。

（8）切换到"权限"选项页，可以设置和查看当前 SQL Server 实例中登录名或角色的权限信息。

至此，完成服务器的配置。

4.3.3　SQL Server 2008 的暂停、停止和启动

SQL Server 2008 服务器的暂停操作一般在需要临时关闭数据库时进行。暂停服务器后，连接用户已经提交的任务将继续执行，新的用户连接请求将被拒绝，暂停后可以重新启动执行。

SQL Server 2008 服务器的停止操作是从内存中清除所有有关的 SQL Server 2008 服务器进程，所有与之连接的用户将停止服务，新的用户也不能登录，当然就不能进行任何的操作服务了。

在服务器已经停止或暂停的情况下，需要相关服务时应启动 SQL Server 2008 服务器。暂停、停止或启动 SQL Server 2008 服务器可以使用下列方法进行。

1. 使用 Microsoft SQL Server Management Studio

在 Microsoft SQL Server Management Studio 集成环境的"对象资源管理器"窗口中选中已注册的服务器，然后右击，在弹出的快捷菜单中选择相应的命令，即"暂停"、"停止"或"启动"，如图 4.17 所示。

图 4.17　"对象资源管理器"操作

2. 使用配置管理器

启动 SQL Server 2008 的配置管理器，在左边的目录树中选择"SQL Server 2008 服务"，在右边的服务内容列表区中选择某项服务，如 SQL Server(MSSQLSERVER)，然后右击，在弹出的快捷菜单中选择相应的命令，即"暂停"、"停止"或"启动"，如图 4.18 所示。

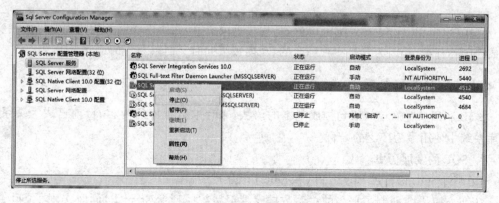

图 4.18　"配置管理器"操作

这是一种比较常用的方法。

3. 使用操作系统

在 Windows 桌面上单击"开始"按钮，选择"控制面板"命令，在打开的控制面板中依次

单击"系统和安全"→"管理工具",然后双击"服务"命令,打开"服务"窗口。在右边的列表框中选择服务,例如 SQL Server(MSSQLSERVER),然后右击,在弹出的快捷菜单中选择相应的命令,即"暂停"、"停止"或"启动",如图 4.19 所示。

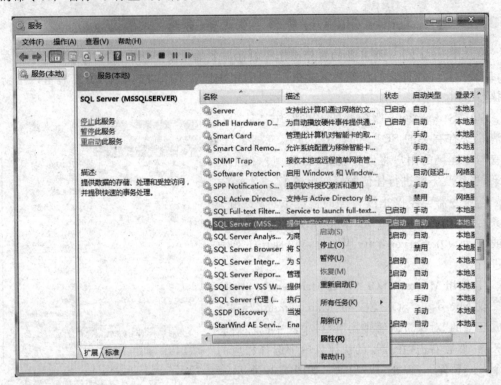

图 4.19 "操作系统"操作

4.4 SQL 和 Transact-SQL 简介

SQL(Structured Query Language,结构化查询语言)之所以能够为用户和业界所接受,并成为国际标准,是因为它是一种综合的、功能极强同时又简单易学的语言。

4.4.1 SQL 语言的发展与特点

SQL 利用一些简单的语句构成基本的语法,来存取数据库的内容,目前已成为关系数据库系统中使用最为广泛的语言。

1. SQL 的发展历史

1974 年 SQL 语言由 Boyce 和 Chamberlin 提出。

1975—1979 年研制了著名的关系数据库管理系统原型 System R,同时实现了 SQL 这种查询语言,且该语言被关系数据库管理系统的早期商品化软件(如 Oracle 等)所采用。

IBM 的圣约瑟研究实验室研制了著名的关系数据库管理系统原型 System R。

1986 年 10 月由美国国家标准委员会(American National Standards Institute,ANSI)公布了 SQL 标准。

1987 年 6 月国际标准化组织(International Standards Organization,ISO)正式采纳它作为国际标准。

1989 年 4 月 ISO 提出了具有完整性特征的 SQL,并称之为 SQL-89。

SQL-89 标准公布之后,对数据库技术的发展和应用都起了很大的推动作用。经过三年的研究和修改,1992 年 11 月 ISO 又公布了 SQL 的新标准,即 SQL-92。

此后随着新版本 SQL-99、SQL-2000 和 SQL-2003 的相继问世,SQL 语言进一步得到了广泛应用。

2. SQL 语言的特点

SQL 语言的特点如下:

(1) 高度非过程化。使用 SQL 语言进行数据操作只要提出"做什么",具体怎么做由系统找出一种合适的方法自动完成。

(2) 面向集合的操作方式。SQL 语句采用集合操作方式,就是说可以使用一条语句从一个或者多个表中查询出一组结果数据。

(3) 语法简单。SQL 语言的功能强大,但是语法极其简单。

(4) 关系数据库的标准语言。无论用户使用哪个公司的产品,SQL 的基本语法都是一样的。

3. 常用的 SQL 命令

SQL 语言的命令一般分为以下三类:

(1) 数据操纵语言 DML。DML 用于操纵数据库中的数据,包括 4 个基本语句。

① SELECT。该语句对数据库中的数据进行检索。

② INSERT。该语句向表中插入数据行。

③ UPDATE。该语句修改已经存在于表中的数据。

④ DELETE。该语句删除表中的数据行。

(2) 数据定义语言 DDL。DDL 用来建立数据库中的各种数据对象(包括表、视图、索引、存储过程、触发器等),包括 3 个基本语句。

① CREATE。该语句新建数据库对象。

② ALTER。该语句更新已有数据对象的定义。

③ DROP。该语句删除已经存在的数据对象。

(3) 数据控制语言 DCL。DCL 用于授予或者收回访问数据库的某种权限和事务控制,包括 4 个基本语句。

① GRANT。该语句用于授予权限。

② REVOKE。该语句用于收回权限。

③ COMMIT。该语句用于提交事务。

④ ROLLBACK。该语句用于回滚事务。

4.4.2 Transact-SQL 简介

Transact-SQL(简记 T-SQL)是 Microsoft 公司在关系数据库管理系统 SQL Server 中标准的 SQL 语言的具体实现,是微软对 SQL 的扩展,具有 SQL 的主要特点,同时增加了变量、运算符、函数、流程控制和注释等语言元素,使得功能更加强大。其功能主要体现在以下

3 个方面:

(1) 增加了流程控制语句。SQL 作为一种功能强大的结构化标准查询语言并没有包含流程控制语句,因此,不能单纯使用 SQL 构造出一种最简单的分支程序。T-SQL 在这个方面进行了多方面的扩展,增加了语句块、分支判断语句、循环语句等。

(2) 加入了局部变量、全局变量等许多新概念,可以写出更复杂的查询语句。

(3) 增加了新的数据类型,处理能力更强。

T-SQL 对 SQL Server 十分重要,在 SQL Server 中使用图形界面能够完成的所有功能都可以利用 T-SQL 来实现。另一方面,尽管 SQL Server 提供了使用方便的图形化用户界面,但各种功能的实现基础是 T-SQL 语言。

在高级语言编写的应用程序中嵌入 T-SQL 可以完成所有的数据库管理工作。任何应用程序,只要是向 SQL Server 的数据库管理系统发出命令以获得数据库管理系统的响应,最终都必须体现为以 T-SQL 语句为表现形式的指令。对于用户来说,T-SQL 是唯一可以和 SQL Server 的数据库管理系统进行交互的语言。

1. 常用数据类型

在计算机中数据有类型和长度两种特征。所谓数据类型就是以数据的表现方式和存储方式来划分的数据种类。在 SQL Server 2008 中数据类型分为精确数字(Exact numerics)、近似数字(Approximate numerics)、日期和时间(Date and time)、字符串(Character strings)、Unicode 字符串(Unicode Character strings)、二进制字符串(Binary string)以及其他数据类型(Other data types)。

1) 整数数据类型

常用的整数数据类型有以下 4 种:

(1) int。int 数据类型存储 $-2^{31} \sim (2^{31}-1)$ 的所有正、负整数,每个 int 类型的数据占有 4 个字节存储空间。

(2) smallint。smallint 数据类型存储 $-2^{15} \sim (2^{15}-1)$ 的所有正、负整数,每个 smallint 类型的数据占有两个字节存储空间。

(3) tinyint。tinyint 数据类型存储 0~255 的所有正整数,每个 tinyint 类型的数据占有一个字节存储空间。

(4) bit。bit 数据类型存储 1、0 或 NULL,它非常适用于开关标记,且只占据一个字节存储空间。

2) 浮点数据类型

浮点数据类型用于存储十进制小数。浮点数据类型的数据在 SQL Server 中采用上舍入方式进行存储,因此也称为近似数字。常用的两种浮点数据类型如下:

(1) real。real 数据类型可精确到第 7 位小数,其范围为 $-3.40 \times 10^{-38} \sim 3.40 \times 10^{38}$。每个 real 类型的数据占有 4 个字节存储空间。

(2) float。float 数据类型可精确到第 15 位小数,其范围为 $-1.79 \times 10^{-308} \sim 1.79 \times 10^{308}$。每个 float 类型的数据占有 8 个字节存储空间。float 数据类型可写为 float(n),其中,n 是 float 数据的精度,为 1~53 的整数值。

3) 字符串数据类型

字符串数据类型用于存储字符数据,例如字母、数字符号、特殊符号。但要注意,在使用字符数据类型时要加单引号。常用的 3 种字符串数据类型如下：

（1）char[(n)]。固定长度，长度为 n 个字节。n 的取值为 1～8000，即可以容纳 8000 个 ANSI 字符。若不指定 n 值，系统默认值为 1。若输入数据的字符数小于 n，则系统自动在其后添加空格来填满设定好的空间。若输入的数据过长，系统会自动截掉其超出部分。

（2）varchar[(n)]。可变长度，n 的取值为 1～8000。存储大小是输入数据的实际长度加两个字节，若输入数据的字符数小于 n，则系统不会在其后添加空格来填满设定好的空间。

（3）text。text 数据类型用于存储大量文本数据，其容量理论上是 1～$(2^{31}-1)$ 个字节，在实际编程中应根据具体需要而定。

4）日期和时间数据类型

日期和时间数据类型是用来存储日期和时间的数据类型。常用的 3 种日期和时间数据类型如下：

（1）date。date 数据类型只存储日期，存储格式为"YYYY-MM-DD"，占用 3 个字节的存储空间，其范围为 0001-01-01～9999-12-31。

（2）time。time 数据类型只存储时间，存储格式为"hh:mm:ss"，占用 3～5 个字节的存储空间，其范围为 00:00:00.0000000～23:59:59.9999999。

（3）datetime。datetime 数据类型用于存储日期和时间的结合体，存储格式为"YYYY-MM-DD hh:mm:ss[.nnnnnnn]"，占用 8 个字节的存储空间，其范围为 1753-01-01～9999-12-31。

5）货币数据类型

货币数据类型用于存储货币值，在使用货币数据类型时，应在数据前加上货币符号，如 ￥100.54 或 $150.54。常用的两种货币数据类型如下：

（1）money。money 数据类型的数据是一个有 4 位小数的 decimal 值，其取值范围为 -2^{63}～$(2^{63}-1)$，它占用 8 个字节存储空间。

（2）smallmoney。smallmoney 数据类型与 money 数据类型相似，但其存储的货币值范围比 money 数据类型小，其取值范围为 -2^{31}～$(2^{31}-1)$，占用 4 个字节存储空间。

2. 变量

T-SQL 程序中的变量分为全局变量和局部变量两类，全局变量是由 SQL Server 系统定义和使用的变量，也称为系统变量。它通过名称前面加两个"@"符号区别于局部变量。DBA 和用户可以使用全局变量的值，但不能自己定义全局变量。

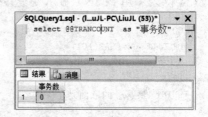

图 4.20　活动事务数查询结果

例如，显示系统当前连接的活动事务数。运行下列 T-SQL 语句后，结果如图 4.20 所示。

```
select @@TRANCOUNT as "事务数"
```

又如，系统变量 @@ROWCOUNT 的功能是返回上一语句影响的行数，常在更新、删除、插入或查找数据的语句后，用这个语句进行判断，这个变量保存了上步操作所影响的行数。

局部变量是用户自定义的变量,它的作用范围仅在程序内部。局部变量在程序中通常用来存储从表中查询到的数据,或当作程序执行过程中的暂存变量使用。局部变量必须以符号"@"开头,而且必须先用 DECLARE 语句说明才可使用。其说明形式如下:

DECLARE <@变量名><变量类型>[,<@变量名><变量类型> …]

其中,变量类型可以是 SQL Server 2008 支持的所有数据类型,也可以是用户自定义的数据类型。

在 T-SQL 中不能像在一般的程序语言中那样使用"变量=变量值"来给变量赋值,必须使用 SELECT 或 SET 语句来设定变量的值,其语法如下:

SELECT <@局部变量> = <变量值>
SET <@局部变量> = <变量值>

例 4.1　声明一个长度为 10 个字符串的变量"id"并赋值。

DECLARE @ id char(10)
SELECT @ id = '10010001'

3. 输出语句 PRINT

PRINT 语句是向客户端返回一个用户自定义的信息,即显示一个字符串、局部变量或全局变量的内容。其语句格式如下:

PRINT <文本串>|<@局部变量>|<@@函数>|<字符串表达式>

参数说明如下。

(1)＜文本串＞:用单引号引起来的汉字、字符或数字。

(2)＜@局部变量＞:必须是任意有效的字符数据类型变量,必须是 char 或 varchar,或者能够隐式转换为这些数据类型。

(3)＜@@函数＞:返回字符串结果的函数,＜@@函数＞必须是 char 或 varchar,或者能够隐式转换为这些数据类型。

(4)＜字符串表达式＞:返回字符串的表达式,可包含用"+"连接的字符串或变量。

例 4.2　用 PRINT 显示变量并生成字符串。

```
GO
DECLARE @x CHAR(10)
SET @x = 'LOVING'
PRINT @x
PRINT '最喜爱的歌曲是:' + @x
GO
```

运行结果如图 4.21 所示。

SQL Server 中 GO 的用法:

GO 不是 T-SQL 语句,是 SQL Server 查询分析器及一些实用工具执行一批 T-SQL 语句的结束命令。如果 T-SQL 语句过长,就要写 GO,也有一些语句,只能是第一句操作的,在之前也需要写 GO,GO 是分批处理语句。本书例子中使用

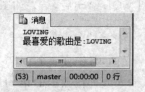

图 4.21　用 PRINT 输出信息

T-SQL 语句时都是以 GO 开始,并且以 GO 结束。

4. 常用运算符

（1）算术运算符。所有数字类型数据都可以进行图 4.22 所示的 5 种算术运算,日期和时间类型也可以进行算术运算,但只能计算"＋"和"－"。

（2）比较运算符。比较运算符的结果是布尔数据类型,它有 TRUE、FALSE 和 UNKNOWN 3 种值。比较运算符如图 4.23 所示。

运算符	含义
＋（加）	加法
－（减）	减法
＊（乘）	乘法
/（除）	除法
%（模）	求余数

图 4.22 算术运算符

运算符	含义
＝	等于
＞	大于
＜	小于
＞＝	大于等于
＜＝	小于等于
＜＞	不等于

图 4.23 比较运算符

例 4.3 使用比较运算符计算表达式的值。

```
GO
DECLARE @Exp1 int,@Exp2 int
Set    @Exp1 = 30
Set    @Exp2 = 50
IF   @Exp1 <@Exp2
PRINT @Exp1
GO
```

运行结果如图 4.24 所示。

（3）逻辑运算符。逻辑运算符是对某个条件进行测试,以获得其真值情况。逻辑运算符和比较运算符一样,返回带有 TRUE 或 FALSE 值的布尔数据类型,如表 4.2 所示。

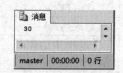

图 4.24 比较运算符输出结果

表 4.2 逻辑运算符

运 算 符	含 义
OR	如果两个布尔表达式中的一个表达式为 TRUE,那么就为 TRUE
AND	如果两个布尔表达式都为 TRUE,那么就为 TRUE
NOT	对任何其他布尔运算符的值取反

5. 注释

注释也称为注解,是写在程序代码中的说明性文字,它们对程序的结构及功能进行文字说明。注释内容不被系统编译,也不被程序执行。

在 T-SQL 中注释类型有以下两类:

* ANSI 标准的注释符号"--",它用于单行注释。
* 与 C 语言相同的程序注释符号"/＊ … ＊/",它用于程序中的多行注释。

6. 常用系统函数

系统函数是由系统预先编制好的程序代码,可以在任何地方调用。每个函数可以有 0 个、1 个或多个参数(参数用逗号分隔),有且仅有一个返回值。SQL Server 2008 的常用系统函数如表 4.3 所示。

表 4.3 常用系统函数

函数类型	函数表达式	功 能	应用举例
字符串函数	SUBSTRING(表达式,起始,长度)	取子串	SUBSTRING('ABCDEFG',3,4)
	RIGHT(表达式,长度)	右边取子串	RIGHT('ABCDEF',3)
	STR(浮点数[,总长度[,小数位]])	数值型转换字符型	STR(234.5678,6,2)
	LTRIM(表达式)、RTRIM(表达式)	去左、右空格	LTRIM(SNO),SNO 为字段名
	CHARINDEX(子串,母串)	返回子串起始位置	CHARINDEX('AD','HAADYU')
类型转换函数	CONVERT(数据类型[(长度)],表达式[,日期字符串样式]) 1: mm/dd/yy, 5: dd-mm-yy, 11: yy-mm-dd,23:yyyy-mm-dd	表达式类型转换	CONVERT(varchar(100),GETDATE(),1) 当前日期转换为字符串
	CAST (表达式 AS 数据类型[(长度)])	表达式类型转换	cast(23 as nvarchar),数值转字符串
数值函数	ABS(表达式)	取绝对值	ABS(−25.7 * 2)
	POWER(底,指数)	底的指数次方	POWER(6,2)
	RAND([整型数])	随机数产生器	RAND(1)
	ROUND(表达式,精度)	按精度四舍五入	ROUND(24.2367,2)
	SQRT(表达式)	算术平方根	SQRT(10)
日期函数	GETDATE()	当前的日期和时间	GETDATE()
	DAY(表达式)	表达式的日期值	DAY(GETDATE())
	MONTH(表达式)	表达式的月份值	MONTH(GETDATE())
	YEAR(表达式)	表达式的年份值	YEAR(GETDATE())
	DATEADD(标志,间隔值,日期) YY: 年份,MM: 月份,DD: 日	日期间隔后的日期	DATEADD(MM,2,GETDATE()) 两个月后的日期
	DATEDIFF(标志,日期1,日期2)	日期 2 与日期 1 的差	DATEDIFF(YY, BIRTHDAY, GETDATE()),计算年龄
统计函数(参数默认 ALL)	AVG(ALL|DISTINCT 列名)	取均值	AVG(AGE)
	COUNT(ALL|DISTINCT 列名)	行数	COUNT(DISTINCT AGE)
	MAX(ALL|DISTINCT 列名)	最大值	MAX(AGE)
	MIN(ALL|DISTINCT 列名)	最小值	MIN(AGE)
	SUM(ALL|DISTINCT 列名)	总和	SUM(AGE)

在 SQL Server 数据库理论中,统计函数也常称为聚合函数或聚集函数。

例 4.4 系统函数应用举例。

(1) 定义变量字符串 st,赋值"数据库系统与应用教程",取子串"系统与应用"。

```
GO
DECLARE @st VARCHAR(50)
```

```
SET @st = '数据库系统与应用教程'
SELECT SUBSTRING(@st,4,5) AS '运行结果'
GO
```

执行语句的结果如图 4.25 所示。

（2）显示当前日期的运行结果。

```
GO
SELECT '当前日期：' + Convert(Varchar(8),GetDate(),5) AS '运行结果'
GO
```

执行语句的结果如图 4.26 所示。

（3）用 PRINT 语句显示系统的当前系统时间。

```
GO
PRINT(CONVERT(varchar(30),GETDATE())) + '.'
GO
```

执行语句的结果如图 4.27 所示。

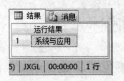
图 4.25 执行结果（1）

图 4.26 执行结果（2）

图 4.27 执行结果（3）

习 题 4

1. 简述 SQL Server 2008 数据库管理系统的安装环境。

2. 简述 SQL Server 2008 配置管理器的主要功能。

3. 简述 T-SQL 全局变量和局部变量的区别。

4. 给出下列 T-SQL 语句的运行结果。

```
DECLARE @d DATETIME
SET @d = '2013 - 8 - 26'
SELECT @d + 10,@d - 10
```

5. 给出下列各 T-SQL 语句的运行结果。

（1）SELECT CHARINDEX('科学','计算机科学与技术专业')

（2）SELECT ROUND(26.213＋124.1869,2)

（3）SELECT STR(234.5678,6,2)

（4）SELECT '25＋12＝'＋cast(37 as nvarchar)

6. 用 PRINT 语句输出上题中的 T-SQL 语句的运行结果。

第5章 数据库和数据表管理

数据库是存放数据的容器,在设计一个应用系统时,必须先设计数据库。数据库中的数据及相关信息通常被存储在一个或多个磁盘文件(即数据库文件)中,而数据库管理系统为用户或数据库应用程序提供统一的接口来访问和控制这些数据,使得用户不需要直接访问数据库文件。

数据库中最重要的对象是数据表,简称表(Table),表中存储了数据库的数据。对数据库和表进行操作是开发人员的一项重要工作。

5.1 SQL Server 2008 数据库概述

SQL Server 2008 数据库是存放表和视图、索引、存储过程和触发器等数据库对象的逻辑实体,从逻辑角度组织与管理数据。

5.1.1 数据库文件类型

在 SQL Server 中,数据库是由数据文件和事务日志文件组成的,一个数据库至少应包含一个数据文件和一个事务日志文件。包括系统数据库在内的每个数据库都有自己的文件集,而且不与其他数据库共享这些文件。SQL Server 2008 数据库具有以下 3 种类型的文件:

1. 主数据文件

主数据文件是数据库的起点,其中包含数据库的初始信息,记录数据库所拥有的文件指针。每个数据库有且仅有一个主数据文件,这是数据库必需的文件。主数据文件的扩展名是. mdf。

2. 辅助数据文件

除主数据文件以外的所有其他数据文件都是辅助数据文件。辅助数据文件存储主数据文件未存储的所有其他数据和对象,它不是数据库必需的文件。当一个数据库需要存储的数据量很大(超过了 Windows 操作系统对单一文件大小的限制)时,可以用辅助数据文件来保存主数据文件无法存储的数据。辅助数据文件可以分散存储在不同的物理磁盘中,从而提高数据的读/写效率。辅助数据文件的扩展名是. ndf。

3. 日志文件

在 SQL Server 2008 中,每个数据库至少拥有一个自己的日志文件,也可以拥有多个日志文件。日志文件最小是 1MB,用来记录所有事务以及每个事务对数据库所做的修改。日志文件的扩展名是. ldf。

在创建数据库的时候,日志文件也会随着被创建。如果系统出现故障,常常需要使用事务日志将数据库恢复到正常状态。这是 SQL Server 的一个重要的容错特性,它可以有效地防止数据库的损坏,维护数据库的完整性。

在 SQL Server 中,用户还可以指定数据文件的大小能够自动增长。在定义数据文件时,指定一个特定的增量,每次扩大文件时均按此增量来增长。另外,每个文件的大小可以指定一个最大值,当文件大小达到最大值时就不再增长。如果没有指定文件最大值,文件可以一直增长到磁盘没有可用空间为止。

5.1.2 数据库文件组

为了有助于数据布局和管理任务,SQL Server 2008 允许用户将多个文件划分为一个文件集合,这些文件可以在不同的磁盘上,并为这一集合命名,这就是文件组。

文件组是数据库中数据文件的逻辑组合,数据库文件组有主文件组、用户定义文件组和默认文件组 3 种类型。

1. 主文件组

主文件组是包含主要文件的文件组。所有系统表和没有明确分配给其他文件组的任何文件都被分配到主文件组中,一个数据库只有一个主文件组。

2. 用户定义文件组

用户定义文件组是用户首次创建数据库时或修改数据库时自定义的,其目的是为了将数据存储进行合理的分配,以提高数据的读/写效率。

3. 默认文件组

每个数据库中均有一个文件组被指定为默认文件组。如果在数据库中创建对象时没有指定对象所属的文件组,对象将被分配给默认文件组。在任何时候,只能将一个文件组指定为默认文件组。

对于默认文件组有以下说明:

(1) 默认文件组中的文件必须足够大,能够容纳未分配给其他文件组的所有新对象。

(2) 如果没有指定默认文件组,则将主文件组作为默认文件组。

(3) PRIMARY 文件组是默认文件组。

5.2 SQL Server 2008 数据库基本管理

在 SQL Server 2008 中,所有类型的数据库管理操作都有两种方式,一是使用 SSMS 图形化方式;二是使用 T-SQL 语句方式。

5.2.1 数据库的创建

创建数据库就是为数据库确定名称、大小、存放位置、文件名和所在文件组的过程。在一个 SQL Server 2008 实例中,最多可以创建 32 767 个数据库,数据库的名称必须满足系统的标识符规则。在命名数据库时,一定要使数据库名称简短并且有一定的含义。

例 5.1 创建例 2.1 中的教学管理数据库,数据库的名称为"JXGL"。主数据文件的逻辑名为"JXGL. mdf",保存路径为"D:\JXGLSYS\DATA",日志文件的逻辑名为"JXGL_log. ldf",

保存路径为"D:\JXGLSYS\Data_log"。主数据文件的初始大小为 3MB,最大大小不受限制,增长量为 1MB;日志文件的初始大小为 1MB,最大为 20MB,增长比例为 10%。

1. 使用 SSMS 图形化方式创建数据库

使用 SSMS 图形化方式可以非常方便地创建数据库,尤其对于初学者来说更为简单易用。具体的操作步骤如下:

(1) 在 SSMS 的"对象资源管理器"窗口中展开服务器,然后选择"数据库"结点。

(2) 在"数据库"结点上右击,从弹出的快捷菜单中选择"新建数据库"命令,如图 5.1 所示。

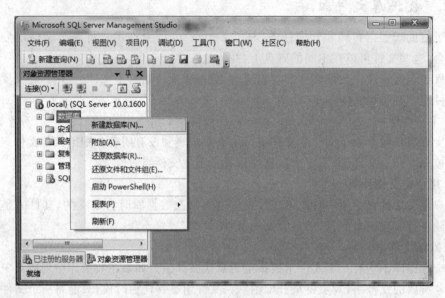

图 5.1 选择"新建数据库"命令

(3) 执行上述操作后,会弹出"新建数据库"对话框,如图 5.2 所示。在这个对话框中有 3 个选项页,分别是"常规"、"选项"和"文件组",默认是"常规"选项页。完成这 3 个选项页中的设置之后,就完成了数据库的创建工作。

(4) 在"数据库名称"文本框中输入新建数据库的名称,本例输入"JXGL"。

(5) 在"所有者"文本框中输入新建数据库的所有者,例如 sa,本例中选取<默认值>。根据数据库的使用情况,选择启用或者禁用"使用全文索引"复选框。

(6) 在图 5.2 所示的"数据库文件"列表中包含两行,一行是数据文件,另一行是日志文件。通过单击下面的相应按钮,可以添加或者删除相应的数据文件。该列表中各字段的含义如下。

① 逻辑名称:指定该文件的文件名。

② 文件类型:用于区别当前文件是数据文件还是日志文件。

③ 文件组:显示当前数据库文件所属的文件组。

④ 初始大小:指定该文件的初始容量,在 SQL Server 2008 中,数据文件的默认值为 3MB,日志文件的默认值为 1MB。

⑤ 自动增长:用于设置在文件的容量不够用时,文件以何种增长方式自动增长。因为

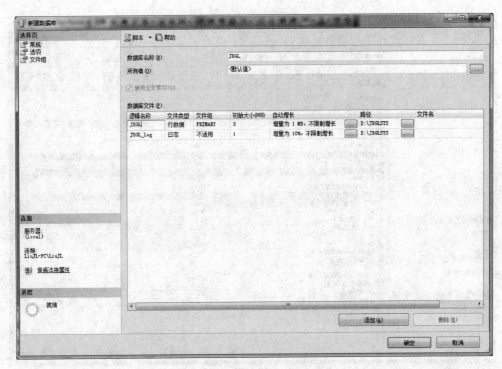

图 5.2 "新建数据库"对话框

本例中日志文件的最大值为 20MB,通过单击"自动增长"列中的 JXGL_log 省略号按钮,弹出"更改 JXGL_log 的自动增长设置"对话框进行设置,如图 5.3 所示。在此对日志文件的大小进行修改,本例中设置为 20。

⑥ 路径:指定存放该文件的目录。

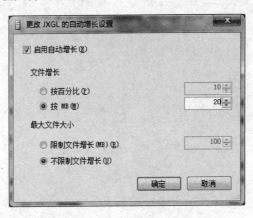

图 5.3 修改 JXGL_log 自动增长设置

(7) 切换到"选项"选项页,设置数据库的排序规则、恢复模式、兼容级别和其他需要设置的内容,如图 5.4 所示。

(8) 切换到"文件组"选项页,设置数据库文件所属的文件组,还可以通过"添加"或者"删除"按钮更改数据库文件所属的文件组,如图 5.5 所示。

数据库和数据表管理

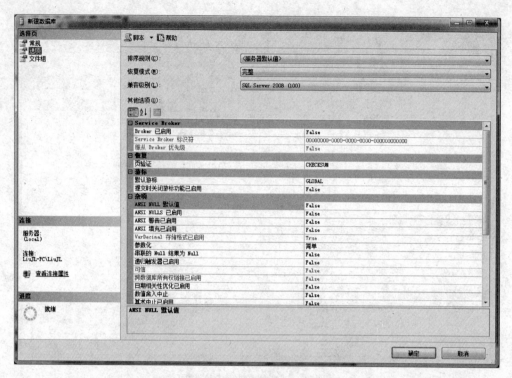

图 5.4 "选项"选项页

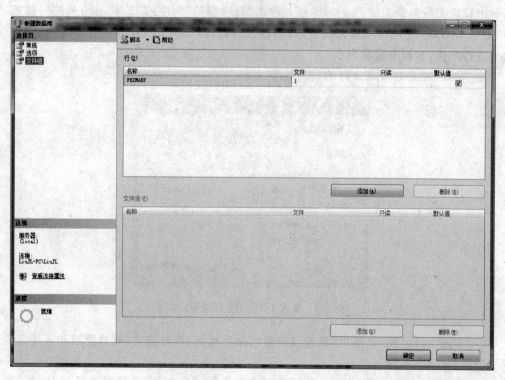

图 5.5 "文件组"选项页

（9）完成以上操作后，可以单击"确定"按钮关闭"新建数据库"对话框。至此，成功创建了一个数据库，用户可以通过"对象资源管理器"窗口查看新建的数据库。

注意：在 SQL Server 2008 中创建新的对象时，它可能不会立即出现在"对象资源管理器"窗口中，此时可右击对象所在位置的上一层文件夹，在弹出的快捷菜单中选择"刷新"命令，强制 SQL Server 2008 重新读取系统表并显示出数据中的所有新对象。

2. 使用 T-SQL 语句方式创建数据库

使用 SSMS 图形化方式创建数据库可以方便应用程序对数据的直接调用。但是，在有些情况下，不能使用图形化方式创建数据库。例如，在设计一个应用程序时，开发人员会直接使用 T-SQL 在程序代码中创建数据库及其他数据库对象，而不用在制作应用程序安装包时再放置数据库或让用户自行创建。

用户可以使用 T-SQL 提供的 CREATE DATABASE 语句来创建数据库，语句格式如下：

```
CREATE DATABASE <数据库名>
ON
{[PRIMARY](NAME = <逻辑文件名>
    FILENAME = <物理文件名>
    [,SIZE = <初始大小>]
    [,MAXSIZE = {<文件最大长度>|UNLIMITED}]
    [,FILEGROWTH = <文件增长幅度>])
}[, … n]
LOG ON
{[PRIMARY](NAME = <逻辑文件名>,
    FILENAME = <物理文件名>
    [,SIZE = <初始大小>]
    [,MAXSIZE = {<文件最大长度>|UNLIMITED}]
    [,FILEGROWTH = <文件增长幅度>])
}[, … n]
```

在语句格式中，每一种特定的符号都表示特殊的含义，其中，尖括号<>中的内容表示必需项；方括号[]中的内容表示可以省略的选项或参数；[, … n]表示同样的选项可以重复 1～n 遍；大括号{}一般表示语句块；符号"|"表示或者的关系，其选项或参数必选一个，不可省略。

参数说明如下。

（1）<数据库名>：新建数据库的名称，可长达 128 个字符。

（2）ON：指定显式定义，用来存储数据库数据部分的磁盘文件（数据文件）。

（3）PRIMARY：在主文件组中指定文件。

（4）LOG ON：指定显式定义，用来存储数据库日志的磁盘文件（日志文件）。

（5）NAME：用来定义数据库的逻辑名称，这个逻辑名称用来在 T_SQL 代码中引用数据库。

（6）FILENAME：用于定义数据库文件在硬盘上的存储路径与文件名称，必须是本地目录（不能是网络目录），并且不能是压缩目录。

（7）SIZE：用来定义数据文件的初始大小，可以使用 KB、MB、GB 或 TB 为计量单位。如果没有为主数据文件指定大小，那么 SQL Server 将创建与 model 系统数据库相同大小的文件。如果没有为辅助数据库文件指定大小，那么 SQL Server 将自动为该文件指定 1MB 大小。

（8）MAXSIZE：用于设置数据库允许达到的最大长度，可以使用 KB、MB、GB、TB 为计量单位，也可以为 UNLIMTED，或者省略整个子句，使文件可以无限制增长，直至磁盘被充满为止。在 SQL Server 2008 中，规定日志文件可增长的最大大小为 2TB，而数据文件的最大大小为 16TB。

（9）FILEGROWTH：用来定义文件增长所采用的递增量或递增方式，可以使用 KB、MB 或百分比（%）为计量单位。如果没有指定这些符号之中的任一符号，则默认 MB 为计量单位。

下面利用 CREATE DATABASE 语句完成例 5.1 中教学管理数据库的创建。操作步骤如下：

（1）打开 SSMS 窗口，并连接到服务器。

（2）依次选择"文件"→"新建"→"数据库引擎查询"命令或者单击标准工具栏上的"新建查询"按钮，创建一个查询输入窗口。

（3）在窗口中输入以下 CREATE DATABASE 语句：

```
CREATE DATABASE JXGL
ON PRIMARY
  (NAME = JXGL,
   FILENAME = 'D:\JXGLSYS\DATA\JXGL.mdf',
   SIZE = 3,
   FILEGROWTH = 1
)
LOG ON
  (NAME = JXGL_log,
   FILENAME = 'D:\JXGLSYS\DATA\JXGL_log.ldf',
   SIZE = 1,
   MAXSIZE = 20,
   FILEGROWTH = 10 %
)
```

（4）单击工具栏中的"执行"按钮，运行程序语句。如果执行成功，在查询窗口的"查询"结果窗口中，可以看到一条"命令已成功完成。"的消息，如图 5.6 所示。然后在"对象资源管理器"窗口中刷新，展开数据库结点就能看到刚创建的"JXGL"数据库。

注意：如果感觉以后数据库会不断增长，那么指定其为自动增长方式。否则，最好不要指定其自动增长，以提高数据的使用效率。

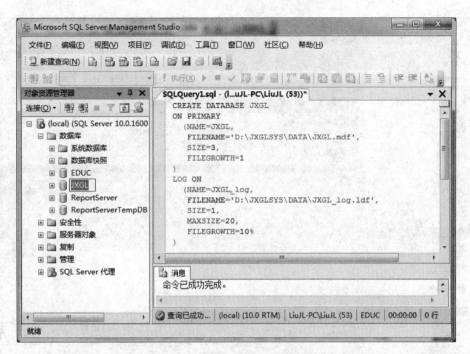

图 5.6　使用 CREATE DATABASE 语句创建数据库

5.2.2　数据库结构的修改

创建数据库后，可以对其原始定义数据库结构进行修改，通常包括增加、删除文件，修改文件属性（包括更改文件名和文件大小），以及修改数据库选项等。

1. 使用 SSMS 图形化方式修改数据库

对于已经建立的数据库，可以利用 SSMS 工具来查看或修改数据库信息。首先在"对象资源管理器"窗口中右击要修改大小的数据库（如教学管理数据库 JXGL），在快捷菜单中选择"属性"命令，弹出"数据库属性-JXGL"对话框，如图 5.7 所示。

然后在"数据库属性-JXGL"对话框所包含的"常规"、"文件"、"文件组"、"选项"、"更改跟踪"、"权限"、"扩展属性"、"镜像"和"事务日志传送"9 个选项页中修改数据库的相关信息。

（1）常规：使用此选项页可以查看所选数据库的常规属性信息。

（2）文件：使用此选项页可以查看或修改所选数据库的数据文件和日志文件属性。

（3）文件组：使用此选项页可以查看文件组，或为所选数据库添加新的文件组。

（4）选项：使用此选项页可以查看或修改所选数据库的选项，包括所选数据库的排序规则、恢复模式和兼容级别等信息。

（5）更改跟踪：使用此选项页可以查看或修改所选数据库的更改跟踪设置，启用或禁用数据库的更改跟踪。

（6）权限：使用此选项页可以查看或设置安全对象的权限，包括用户、角色和权限信息。

（7）扩展属性：使用此选项页可以通过使用扩展属性向数据库对象添加自定义属性，

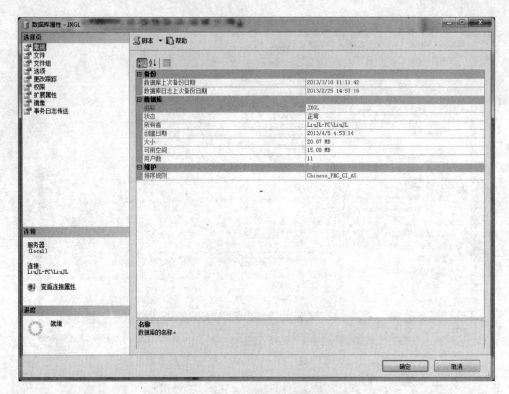

图 5.7 "数据库属性-JXGL"对话框

也可以查看或修改所选对象的扩展属性。

（8）镜像：使用此选项页可以查看或设置镜像的主体服务器、镜像服务器和见证服务器。

（9）事务日志传送：使用此选项页可以配置和修改数据库的日志传送属性。

2. 使用 T-SQL 语句方式修改数据库

在 SQL Server 2008 服务器上，可能存在多个用户数据库。默认情况下，用户连接的是 master 系统数据库。在 T-SQL 中用 USE 语句来完成不同数据库之间的切换，语句格式如下：

USE <数据库名>

其中，<数据库名>为所要选择的数据库的名称。

1）查看数据库信息

在 SQL Server 2008 系统中，查看数据库信息有多种方法，例如，可以使用目录视图、函数和系统存储过程等查看有关数据库的基本信息。下面介绍几种查看数据库信息的基本方式。

（1）使用目录视图查看。常见的查看数据库基本信息的视图如下。

① sys. databases：查看有关数据库的基本信息。

② sys. database_files：查看有关数据库文件的信息。

③ sys. filegroups：查看有关数据库文件组的信息。

④ sys. master_files：查看数据库文件的基本信息和状态信息。

（2）使用函数查看。用户可以使用 DATABASEPROPERTYEX 函数来查看指定数据库中的指定选项信息，该函数一次只能返回一个选项的设置。

例5.2 查看教学管理数据库 JXGL 的 Version 选项的设置信息。

```
GO
SELECT DATABASEPROPERTYEX('JXGL','Version')
GO
```

（3）使用存储过程查看。与数据库属性相关的系统存储过程如下。

① sp_helpdb：显示有关数据库和数据库参数信息。

② sp_spaceused：查看数据库空间信息。

③ sp_dboption：查看数据库选项信息。

用户可以使用执行存储过程语句 EXEC 来查看相关信息。其中，EXEC 是 EXECUTE 的缩写，在执行一个系统存储过程的时候使用。

例5.3 查询教学管理数据库 JXGL 的空间信息。

```
USE JXGL
GO
EXEC sp_spaceused
GO
```

2）修改数据库

T-SQL 提供了修改数据库的语句 ALTER DATABASE。

（1）增加数据库空间。使用 T-SQL 语句可以增加已有数据库文件的大小，语句格式如下：

```
ALTER DATABASE <数据库名>
MODIFY FILE
 (FILENAME = <逻辑文件名>,
  SIZE = <文件大小>,
  MAXSIZE = <增长限制>
 )
```

例5.4 为教学管理数据库 JXGL 增加容量，原来的数据库文件 JXGL. mdf 的初始分配空间为 3MB（默认值），现在将增至 10MB。

```
GO
ALTER DATABASE JXGL
MODIFY FILE
(NAME = JXGL,
SIZE = 10)
GO
```

（2）增加数据库文件。使用 T-SQL 语句可以增加数据库文件的数目，语句格式如下：

```
ALTER DATABASE <数据库名>
ADD FILE|ADD LOG FILE
(NAME = <逻辑文件名>,
```

```
FILENAME = <物理文件名>,
SIZE = <文件大小>,
MAXSIZE = <增长限制>,
FILEGROWTH = <文件增长幅度>
)
```

例 5.5　为教学管理数据库 JXGL 增加辅助数据文件 JXGL_1. NDF,初始大小为 5MB,最大长度为 30MB,按照 5％增长。

```
GO
ALTER DATABASE JXGL
ADD FILE
(NAME = JXGL_1,
FILENAME = 'D:\JXGLSYS\DATA\JXGL_1.dnf',
SIZE = 5,
MAXSIZE = 30,
FILEGROWTH = 5 %
)
GO
```

(3) 删除数据库文件。使用 ALTER DATABASE 的 REMOVE FILE 子句,可以删除指定的文件,语句格式如下:

```
ALTER DATABASE <数据库名>
REMOVE FILE <逻辑文件名>
```

例 5.6　删除教学管理数据库 JXGL 中的辅助数据文件 JXGL_1. ndf。

```
GO
ALTER DATABASE JXGL
REMOVE FILE JXGL_1
GO
```

5.2.3　数据库文件的更名与删除

对于已存在的用户数据库,可以更改名称,当不使用该数据库时,还可以删除。在更名或删除数据库之前,应该确保没有用户正在使用该数据库。

1. 使用 SSMS 图形化方式更名与删除数据库

1) 更名数据库

在 SSMS 的"对象资源管理器"窗口中选中要更名的数据库对象,然后右击,在弹出的快捷菜单中选择"重命名"命令。

2) 删除数据库

在 SSMS 的"对象资源管理器"窗口中选中要更名的数据库对象,然后右击,在弹出的快捷菜单中选择"删除"命令,在随后出现的"删除对象"对话框中单击"确定"按钮,即可完成对指定数据库的删除。

2. 使用 T-SQL 语句方式更名与删除数据库

1) 更名数据库

在查询窗口中执行系统存储过程 sp_renamedb 可以更改数据库的名称,语句格式

如下:

```
sp_renamedb <数据库名 1>, <数据库名 2>
```

其中,"数据库名 1"是要改名的数据库文件名,"数据库名 2"是改名后的数据库文件名。

例 5.7 将已存在的教学管理数据库 JXGL 改名为 GX_JXGL。

```
GO
sp_renamedb 'JXGL', 'GX_JXGL'
GO
```

2)删除数据库

在查询窗口中执行 DROP DATABASE 语句可以删除数据库,语句格式如下:

```
DROP DATABASE <数据库名>
```

例 5.8 删除更名后的数据库 GX_JXGL。

```
GO
DROP DATABASE GX_JXGL
GO
```

5.3 SQL Server 2008 中表的管理

表是 SQL Server 数据库中最重要的数据对象,也是构建高性能数据库的基础。在程序开发与应用过程中,创建数据库的目的是存储、管理和返回数据,而表是存储数据的基本单元。

例 5.9 假设教学管理数据库 JXGL 中含有图 2.3 所示的表结构及其相互之间的关系,具体实例由表 2.2 所示。学生表 S、课程选修表 SC 和课程表 C 的结构分别如表 5.1、表 5.2 和表 5.3 所示。

表 5.1 学生表 S 的表结构

列　　名	描　　述	数 据 类 型	允 许 空 值	说　　明
SNO	学号	char(9)	NO	主键
SNAME	姓名	char(8)	NO	
SEX	性别	char(2)	YES	
AGE	年龄	smallint	YES	
SDEPT	系部	varchar(50)	YES	

表 5.2 课程选修表 SC 的表结构

列　　名	描　　述	数 据 类 型	允 许 空 值	说　　明
SNO	学号	char(9)	NO	主键(同时是外键)
CNO	课程号	char(4)	NO	主键(同时是外键)
GRADE	成绩	real	YES	

表 5.3　课程表 C 的表结构

列　　名	描　　述	数 据 类 型	允 许 空 值	说　　明
CNO	课程号	char(4)	NO	主键
CNAME	课程名	varchar(50)	NO	
CDEPT	开课单位	varchar(50)	YES	
TNAME	教师姓名	char(8)	YES	

在 SQL Server 2008 中，所有类型的表管理操作可以使用 SSMS 图形化方式和 T-SQL 语句方式两种。

5.3.1　表的创建与维护

创建表就是定义一个新表的结构以及它与其他表之间的关系。维护表是指在数据库中创建表之后，对表进行修改、删除等操作。修改表是指更改表结构或表间的关系，而删除表是指从数据库中去除表结构、表间关系和表中的所有数据。所谓表结构就是构成表的列、各列的定义（列名、数据类型、数据精度、列上的约束等）和表上的约束。

1. 使用 SSMS 图形化方式创建与维护表

1）创建和修改表

在 SSMS 中，提供了一个前端的、填充式的表设计器来简化表的设计工作，利用图形化方式可以非常方便地创建数据表。操作步骤如下：

（1）启动并登录 SQL Server Management Studio，在"对象资源管理器"窗口中展开"数据库"结点，可以看到所创建的数据库，例如 JXGL。展开 JXGL 结点，右击"表"结点，在弹出的快捷菜单中选择"新建表"命令，进入"表设计器"窗口。

（2）在"列名"列中输入各个字段的名称，如输入表 S 的各个字段名；在"数据类型"列中选择相应的数据类型并输入字段长度。如果"允许 NULL 值"列中的复选框处于未勾选状态，表明该字段不允许"空值"，如图 5.8 所示。

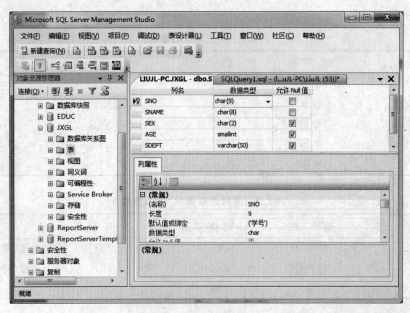

图 5.8　"表设计器"窗口

（3）单击"保存"按钮，并在弹出的"选择名称"对话框中输入表名，本例中输入表名 S，如图 5.9 所示。然后单击"确定"按钮，保存数据表。

对于表 SC 和表 C，可以用相同的方法创建。

图 5.9 "选择名称"对话框

（4）如果需要修改表结构，展开"数据库"结点，在需要修改的表上右击，从弹出的快捷菜单中选择"设计"命令，重新打开表设计器进行上述操作即可。

2）创建完整性约束

数据完整性约束是数据库设计方面的一个非常重要的问题，数据完整性代表数据的正确性、一致性与可靠性。实施完整性的目的在于确保数据的质量，约束是保证数据完整性的重要方法。

在 SQL Server 中，根据数据完整性所作用的数据库对象和范围的不同，可以将数据完整性分为以下类型：

（1）实体完整性。该类完整性把表中的每行看作一个实体，要求所有行都具有唯一性。

（2）域完整性。该类完整性要求表中指定列的数据具有正确的数据类型、格式和有效的数据范围。

（3）参照完整性。该类完整性维持被参照表和参照表之间的数据一致性。

在 SQL Server 中，可以通过建立约束等措施来实现数据完整性约束，约束包括主键（PRIMARY KEY）约束、唯一性（UNIQUE）约束、检查（CHECK）约束、默认值（DEFAULT）约束和外键（FOREIGN KEY）约束 5 种类型。

（1）创建主键约束。表中的主键经常为一列或多列属性的组合，其值能唯一地标识表中的每一行。一个表只能有一个主键，而且主属性不能为空值。在表设计器中可以创建和删除主键约束，具体方法如下：

在表设计器中单击要定义为主键的列，如果要设置多列为主键，则选中所有主键列（按住 Ctrl 或 Shift 键单击其他列）右击，在弹出的快捷菜单中选择"设置主键"命令，这时，主键列的左边会显示"黄色钥匙"图标，表示完成主键设置。

在表设计器中选择主键列，然后右击，在弹出的快捷菜单中选择"删除主键"命令，则删除了表的主键。

（2）创建唯一性约束。唯一性约束用来限制不受主键约束的列上的数据的唯一性。一个表上可以放置多个唯一性约束，唯一性约束可以用于允许空值的列。

在表设计器中可以创建和删除唯一性约束。例如，当学生表 S 中的 SNAME 列的值不能有重复值时，可以设置唯一性约束，操作步骤如下：

① 在 S 表设计器中右击，在弹出的快捷菜单中选择"索引/键"命令，弹出"索引/键"对话框。

② 在弹出的"索引/键"对话框中单击"添加"按钮添加新的主键、唯一键或索引；在"（常规）"栏的"类型"右边选择"唯一键"，在列的右边单击圆按钮，选择列名 SNAME 和排序规律 ASC（升序）或 DESC（降序），如图 5.10 所示。

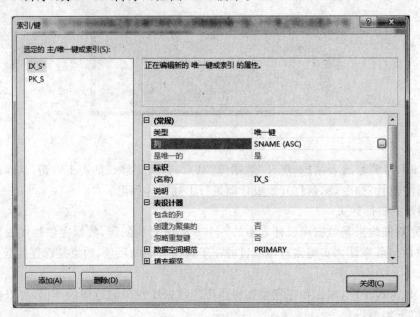

图 5.10 "索引/键"对话框

③ 设置完成后，单击"关闭"按钮返回表设计窗口，然后单击工具栏中的"保存"按钮，即完成唯一性约束的创建。

（3）创建检查约束。检查约束用于限制输入一列或多列值的范围，从逻辑表达式判断数据的有效性，限制不满足检查约束条件的数据的输入。

例如，在学生表 S 中的 AGE 列，大学生的年龄一般在 15～35 岁，可以通过检查约束来完成。具体方法如下：

在表设计器中右击任意列，在快捷菜单中选择"CHECK 约束"命令，在弹出的"CHECK 约束"对话框中单击"添加"按钮，在"表达式"文本框中输入检查表达式"[AGE]>＝15 AND [AGE]<＝35"，然后进行其他选项的设置，如图 5.11 所示。最后单击"关闭"按钮完成设置。

（4）创建默认值约束。若表的某列定义了默认值约束，用户在插入新的数据行时，如果没有为该列指定数据，那么系统就将默认值赋给该列，当然，该默认值也可以是空值（NULL）。

例如，把学生表 S 的 SEX 列的默认值设置为"男"，具体方法如下：

在表设计器中选择需要设置默认值的列，在下面"列属性"的"默认值或绑定"栏中输入默认值"男"，然后单击工具栏中的"保存"按钮，即完成默认值约束的创建。

（5）创建外键约束。外键约束用于建立和加强两个表（主表和从表）的一列或多列数据之间的链接，当添加、修改或删除数据时，通过外键约束保证它们之间数据的一致性。

定义外键约束是先定义主表的主键，再对从表定义外键约束。

例如，在课程选修表 SC 中定义外键 SNO、CNO。外键约束要求 SC. SNO 的值必须在 S. SNO 中，SC. CNO 的值必须在 C. CNO 中。设置外键约束的操作步骤如下：

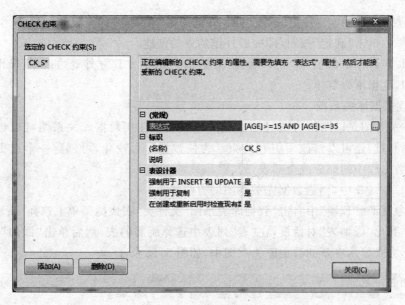

图 5.11　设置检查约束

① 在 SC 的表设计器中选择要设置外键的列 SNO，然后右击，在快捷菜单中选择"关系"命令，弹出"外键关系"对话框。

② 在"外键关系"对话框中单击"添加"按钮，增加新的外键关系，并对新增的外键关系进行设置。

③ 单击"表和列规范"栏右边的■按钮，弹出"表和列"对话框。在"表和列"对话框中，如果想重新命名外键约束名，可以在"关系名"文本框中输入新的名称；在"主键表"下拉列表框中选择 S 表，并单击"主键表"的下拉按钮选择其中的 SNO 作为被参照列；在"外键表"文本框中输入当前表名 SC，并单击"外键表"的下拉按钮选择其中的 SNO 作为参照列，如图 5.12 所示。

图 5.12　选择外键关系的约束列

数据库和数据表管理

④ 设置完成后,单击"确定"按钮返回"外键关系"对话框,检查表和列规范、关系名等属性设置无误后,单击"确定"按钮,即完成外键约束的创建。

在 SQL Server 2008 中,也可以通过"数据库关系图"来建立外键约束,其操作方法与上述操作类似,这里不再赘述。

3) 创建数据库关系图

数据库关系图是以图形方式显示数据库的结构。使用数据库关系图可以创建和修改表、列、关系和键,还可以修改索引和约束。为使数据库可视化,可创建一个或更多的关系图,以显示数据库中的部分或全部表、列、键和关系。

在 SQL Server 中,创建数据库关系图的方法如下:

在"对象资源管理器"中右击"数据库关系图"文件夹,在快捷菜单上选择"新建数据库关系图"命令,弹出"添加表"对话框,在"表"列表中选择所需的表,然后单击"添加"按钮,这些表将以图形方式显示在新的数据库关系图中,如图 5.13 所示。

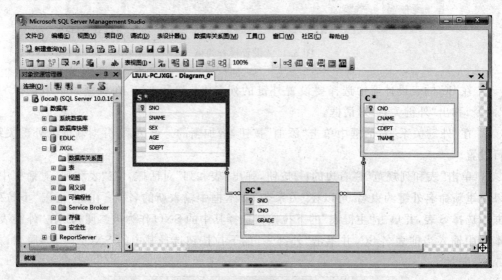

图 5.13　数据库关系图

在数据库关系图中右击关系图的空白处,在弹出的快捷菜单中可以新建表或添加数据库中已定义(未出现在关系图中)的表,也可以继续删除表、修改现有表或更改表关系,直到新的数据库关系图完成为止。

4) 删除表

当某个表不再使用时,可以将其删除以释放数据库空间。表被删除后,它的结构定义、数据、全文索引、约束和索引都将永久地从数据库中删除。表上的默认值将被解除绑定,任何与表关联的约束或触发器将自动删除。

利用 SSMS 工具删除表的方法如下:

展开"对象资源管理器"的文件夹,选择要删除的表右击,从快捷菜单中选择"删除"命令,弹出如图 5.14 所示的"删除对象"对话框,单击"确定"按钮即可删除表。

要注意,当有对象依赖关系时不能删除表。单击"显示依赖关系"按钮会弹出如图 5.15 所示的对话框,它可以分别列出表所依赖的对象和依赖于表的对象。

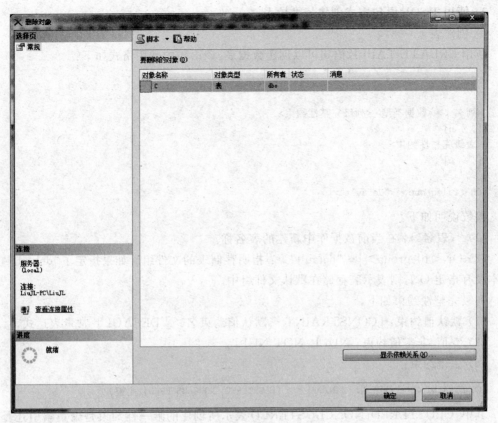

图 5.14 "删除对象"对话框

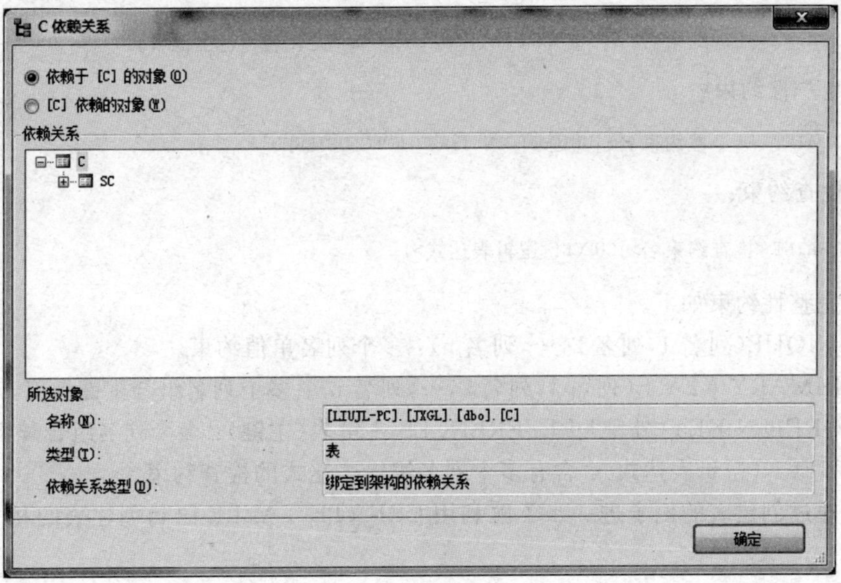

图 5.15 表的依赖关系对话框

2. 使用 T-SQL 语句方式创建与维护表

1) 创建表

使用 CREATE TABLE 语句可以创建数据表,该语句的常用格式如下:

```
CREATE TABLE <表名>
(
 <列名 1> <数据类型> <列级完整性约束>
 [, … n]
 <表级完整性约束>
 [, … n]
)
[ON < filegroup >|<"default">]
```

参数说明如下。

(1) <表名>:在当前数据库中新建的表名称。

(2) ON<filegroup>|<"default">:指明存储表的文件组。如果指定了"default",或根本没有指定 ON,则表示表存储在默认文件组中。

列级完整性约束如下。

(1) 默认值约束:[CONSTRAINT <默认值约束名>] DEFAULT 常量表达式。

(2) 空值/非空值约束:NULL/NOT NULL。

(3) 主键约束:

```
[CONSTRAINT <主键约束名>] PRIMARY KEY [CLUSTERED| NONCLUSTERED](主键)
```

其中,CLUSTERED|NONCLUSTERED 表示所创建的唯一性约束是聚集索引还是非聚集索引,默认为 CLUSTERED(聚集索引)。

(4) 外键约束:

```
[CONSTRAINT <外键约束名>] [FOREIGN KEY] REFERENCES <父表名>[(<主键>)]
```

(5) 唯一性约束:

```
[CONSTRAINT <唯一性约束名>]UNIQUE[CLUSTERED|NONCLUSTERED]
```

(6) 检查约束:

```
[CONSTRAINT <检查约束名>]CHECK(<逻辑表达式>)
```

表级完整性约束如下。

① UNIQUE(列名 1,列名 2,…,列名 n):多个列名单值约束。

② PRIMARY KEY E(列名 1,列名 2,…,列名 n):多个列名组合主键约束。

③ FOREIGN KEY(外键) REFERENCES 主键表(主键):多个列名组合外键约束。

④ CHECK(逻辑表达式):含有多个列名逻辑表达式的检查约束。

下面通过创建表的例子进一步了解利用 CREATE TABLE 语句创建表的相关选项的含义。

例 5.10 创建教学管理数据库 JXGL 的表 S(学生表)和表 SC(课程选修表),其表结构如表 5.1 和表 5.2 所示。

```
USE JXGL
```

```
GO
CREATE TABLE S                                    -- 下面的例子将创建表S
(SNO CHAR(9) NOT NULL                             -- 学号字段,非空约束
    CONSTRAINT PK_SNO PRIMARY KEY CLUSTERED       -- 主键约束
    CHECK(SNO LIKE '200915121[0-9][0-9]'),        -- 检查约束
SNAME CHAR(8) NOT NULL,                           -- 姓名字段,非空约束
SEX CHAR(2) NULL,                                 -- 性别字段
AGE SMALLINT NULL,                                -- 年龄字段
SDEPT VARCHAR(50) NULL                            -- 系别字段
)
GO
USE JXGL
GO
CREATE TABLE C
(CNO CHAR(4) NOT NULL,                            -- 课程编号字段,非空约束
CNAME VARCHAR(50) NOT NULL,                       -- 课程名字段,非空约束
CDEPT VARCHAR(50) NULL,                           -- 成绩字段
TNAME CHAR(8),                                    -- 教师姓名字段
PRIMARY KEY(CNO)                                  -- 主键约束
)
GO

USE JXGL
GO
CREATE TABLE SC
(SNO CHAR(9) NOT NULL,                            -- 学号字段,非空约束
CNO CHAR(4) NOT NULL,                             -- 课程编号字段,非空约束
GRADE REAL NULL,                                  -- 开课单位字段
PRIMARY KEY(SNO,CNO),                             -- 主键约束
FOREIGN KEY(SNO) REFERENCES S(SNO),              -- 外键约束
FOREIGN KEY(CNO) REFERENCES C(CNO)               -- 外键约束
)
GO
```

2) 更改表结构

利用 ALTER TABLE 语句可以更改原有表的结构,该语句的常用格式如下:

```
ALTER TABLE <表名>
[ALTER COLUMN <列名> <列定义>]
|[ADD <列名> <数据类型> <约束>[, … n]]
|[DROP COLUMN <列名>[, … n]]
|[ADD CONSTRAINT <约束名> <约束>[, … n]]
|[DROP CONSTRAINT <约束名>[, … n]]
```

参数说明如下。

(1)<表名>:要修改的表的名称。

(2)<列名>:要修改的字段名。

(3)ALTER COLUMN:修改列的定义子句。

(4)ADD:增加新列或约束子句。

(5)DROP:删除列或约束子句。

注意：在标准的 SQL 中，每个 ALTER TABLE 语句中的每个子句只允许使用一次。

例 5.11 在学生表 S 中，将列 SEX 的原数据长度 2 改为 1。

```
USE JXGL
GO
ALTER TABLE S
ALTER COLUMN SEX CHAR(1) NULL
GO
```

例 5.12 在学生表 S 中，将 AGE 列名改为 BIRTHDAY，数据类型为 DATE。

```
USE JXGL
GO
ALTER TABLE S
DROP COLUMN AGE
GO
ALTER TABLE S
ADD BIRTHDAY DATE
GO
```

ALTER COLUMN 子句一次只能更改一个列的属性，如果需要更改多个列，可以多次使用 ALTER TABLE 语句。在本例中，也可以先删除列 AGE，然后再增加列 BIRTHDAY。

例 5.13 在学生表 S 中删除列 SNO 的主键约束。

```
USE JXGL
GO
ALTER TABLE S
DROP CONSTRAINT PK_SNO
GO
```

3）删除表

利用 DROP TABLE 语句可以删除数据表，该语句的常用格式如下：

```
DROP TABLE <表名>
```

其中，<表名>为所要删除的表的名称。

例 5.14 删除教学管理数据库 JXGL 中的学生表 S。

```
USE JXGL
GO
DROP TABLE S
GO
```

5.3.2 表中数据的维护

在数据库中的表对象建立后，用户对表中数据的维护可以归纳为 4 个基本操作：添加或插入新数据、检索现有数据、更改或更新现有数据和删除现有数据。其中，检索操作通常也称为查询（Query），将在第 6 章详细讲解。对表中数据的维护也有两种方法，一是使用 SSMS 工具，二是使用 T-SQL 语句。对于使用 SSMS 工具进行表的数据维护，与前面介绍的使用 SSMS 工具创建表等类似，右击需要操作的表，在弹出的快捷菜单中选择"编辑前

200 行"命令,再选择相关操作,即可完成数据的插入、修改和删除表中数据的操作。下面重点介绍表中数据维护的 T-SQL 语句。

1. 插入表数据

利用 INSERT 语句可以更改原有表的结构,该语句的常用格式如下:

```
INSERT INTO <表名>[(<列名>[,… n])]
VALUES(<常量表达式>|NULL|DEFAULT[,… n])
```

参数说明如下。

(1)<表名>:要插入数据的表名称。

(2)<列名>:要插入数据所对应的字段名,字段名表的顺序可以与表的列顺序不同。如果向表中的部分列插入数据,则相应的字段名表不能省略;如果向表中的所有列插入数据且字段顺序与表结构相同,则字段名可以省略。

(3)<常量表达式>:与列名对应的字段的值,字符型和日期型的值需要用单引号括起来,值与值之间用逗号分隔。

注意:INSERT … VALUES 语句一次只能插入一行数据。

例 5.15 在教学管理数据库 JXGL 中,向学生表 S 中插入记录('S1','程晓晴','F',21,'CS')。

```
USE JXGL
INSERT INTO S(SNO,SNAME,SEX,AGE,SDEPT)
VALUES('S1','程晓晴','F',21,'CS')
GO
```

或

```
USE JXGL
INSERT INTO S
VALUES('S1','程晓晴','F',21,'CS')
GO
```

2. 修改表数据

利用 UPDATE 语句可以更改原有表的数据,该语句的常用格式如下:

```
UPDATE <表名>
SET <列名> = <表达式>[,… n]
[WHERE <逻辑表达式>]
```

参数说明如下。

(1)<表名>:要修改数据的表名称。

(2)<列名>:要修改数据所对应的字段名。

(3)<表达式>:要修改的新值。如果新值违反了约束或与修改列的数据类型不兼容,则取消该语句,并返回错误提示。

(4)<逻辑表达式>:更新条件,只有满足条件的记录才会被更新,如果不设置,则更新所有的记录。

数据库和数据表管理

例 5.16 在教学管理数据库 JXGL 中,把学生表 S 中学号为"S2"的学生的姓名改为"姜芸"、年龄改为 22。

```
USE JXGL
UPDATE S
SET SNAME = '姜芸', AGE = 22
WHERE SNO = 'S2'
GO
```

3. 删除表数据

利用 DELETE 语句可以删除原有表的数据,该语句的常用格式如下:

```
DELETE FROM <表名>
[ WHERE <逻辑表达式>]
```

参数说明如下。

(1) <表名>:要删除数据的表名称。

(2) <逻辑表达式>:删除条件,只有满足条件的记录才会被删除,如果不设置此选项,则删除所有记录。

使用 DELETE 语句可以从表中删除一条或多条记录。如果有关联表存在,那么在删除表时,应该首先删除外键表中的相关记录,然后再删除主键表中的记录。

例 5.17 在教学管理数据库 JXGL 中,删除学生表 S 中姓名为"张丽"的学生的记录。

```
USE JXGL
GO
DELETE S
WHERE SNAME = '张丽'
GO
```

5.3.3　数据库数据的导入与导出

通过"导入"和"导出"数据的操作可以在 SQL Server 2008 数据库和其他类数据源(如 Excel 或 Oracle 数据库)之间进行数据的移动。"导出"是指将 SQL Server 表中的数据复制到其他数据类型文件中;而"导入"是将其他数据文件中的数据加载到 SQL Server 表中。对 SQL Server 数据库进行数据"导出"和"导入"的方法比较多,如利用 SSMS 工具的向导、SQL Server 存储过程和用户定义函数等。下面介绍利用 SSMS 工具和 Excel 类型文件进行数据的"导出"和"导入"。

1. 数据库数据的导出

下面用一个例子来说明 SQL Server 2008 的数据导出操作。

例 5.18 将教学管理数据库 JXGL 学生表 S 中的数据导出到 Excel 文件"D:\JXGLSYS\学生记录表. xls"中。

(1) 在"对象资源管理器"中展开数据库,右击要导出数据所在的数据库,在快捷菜单中选择"任务"→"导出数据"命令,弹出"SQL Server 导入和导出向导"对话框,然后单击"下一步"按钮,弹出"选择数据源"对话框,如图 5.16 所示。

(2) 在这里由于是本地服务器,所以在"服务器名称"下拉列表框中输入"Local",在"身

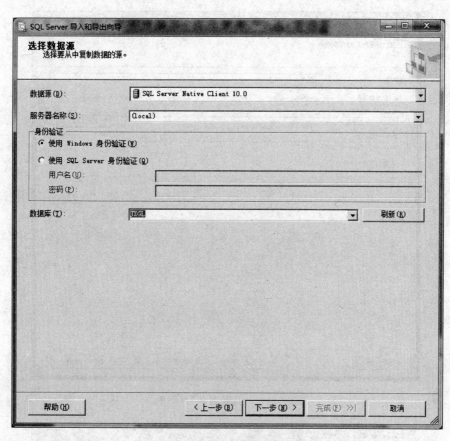

图 5.16 "选择数据源"对话框

份验证"项中选中"使用 Windows 身份验证"单选按钮,在"数据库"下拉列表框中输入 "JXGL",单击"下一步"按钮,弹出"选择目标"对话框。

（3）单击"目标"下拉列表框,选择"Microsoft Excel"选项,会出现图 5.17 中的"Excel 连接设置"项,在这里的"Excel 文件路径"文本框中输入"D:\JXGLSYS\学生信息表. xls", 单击"下一步"按钮,弹出"指定复制或查询"对话框。

（4）单击"下一步"按钮,弹出"选择源表和源视图"对话框,选中 S 表名前面的复选框, 如图 5.18 所示。

（5）单击"下一步"按钮,弹出"查看数据类型映射"对话框。

（6）单击"下一步"按钮,弹出"保存并执行包"对话框,选择"立即运行"项（默认）,单击 "下一步"按钮,弹出"完成该向导"对话框。

（7）单击"完成"按钮,弹出"执行成功"对话框,如图 5.19 所示。最后,单击"关闭"按钮 即可。

2. 数据库数据的导入

数据的导入是将其他格式的数据（例如文本数据、Access、Excel 或 FoxPro 等）导入到 SQL Server 数据库中。

导入向导与导出向导的使用方法基本相同,在此不再赘述。

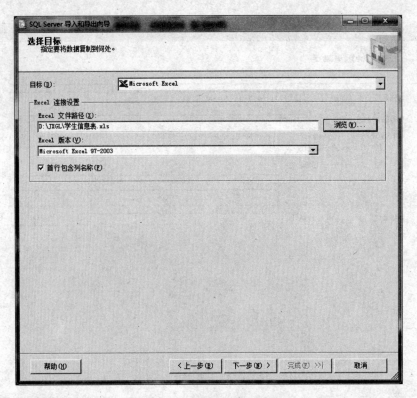

图 5.17 "选择目标"对话框

图 5.18 "选择源表和源视图"对话框

图 5.19 "执行成功"对话框

习　题　5

1. 名词解释：

主数据文件　辅助数据文件　主文件组　默认文件组　数据完整性约束

2. 简述创建表结构时常用数据类型的主要作用。

3. 简述各种约束对表中数据的作用。

4. SQL Server 2008 支持的数据完整性约束有哪几类？各有什么作用？

5. 在图书销售数据库中有表结构 BOOK(BOOK_ID, BOOK_NAME, PRICR) 和 AUTHOR(AUTHOR_NAME, BOOK_ID, ADDRESS)，写出完成下列操作的 T-SQL 语句。

(1) 设置 BOOK 中的 BOOK_ID 为主键。

(2) 设置 AUTHOR 中的 BOOK_ID 为外键。

(3) 在表 BOOK 中插入数据('1203','数据库系统与应用教程',32.8)。

(4) 修改表 BOOK 中的 BOOK_ID 为"1013"的 PRICR，使之为原 PRICR 的 0.75 倍。

(5) 删除表 AUTHOR 中的 AUTHOR_NAME 为"王昌辉"的记录。

数据库和数据表管理

第6章 数据查询

数据查询也称为数据检索,它是数据库应用程序开发的重要组成部分,因为设计数据库并用数据进行填充后,需要利用查询来使用数据。在 SQL Server 2008 中,查询数据是通过 SELECT 语句来实现的,它能够从服务器的数据库中检索出符合用户要求的数据,并以结果集的方式返回到客户端。

本章利用例 2.1 中的教学管理数据库来说明数据查询的各种用法。

6.1 基 本 查 询

SELECT 语句是 T-SQL 语言从数据库中获取信息的一个基本语句,该语句可以实现从一个或多个数据库的一个或多个表中查询信息,并将结果显示为另外一个表的形式,称之为结果集(result set)。基本查询是利用单表查询,所谓单表查询是指仅涉及一个表的查询。

6.1.1 SELECT 查询语句的结构

SELECT 语句的功能非常强大,其选项也非常丰富,同时 SELECT 语句的完整句法也非常复杂。为了直观地了解 SELECT 语句,本节介绍 SELECT 语句的基本使用格式。

SELECT 查询的基本语句包含要返回的列、要选择的行、放置行的顺序和如何将信息分组的规范,其语句格式如下:

```
SELECT [ALL|DISTINCT][TOP n[PERCENT]]<目标列表达式>[, … n]
[INTO <新表名>]
FROM <表名>|<视图名>[, … n]
[WHERE <条件表达式>]
[GROUP BY <列名 1>[HAVING <条件表达式>]]
[ORDER BY <列名 2>[ASC|DESC]];
```

参数说明如下。

(1) ALL:表示输出所有记录,包括重复记录。DISTINCT 表示输出无重复结果的记录。TOP n [PERCENT]指定返回查询结果的前 n 行数据,如果指定 PERCENT 关键字,则返回查询结果的前 $n\%$ 行数据。

(2) <目标列表达式>:描述结果集的列,它指定了结果集中要包含的列的名称。

(3) INTO <新表名>:指定使用结果集来创建新表,<新表名>指定新表的名称。

(4) FROM <表名>|<视图名>:该子句指定从中查询到结果集数据的源表名或源视图名。

（5）WHERE＜条件表达式＞：该子句是一个筛选条件，它定义了源表或源视图中的行要满足 SELECT 语句的要求所必须达到的条件。

（6）GROUP BY＜列名1＞：该子句将结果按＜列名1＞的值进行分组，该属性列值相等的元组为一个组，通常需要在每个组上取聚集函数值。

（7）HAVING＜条件表达式＞：该子句是应用于结果集的附加筛选，用来向使用GROUP BY 子句的查询中添加数据过滤准则。

（8）ORDER BY＜列名2＞［ASC｜DESC］：该子句定义了结果集中行的排列顺序，升序使用 ASC 关键字，降序使用 DESC 关键字，默认为升序。

基本语句 SELECT…FROM…WHERE 的含义是：根据 WHERE 子句的条件表达式，从 FROM 子句指定的基本表或视图中找出满足条件的元组，再按 SELECT 子句中的目标列表达式选出元组中的属性值形成结果表。

其实，SELECT 句型是从关系代数表达式演变而来的。在关系代数中最常用的式子是下列表达式：

$$\Pi_{A1 \cdots An}(\sigma_F(R_1 \times \cdots \times R_m))$$

这里 $R_1,\cdots,R_m$ 为关系，F 是条件表达式，$A_1,\cdots,A_n$ 为属性。

针对上述表达式，相应的 SELECT…FROM…WHERE 句型为：

```
SELECT A₁, … , Aₙ
FROM R₁, … , Rₘ
WHERE F
```

6.1.2　简单查询

简单查询是指不带任何子句的单表查询。

1. 查询指定列

在很多情况下，用户只对表中的一部分属性列感兴趣，这时可以通过在 SELECT 子句的＜目标列表达式＞中指定要查询的属性列。

例 6.1　查询全体学生的学号与姓名。

```
USE JXGL
GO
SELECT SNO, SNAME
FROM S
GO
```

该语句的执行过程可以是这样的：从 S 表中取出一个元组，再取出该元组在属性 SNO 和 SNAME 上的值，形成一个新的元组作为输出。接着对 S 表中的所有元组做相同的处理，最后形成一个结果关系作为输出。

例 6.2　查询全体学生的姓名、学号、所在系。

```
USE JXGL
GO
SELECT SNAME, SNO, SDEPT
FROM S
```

```
GO
```

＜目标列表达式＞中各列的先后顺序可以与源表中的顺序不一致,用户可以根据应用的需要改变列的显示顺序。本例中先列出姓名,再列出学号和所在系。

2. 查询全部列

将表中的所有属性列都选出来,有两种方法。一种方法就是在 SELECT 关键字后面列出所有列名;另一种方法是如果列的显示顺序与其在基表中的顺序相同,也可以简单地将＜目标列表达式＞指定为"＊"。

例 6.3 查询全体学生的详细记录。

```
USE JXGL
GO
SELECT *
FROM S
GO
```

等价于：

```
USE JXGL
GO
SELECT SNO,SNAME,SEX,AGE,SDEPT
FROM S
GO
```

3. 查询经过计算的值

SELECT 子句的＜目标列表达式＞不仅可以是表中的属性列,也可以是算术表达式,还可以是字符串常量、函数等。

例 6.4 查询全体学生的姓名及其出生年份。

```
USE JXGL
GO
SELECT SNAME,YEAR(GETDATE()) - AGE
FROM S
GO
```

查询结果中第 2 列不是列名而是一个计算表达式,是用当前的年份减去学生的年龄,这样,所得的即是学生的出生年份。输出的结果如图 6.1 所示。

例 6.5 查询全体学生的姓名、出生年份和所在的院系,要求用小写字母表示所有系名。

图 6.1 显示出生年份

```
USE JXGL
GO
SELECT SNAME,'Year of Birth: ',YEAR(GETDATE()) - AGE,LOWER(SDEPT)
FROM S
GO
```

查询结果如图 6.2 所示。

用户可以通过指定别名来改变查询结果的列标题,这对于含有算术表达式、常量、函数

名的目标列表达式是很有用处的。例如对于上例,可以如下定义列别名:

```
USE JXGL
GO
SELECT SNAME,'Year of Birth: ' AS 'BIRTH',YEAR(GETDATE()) - AGE AS 'BIRTHDAY',LOWER(SDEPT) AS '
DEPARTMENT'
FROM S
GO
```

查询结果如图 6.3 所示。

<table>
<tr><td colspan="2">📋 结果 📋 消息</td></tr>
<tr><td></td><td>SNAME</td><td>(无列名)</td><td>(无列名)</td><td>(无列名)</td></tr>
<tr><td>1</td><td>程晓晴</td><td>Year of Birth:</td><td>1992</td><td>cs</td></tr>
<tr><td>2</td><td>吴玉江</td><td>Year of Birth:</td><td>1992</td><td>ei</td></tr>
<tr><td>3</td><td>于金凤</td><td>Year of Birth:</td><td>1993</td><td>cm</td></tr>
<tr><td>4</td><td>姜云</td><td>Year of Birth:</td><td>1993</td><td>is</td></tr>
<tr><td>5</td><td>李小刚</td><td>Year of Birth:</td><td>1992</td><td>cs</td></tr>
<tr><td colspan="5">RTM) | LiuJL-PC\LiuJL (55) | JXGL | 00:00:00 | 11 行</td></tr>
</table>

图 6.2　利用表达式、常量和函数查询

<table>
<tr><td colspan="2">📋 结果 📋 消息</td></tr>
<tr><td></td><td>SNAME</td><td>BIRTH</td><td>BIRTHDAY</td><td>DEPARTMENT</td></tr>
<tr><td>1</td><td>程晓晴</td><td>Year of Birth:</td><td>1992</td><td>cs</td></tr>
<tr><td>2</td><td>吴玉江</td><td>Year of Birth:</td><td>1992</td><td>ei</td></tr>
<tr><td>3</td><td>于金凤</td><td>Year of Birth:</td><td>1993</td><td>cm</td></tr>
<tr><td>4</td><td>姜云</td><td>Year of Birth:</td><td>1993</td><td>is</td></tr>
<tr><td>5</td><td>李小刚</td><td>Year of Birth:</td><td>1992</td><td>cs</td></tr>
<tr><td colspan="5">(10.0 RTM) | LiuJL-PC\LiuJL (55) | JXGL | 00:00:00 | 11 行</td></tr>
</table>

图 6.3　改变列查询结果列标题

　　两个本来并不完全相同的元组,投影到指定的某些列上后,可能变成相同的元组,可以用 DISTINCT 取消它们。

　　例 6.6　查询选修了课程的学生的学号。

```
USE JXGL
GO
SELECT SNO
FROM SC
GO
```

执行上面的 SELECT 语句,查询结果如图 6.4 所示。

该查询结果中包含了许多重复的元组。如果想去掉结果表中的重复行,必须指定DISTINCT 关键词:

```
USE JXGL
GO
SELECT DISTINCT SNO
FROM SC
GO
```

执行上面的 SELECT 语句后,查询结果如图 6.5 所示。

图 6.4　查询学号显示结果

图 6.5　去掉重复行显示结果

137

如果没有指定 DISTINCT 关键词,则默认为 ALL,即保留结果表中取值重复的元组。例如:

```
SELECT SNO
FROM SC
```

等价于:

```
SELECT ALL SNO
FROM SC
```

6.1.3 带有 WHERE 子句的查询

用户可以通过 WHERE 子句实现查询满足指定条件的元组。WHERE 子句常用的查询条件由 4.4.2 节的运算符构成逻辑表达式。

1. 比较大小

WHERE 子句由比较运算符构成。

例 6.7 查询计算机科学系(CS)全体学生的名单。

```
USE JXGL
GO
SELECT SNAME
FROM S
WHERE SDEPT = 'CS'
GO
```

SQL Server 执行该查询的一种可能过程是:对 S 表进行全表扫描,取出一个元组,检查该元组在 SDEPT 列的值是否等于"CS"。如果相等,则取出 SNAME 列的值形成一个新的元组输出,否则跳过该元组,取下一个元组。

例 6.8 查询所有年龄在 20 岁以下的学生的姓名及其年龄。

```
USE JXGL
GO
SELECT SNAME,AGE
FROM S
WHERE AGE < 20
GO
```

例 6.9 查询考试成绩有不及格的学生的学号。

```
USE JXGL
GO
SELECT DISTINCT SNO
FROM SC
WHERE GRADE < 60
GO
```

这里使用了 DISTINCT 短语,当一个学生有多门课程不及格时,他的学号也只列出一次。

2. 确定范围

语句 BETWEEN…AND… 和 NOT BETWEEN…AND… 可以用来查找属性值在(或不在)指定范围内的元组,其中,BETWEEN 后是范围的下限(即低值),AND 后是范围的上限(即高值)。

例 6.10　查询年龄在 20～23 岁(包括 20 岁和 23 岁)的学生的姓名、系别和年龄。

```
USE JXGL
GO
SELECT SNAME,SDEPT,AGE
FROM S
WHERE AGE BETWEEN 20 AND 23
GO
```

与 BETWEEN…AND… 相对的语句是 NOT BETWEEN…AND…。

例 6.11　查询年龄不在 20～23 岁的学生的姓名、系别和年龄。

```
USE JXGL
GO
SELECT SNAME,SDEPT,AGE
FROM S
WHERE AGE NOT BETWEEN 20 AND 23
GO
```

3. 确定集合

运算符 IN 可以用来查找属性值属于指定集合的元组。

例 6.12　查询计算机科学系(CS)、数学系(MA)和信息系(IS)学生的姓名和性别。

```
USE JXGL
GO
SELECT SNAME,SEX
FROM S
WHERE SDEPT IN('CS','MA','IS')
GO
```

与 IN 相对的运算符是 NOT IN,用于查找属性值不属于指定集合的元组。

例 6.13　查询既不是计算机科学系(CS)、数学系(MA),也不是信息系(IS)的学生的姓名和性别。

```
USE JXGL
GO
SELECT SNAME,SEX
FROM S
WHERE SDEPT NOT IN('CS','MA','IS')
GO
```

4. 字符匹配

运算符 LIKE 可以用来进行字符串的匹配。一般语法格式如下:

```
[NOT] LIKE '<匹配串>'[ESCAPE '<换码字符>']
```

其含义是查找指定的属性列值与<匹配串>相匹配的元组。<匹配串>可以是一个完整的字符串，也可以含有通配符％和＿。

（1）％（百分号）：代表任意长度（长度可以为 0）的字符串。例如，a％b 表示以 a 开头、以 b 结尾的任意长度的字符串。acb、addgb、ab 等都满足该匹配串。

（2）＿（下划线）：代表任意单个字符或汉字。例如，a＿b 表示以 a 开头、以 b 结尾的长度为 3 的任意字符串。acb、a 王 b 等都满足该匹配串。

例 6.14 查询学号为"S3"的学生的详细情况。

```
USE JXGL
GO
SELECT *
FROM S
WHERE SNO LIKE 'S3'
GO
```

等价于：

```
USE JXGL
GO
SELECT *
FROM S
WHERE SNO = 'S3'
GO
```

如果 LIKE 后面的匹配串中不含通配符，则可以用"="（等于）运算符取代 LIKE，用"<>"（不等于）运算符取代 NOT LIKE。

例 6.15 查询所有姓"刘"的学生的姓名、学号和性别。

```
USE JXGL
GO
SELECT SNAME,SNO,SEX
FROM S
WHERE SNAME LIKE '刘％'
GO
```

例 6.16 查询姓"李"且全名最多为 3 个汉字的学生的姓名。

```
USE JXGL
GO
SELECT SNAME
FROM S
WHERE SNAME LIKE '李＿＿'
GO
```

例 6.17 查询所有不姓"李"的学生的姓名。

```
USE JXGL
GO
SELECT SNAME
FROM S
```

```
WHERE SNAME NOT LIKE '李%'
GO
```

5. 涉及空值的查询

例 6.18　某些学生选修课程后没有参加考试,所以有选课记录,但没有考试成绩,查询缺少成绩的学生的学号和相应的课程号。

```
USE JXGL
GO
SELECT SNO,CNO
FROM SC
WHERE GRADE IS NULL              -- 分数 GRADE 是空值
GO
```

注意：这里的"IS"不能用等号(=)代替。

例 6.19　查询所有有成绩的学生的学号和课程号。

```
USE JXGL
GO
SELECT SNO,CNO
FROM SC
WHERE GRADE IS NOT NULL
GO
```

6. 多重条件查询

用户可以用逻辑运算符 AND 和 OR 来连接多个查询条件。AND 的优先级高于 OR,但可以用括号改变优先级。

例 6.20　查询计算机科学系(CS)中年龄在 22 岁以下的学生的姓名。

```
USE JXGL
GO
SELECT SNAME
FROM S
WHERE SDEPT = 'CS' AND AGE < 22
GO
```

在例 6.12 中,IN 运算符实际上是多个 OR 运算符的缩写,因此例 6.12 中的查询也可用 OR 运算符写成以下等价形式：

```
USE JXGL
GO
SELECT SNAME,SEX
FROM S
WHERE SDEPT = 'CS' OR SDEPT = 'MA' OR SDEPT = 'IS'
GO
```

6.1.4　带有 ORDER BY 子句的查询

用户可以用 ORDER BY 子句对查询结果按照一个或多个属性列的升序(ASC)或降序(DESC)排列,默认值为 ASC。

例 6.21 查询选修了课程号为"C3"的课程的学生的学号及成绩,查询结果按分数的降序排列。

```
USE JXGL
GO
SELECT SNO,GRADE
FROM SC
WHERE CNO = 'C3'
ORDER BY GRADE DESC
GO
```

对于空值,若按升序排列,含有空值的元组将在最前面显示;若按降序排列,空值的元组将在最后面显示。

例 6.22 查询全体学生情况,查询结果按所在系的系部名升序排列,同一系部中的学生按年龄降序排列。

```
USE JXGL
GO
SELECT *
FROM S
ORDER BY SDEPT,AGE DESC
GO
```

6.1.5 带有 GROUP BY 子句的查询

在实际应用中,经常需要将查询结果进行分组,然后再对每个分组利用统计函数进行统计。SELECT 的 GROUP BY 子句和 HAVING 子句用来实现分组统计,GROUP BY 子句可以将查询结果按属性列或属性组合对元组进行分组,每组元组在属性或属性列组合上具有相同的统计函数值。在利用 GROUP BY 对记录进行分组之后,HAVING 将显示由满足 HAVING 子句条件的 GROUP BY 子句进行分组的任何记录。

1. 简单分组查询

如果指定 DISTINCT 短语,则表示在计算时要取消指定列中的重复值;如果不指定 DISTINCT 短语或指定 ALL 短语(ALL 为默认值),则表示不取消重复值。

例 6.23 查询表 S 中的男、女学生的人数。

```
USE JXGL
GO
SELECT SEX AS '性别',COUNT( * ) AS '人数'
FROM S
GROUP BY SEX
GO
```

例 6.24 查询选修每门课程的课程号及参加该门课程考试的学生的总人数。

```
USE JXGL
GO
SELECT CNO,COUNT( * ) AS '人数'
FROM SC
```

```
WHERE GRADE IS NOT NULL
GROUP BY CNO
GO
```

该查询在 WHERE 语句中给出了已经参加考试有了成绩的学生的人数。

注意：在统计函数遇到空值时，除了 COUNT（ * ）外，都跳过空值只处理非空值。

2．带 HAVING 子句的分组查询

在完成数据结果的查询和统计后，可以使用 HAVING 关键字对查询和统计的结果进行进一步的筛选。

例 6.25　查询出选课人数超过 8 人的课程号。

```
USE JXGL
GO
SELECT CNO AS '课程号',COUNT(SNO) AS '人数'
FROM SC
GROUP BY CNO
HAVING COUNT(SNO)> = 8
GO
```

该语句对查询结果按 CNO 的值分组，所有具有相同 CNO 值的元组为一组，然后对每一组用统计函数 COUNT 计算，以求得该组的学生人数，最后利用 HAVING 语句进行筛选，查询结果如图 6.6 所示。

例 6.26　查询选修了 4 门以上课程的学生的学号。

```
USE JXGL
GO
SELECT SNO
FROM SC
GROUP BY SNO
HAVING COUNT( * )>4
GO
```

这里先用 GROUP BY 子句按 SNO 进行分组，再用统计函数 COUNT 对每一组计数。HAVING 短语给出了选择组的条件，只有满足条件（即元组个数＞4，表示此学生选修的课超过 4 门）的组才会被选出来。查询结果如图 6.7 所示。

图 6.6　例 6.25 的查询结果

图 6.7　例 6.26 的查询结果

WHERE 子句与 HAVING 短语的区别在于作用对象不同。WHERE 子句作用于基本表或视图，从中选择满足条件的元组；HAVING 短语作用于组，从中选择满足条件的组。

6.1.6 输出结果选项

用户可以利用 TOP 语句输出查询结果集的前面的若干行元组,也可以利用 INTO 语句将查询结果集输出到一个新建的数据表中。

1. 输出前 *n* 行

用户可以通过 TOP n 语句输出 SELECT 查询结果集的前 *n* 个元组,或者加上 TOP n PERCENT 输出结果集的一部分,*n* 为结果集中输出元组总数的百分比。

例 6.27 从 SC 表中输出学习"C1"号课程的成绩在前 3 名的学生的学号和成绩。

```
USE JXGL
GO
SELECT TOP 3 SNO,GRADE
FROM SC
WHERE CNO = 'C1'
ORDER BY GRADE DESC
GO
```

该程序先按照学生学习"C1"号课程的成绩降序排序,再输出前 3 个元组的学号和成绩值。

例 6.28 在 SC 表中查询总分排在前面 20% 的学生的学号和总分。

```
USE JXGL
GO
SELECT TOP 20 PERCENT SNO,SUM(GRADE) AS '总分'
FROM SC
GROUP BY SNO
ORDER BY SUM(GRADE) DESC
GO
```

该程序先把每个学生的总分求出来,再进行降序排序,最后输出前面总人数的 20% 个元组。

2. 查询结果集输出到新建表中

INTO 子句用于把查询结果存放到一个新建的表中,新建的表名由<新表名>给出,新表的列由 SELECT 子句中指定的列构成。

例 6.29 将 SC 表中所有成绩不及格的学生的学号都存入 GRADE_NPASS 表中。

```
USE JXGL
GO
SELECT DISTINCT(SNO) INTO GRADE_NPASS
FROM SC
WHERE GRADE < 60
GO
```

这里用 DISTINCT 选项排除了如果一个人有多门不及格的课程,学号只输出一次的情况。INTO 语句使得 SQL Server 系统创建了一个新表 GRADE_NPASS(SNO CHAR(9) NOT NULL)。

6.1.7 联合查询

如果有多个不同的查询结果集,又希望将它们按照一定的关系连接在一起,组成一组数据,这时可以用集合运算来实现,这也是关系代数中集合运算的具体实现。在 SQL Server 2008 中,T-SQL 提供的集合运算符有 UNION(并)、INTERSECT(交)、EXCEPT(差)。参加联合查询操作的各查询结果的列数必须相同,对应项的数据类型也必须相同。

1. 集合并运算

集合并运算是将来自不同查询的结果集组合起来,形成一个具有综合信息的查询结果集(并集),UNION 操作会自动将重复的元组去除。

例 6.30　查询选修了"C1"号课程或者选修了"C2"号课程的学生的学号。

```
USE JXGL
GO
SELECT SNO
FROM SC
WHERE CNO = 'C1'
UNION
SELECT SNO
FROM SC
WHERE CNO = 'C2'
GO
```

2. 集合交运算

集合交运算是将来自不同查询结果集中共有的元组组合起来,形成一个具有综合信息的查询结果集(交集)。

例 6.31　查询既选修了"C1"号课程又选修了"C3"号课程的学生的学号。

```
USE JXGL
GO
SELECT SNO
FROM SC
WHERE CNO = 'C1'
INTERSECT
SELECT SNO
FROM SC
WHERE CNO = 'C3'
GO
```

3. 集合差运算

集合差运算是将属于左查询结果集但不属于右查询结果集的元组组合起来,形成一个具有综合信息的查询结果集(差集)。

例 6.32　查询选修了"C1"号课程但没有选修"C3"号课程的学生的学号。

```
USE JXGL
GO
SELECT SNO
FROM SC
WHERE CNO = 'C1'
EXCEPT
SELECT SNO
FROM SC
WHERE CNO = 'C3'
GO
```

6.2 多表查询

前面的查询都是针对一个表进行的。若一个查询同时涉及两个以上的表，则称之为多表查询，多表查询是关系数据库中最主要的查询。在多表查询中，如果要引用不同关系中的同名属性，需要在属性名前加关系名，即用"关系名.属性名"的形式表示，以便区分。多表查询分为连接查询和嵌套查询两种类型。

6.2.1 连接查询

从两个或两个以上的表中对符合某些条件的元组进行连接查询操作称为连接查询。在SQL Server 中，可以用两种方法实现连接查询。一种是使用 FROM…WHERE 子句，这是早期的 SQL Server 连接查询语句（随着数据库语言的规范和发展，已经逐渐被淘汰，比较新的数据库语言基本上抛弃了该连接形式的语句），连接条件在 WHERE 子句的逻辑表达式中；另一种是 ANSI 连接查询语句，在 FORM 子句中使用 JOIN…ON 关键字，连接条件在 ON 之后。

下面介绍 ANSI 连接查询语句。

1. 内连接

内连接是从两个表的笛卡儿积中选出符合连接条件的元组。它使用 INNER JOIN 连接运算符，并且使用 ON 关键字指定连接条件。内连接是一种常用的连接方式，如果在 JOIN 关键字前面没有指定连接类型，那么默认的连接类型就是内连接。内连接的语句格式如下：

```
SELECT <目标列表达式> [, … n]
FROM <表 1> INNER JOIN <表 2>
ON <连接条件表达式>[, … n]
```

注意：连接条件表达式中的各连接字段的类型必须是可比的，但名称不必相同。

例 6.33 查询每个学生及其选修课程的情况。

学生情况存放在 S 表中，学生选课情况存放在 SC 表中，所以本查询实际上涉及 S 和 SC 两个表。这两个表之间的联系是通过公共属性 SNO 实现的。

```
USE JXGL
GO
SELECT S. * , SC. *
FROM S INNER JOIN SC
ON S. SNO = SC. SNO
GO
```

连接条件保证了将 S 与 SC 表中同一学生的元组连接起来。该查询结果如图 6.8 所示。

本例中，在 SELECT 子句与 WHERE 子句的属性名前都加上了表名前缀，这是为了避免混淆。如果属性名在参加连接的各表中是唯一的，则可以省略表名前缀。

SQL Server 执行该连接操作的一种可能过程是：首先在表 S 中找到第一个元组，然后

图 6.8　例 6.33 的查询结果

从头开始扫描 SC 表,逐一查找与 S 的第一个元组的 SNO 相等的 SC 元组,找到后将 S 中的第一个元组与该元组连接起来,形成结果表中的一个元组。SC 全部查找完后,再找 S 中的第二个元组,然后从头开始扫描 SC,逐一查找满足连接条件的元组,找到后将 S 中的第二个元组与该元组连接起来,形成结果表中的一个元组。重复上述操作,直到 S 中的全部元组都处理完毕为止。

例 6.34　查询计算机科学系(CS)的学生所选课程的课程号和平均成绩。

```
USE JXGL
GO
SELECT SC.CNO,ROUND(AVG(SC.GRADE),2) AS 'AVERAGE'
FROM S INNER JOIN SC
ON S.SNO = SC.SNO AND S.SDEPT = 'CS'
GROUP BY CNO
GO
```

为了使平均成绩四舍五入保留两位小数,引入了函数 ROUND()。本例的查询结果如图 6.9 所示。

例 6.35　在 SC 表中,查询选修"C4"课程的成绩高于学号为"S3"的同学成绩的所有学生元组,并按成绩降序排列。

图 6.9　例 6.34 的查询结果

```
USE JXGL
GO
SELECT a.SNO,a.CNO,a.GRADE
FROM SC a INNER JOIN SC b
ON a.CNO = 'C4' AND a.GRADE > b.GRADE AND b.SNO = 'S3' AND b.CNO = 'C4'
ORDER BY a.GRADE DESC
GO
```

图 6.10　例 6.35 的查询结果

在 SC 表中,每个元组记录了学生学号、课程号和成绩。此例需要先求出"S3"同学的"C4"课程的成绩,再将选修"C4"课程的所有同学的成绩与"S3"同学的"C4"课程成绩比较,高出的就输出来。这就需要将 SC 表与其自身连接,为此,要为 SC 表取两个别名,一个是 a,另一个是 b。查询结果如图 6.10 所示。

147

数据查询

例 6.36 查询 90 分以上学生的学号、姓名、选修课程号、选修课程名和成绩。

```
USE JXGL
GO
SELECT S. SNO, S. SNAME, SC. CNO, C. CNAME, SC. GRADE
FROM S JOIN SC
ON S. SNO = SC. SNO AND GRADE > = 90
JOIN C ON SC. CNO = C. CNO
GO
```

在例 6.36 中，JOIN 没有指定类型，则系统默认为内连接类型。该例给出了 3 个表连接的例子，更多表的连接操作以此类推。

例 6.36 的查询结果如图 6.11 所示。

该例也可以用下列形式给出：

```
USE JXGL
GO
SELECT S. SNO, S. SNAME, SC. CNO, C. CNAME, SC. GRADE
FROM S JOIN (SC JOIN C ON SC. CNO = C. CNO)
ON S. SNO = SC. SNO AND GRADE > = 90
GO
```

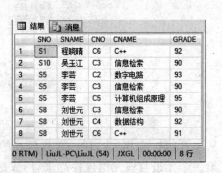

	SNO	SNAME	CNO	CNAME	GRADE
1	S1	程晓晴	C6	C++	92
2	S10	吴玉江	C3	信息检索	90
3	S5	李芸	C2	数字电路	93
4	S5	李芸	C3	信息检索	90
5	S5	李芸	C5	计算机组成原理	95
6	S8	刘世元	C3	信息检索	90
7	S8	刘世元	C4	数据结构	92
8	S8	刘世元	C6	C++	91

图 6.11 例 6.36 的查询结果

2. 外连接

在外连接中，不仅包含满足连接条件的元组，而且某些不满足条件的元组也会出现在结果集中。也就是说，外连接只限制其中一个表的元组，而不限制另外一个表的元组。外连接只能用于两个表中。

1）左外连接

左外连接是对连接条件左边的表不加限制。当左边表元组与右边表元组不匹配时，与右边表的相应列值取 NULL。语句格式如下：

```
SELECT <目标列表达式>[, … n]
FROM <表 1 > LEFT[OUTER]JOIN <表 2 >[, … n]
ON <连接条件表达式>
```

例 6.37 查询每个学生及其选修课程的成绩情况（含未选课程的学生信息）。

	SNO	SNAME	SEX	AGE	SDEPT	CNO	GRADE
1	S1	程晓晴	F	21	CS	C1	85
2	S1	程晓晴	F	21	CS	C3	69
3	S1	程晓晴	F	21	CS	C4	78
4	S1	程晓晴	F	21	CS	C5	89
5	S1	程晓晴	F	21	CS	C6	92
6	S10	吴玉江	M	21	MA	C1	78
7	S10	吴玉江	M	21	MA	C2	67
8	S10	吴玉江	M	21	MA	C3	90
9	S11	于金凤	F	20	CM	NULL	NULL
10	S12	吴守信	M	23	MA	NULL	NULL

图 6.12 例 6.37 的查询结果

```
USE JXGL
GO
SELECT S. * , CNO, GRADE
FROM S LEFT JOIN SC
ON S. SNO = SC. SNO
GO
```

在查询学生选修课程情况时，有时既需要查询有选课信息的学生情况，又需要查询没有选课信息的学生情况，此时会用到左外连接查询，结果如图 6.12 所示。

2）右外连接

右外连接是对连接条件右边的表不加限制。当右边表元组与左边表元组不匹配时,与左边表的相应列值取 NULL。语句格式如下:

```
SELECT <目标列表达式>[, … n]
FROM <表 1> RIGHT [OUTER] JOIN <表 2>[, … n]
ON <连接条件表达式>
```

3）全外连接

全外连接是对连接条件的两个表都不加限制。当一边表元组与另一边表元组不匹配时,与另一边表的相应列值取 NULL。语句格式如下:

```
SELECT <目标列表达式> [, … n]
FROM <表 1> FULL [OUTER] JOIN <表 2>[, … n]
ON <连接条件表达式>
```

3. 交叉连接

交叉连接(cross join)也称为笛卡儿积,它是在没有连接条件下的两个表的连接,包含了所连接的两个表中所有元组的全部组合。

该连接方式在实际应用中是很少的。语句格式如下:

```
SELECT <目标列表达式> [, … n]
FROM <表 1> CROSS JOIN <表 2>[, … n]
```

例 6.38 查询所有学生可能的选课情况。

```
USE JXGL
GO
SELECT S. * , SC. CNO, GRADE
FROM S CROSS JOIN SC
GO
```

6.2.2 子查询

子查询(sub query)是指在一个 SELECT 查询语句中包含另一个 SELECT 查询语句,即一个 SELECT 语句嵌入到另一个 SELECT 语句中。其中,外层的 SELECT 语句称为父查询或外查询,嵌入内层的 SELECT 语句称为子查询或内查询。因此,子查询也称为嵌套查询(nested query)。

子查询返回单值时可以用比较运算符,但返回多值时要用集合比较运算符。集合比较运算符如表 6.1 所示。

表 6.1 集合比较运算符

运　算　符	含　义
ALL	如果一系列的比较都为 TRUE,那么就为 TRUE
ANY	如果一系列的比较中任何一个为 TRUE,那么就为 TRUE
BETWEEN	如果操作数在某个范围之内,那么就为 TRUE
EXISTS	如果子查询结果包含一些行(结果不空),那么就为 TRUE
IN	如果操作数等于表达式列表中的一个,那么就为 TRUE
NOT	对任何其他布尔运算符的值取反
SOME	如果在一系列比较中有些为 TRUE,那么就为 TRUE

当一个查询依赖于另一个查询结果时,常常使用查询嵌套。嵌套查询可以使复杂的查询分解成多个简单查询,从而增强 SQL 的查询能力。

子查询按与父查询是否具有依赖关系分为无关子查询和相关子查询两种类型。

1. 无关子查询

无关子查询的执行不依赖于父查询。它的执行过程是:首先执行子查询语句,将得到的子查询结果集传递给父查询语句使用。无关子查询中对父查询没有任何引用。

例 6.39 查询与"李小刚"在同一个系学习的学生的学号、姓名和所在系。

先分步完成此查询,然后再构造子查询。

(1)确定"李小刚"所在系名。

```
USE JXGL
GO
SELECT SDEPT
FROM S
WHERE SNAME = '李小刚'
GO
```

执行结果如图 6.13 所示。

(2)查找所有在"CS"系学习的学生。

```
USE JXGL
GO
SELECT SNO,SNAME,SDEPT
FROM S
WHERE SDEPT = 'CS'
GO
```

结果如图 6.14 所示。

图 6.13 李小刚所在系

图 6.14 CS 系的学生

将第一步查询嵌入到第二步查询的条件中,构造嵌套查询如下:

```
USE JXGL
GO
SELECT SNO,SNAME,SDEPT
FROM S
WHERE SDEPT IN
  (SELECT SDEPT
   FROM S
   WHERE SNAME = '李小刚')
GO
```

本例中由于子查询的结果是一个值,因此也可以把运算符"IN"换为"="。该查询也可以用自身连接来完成：

```
USE JXGL
GO
SELECT b.SNO, b.SNAME, b.SDEPT
FROM S AS a JOIN S AS b
ON a.SDEPT = b.SDEPT AND a.SNAME = '李小刚'
GO
```

可见，实现同一个查询可以有多种方法，当然不同的方法其执行效率可能会有差别，甚至差别还可能很大。这就需要数据库编程人员掌握好数据库性能调优技术和方法，以提高程序的执行效率。

例 6.40 查询选修了"C3"号课程的学生的姓名和所在专业。

```
USE JXGL
GO
SELECT SNAME, SDEPT
FROM S
WHERE SNO IN
  (SELECT SNO
   FROM SC
   WHERE CNO = 'C3')
GO
```

注意：子查询的 SELECT 语句不能使用 ORDER BY 子句，ORDER BY 子句只能对最终查询结果排序。

例 6.41 查询其他系中比计算机科学系(CS)某一学生年龄小的学生的姓名和年龄。

```
USE JXGL
GO
SELECT SNAME, AGE
FROM S
WHERE AGE < ANY(SELECT AGE
                FROM S
                WHERE SDEPT = 'CS')
        AND SDEPT <> 'CS'          -- 注意这是父查询块中的条件
GO
```

SQL Server 执行此查询时，首先处理子查询，找出 CS 系中所有学生的年龄，构成一个查询结果集合，如(21,23,22)。然后处理父查询，查找所有不属于 CS 系且年龄小于 21、23 或 22 的学生。

本查询也可以用聚集函数来实现。首先用子查询找出 CS 系中的最大年龄(23)，然后在父查询中检索所有非 CS 系且年龄小于 23 岁的学生。SQL 语句如下：

```
USE JXGL
GO
SELECT SNAME, AGE
FROM S
WHERE AGE <(SELECT MAX(AGE)
            FROM S
```

```
          WHERE SDEPT = 'CS')
     AND SDEPT <>'CS'
GO
```

2. 相关子查询

在相关子查询中,子查询的执行依赖于父查询,多数情况下是子查询的 WHERE 子句中引用了父查询的表。

相关子查询的执行过程与无关子查询不同,无关子查询中的子查询只执行一次,而相关子查询中的子查询需要重复地执行。具体过程如下:

(1) 父查询每执行一次循环,子查询都会被重新执行一次,并且每一次父查询都将查询引用列的值传给子查询。

(2) 如果子查询的任何元组与其匹配,父查询就返回结果元组。

(3) 再回到第一步,直到处理完父表的每一个元组。

1) 带有比较运算符的子查询

带有比较运算符的子查询常常用于比较测试,它是将一个表达式的值与子查询返回的单个值进行比较。如果比较运算的结果为 TRUE,则比较测试也返回 TRUE。

例 6.42   查询每个学生比他的平均成绩高的所有成绩,并输出这些学生的学号、课程号和成绩。

找出每个学生超过他所选修课程的平均成绩的课程号。

```
USE JXGL
GO
SELECT SNO,CNO,GRADE
FROM SC AS a
WHERE GRADE > =
    (SELECT AVG(GRADE)
    FROM SC AS b
    WHERE a.SNO = b.SNO)
GO
```

图 6.15   例 6.42 的查询结果

查询结果如图 6.15 所示。

在该语句中,a 是表 SC 的别名,可以用来表示 SC 的一个元组。内层查询是求一个学生的所有选修课程的平均成绩,至于是哪个学生的平均成绩要看参数 a.SNO 的值,而该值是与父查询相关的。SQL Server 的一种可能执行过程是:

(1) 从父查询中取出 SC 的一个元组 W,将元组 W 的 SNO 值(如 S4)传送给子查询。

```
USE JXGL
GO
SELECT AVG(GRADE)
FROM SC AS b
WHERE b.SNO = 'S4'
GO
```

(2) 执行子查询,得到值 75.5,用该值代替子查询,得到父查询。

```
USE JXGL
GO
SELECT SNO,CNO,GRADE
```

```
FROM SC AS a
WHERE GRADE > = 75.5 AND SNO = 'S4'
GO
```

（3）执行这个查询，得到的查询结果如图 6.16 所示。

（4）父查询取出下一个元组重复做上述步骤的处理，直到外层的 SC 元组全部处理完毕。

	SNO	CNO	GRADE
1	S4	C1	89
2	S4	C2	77

(53) | JXGL | 00:00:00 | 2 行

图 6.16　学号为"S4"高于平均成绩的成绩

2）带有 EXISTS 的子查询

使用查询进行存在性测试时，通过逻辑运算符 EXISTS 或 NOT EXISTS 检查子查询所返回的结果是否存在。使用 EXISTS 时，如果在子查询的结果集中至少包含一个元组，则存在性测试返回"TRUE"；如果该结果集为空，则存在性测试返回"FALSE"。对于 NOT EXISTS，存在性测试的结果取反。

带有存在性测试 EXISTS 的子查询不返回任何数据，只产生逻辑值"TRUE"或"FALSE"，因此，由 EXISTS 引出的子查询，其<目标列表达式>一般用"*"表示。如果子查询结果不空，则父查询的 WHERE 子句的条件为"TRUE"，否则为"FALSE"。

例 6.43　查询所有选修了"C2"课程的学生的姓名。

```
USE JXGL
GO
SELECT SNAME
FROM S
WHERE EXISTS
    (SELECT *
    FROM SC
    WHERE SC.SNO = S.SNO AND SC.CNO = 'C2')
GO
```

查询结果如图 6.17 所示。

SQL Server 执行该子查询操作的一种可能过程是：

（1）在父查询中取出学生表 S 的一个元组 W 的属性"SNO"值，例如"S3"。

（2）用此值去测试选修课程表 SC 中是否存在学号为"S3"、课程号为"C2"的元组。

```
USE JXGL
GO
SELECT *
FROM SC
WHERE SNO = 'S3' AND SC.CNO = 'C2'
GO
```

执行结果如图 6.18 所示。

	SNAME
1	吴玉江
2	李小刚
3	王丽萍
4	李芸

JXGL | 00:00:00 | 8 行

图 6.17　例 6.43 的查询结果

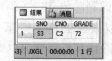

	SNO	CNO	GRADE
1	S3	C2	72

3) | JXGL | 00:00:00 | 1 行

图 6.18　SC 中学号为"S3"、课号为"C2"的元组

（3）由于在 SC 中存在符合条件的元组，即子查询结果不空，所以子查询返回"TRUE"值。从而父查询 WHERE 子句条件为真，输出 W 的姓名属性值"李小刚"。

（4）父查询取出下一个元组重复做上述步骤的处理，直到外层的 S 元组全部处理完毕。

一般情况下，有些带 EXISTS 或 NOT EXISTS 的子查询不能被其他形式的子查询等价替换，但所有带 IN、比较运算符、ANY 和 ALL 的子查询都能用带 EXISTS 的子查询等价替换。另一方面，由于带 EXISTS 的相关子查询只关心内层查询是否有返回值，并不需要查询具体值，有时也是一种高效的方法。

3. 表数据维护的子查询

利用子查询进行表数据维护有 3 种方法：向表中添加若干元组数据、修改表中的若干元组数据和删除表中的若干个元组数据。在 5.3.2 节只给出了表中单个元组数据的维护，下面利用子查询对表的多个元组进行维护。

1）插入子查询结果

子查询不仅可以嵌套在 SELECT 语句中，也可以嵌套在 INSERT 语句中，用于生成要插入的批量数据。

插入子查询结果的 INSERT 语句的格式如下：

```
INSERT
INTO <表名>[(<列名>[, … n])]
<子查询>
```

例 6.44　对每一个系，求学生的平均年龄，并把结果存入数据库。

首先在数据库中建立一个新表，其中一列存放系名，另一列存放相应的学生平均年龄。

```
USE JXGL
GO
CREATE TABLE DEPT_AGE(
SDEPT CHAR(15),
AVG_AGE REAL)
GO
```

然后对 S 表按系分组求平均年龄，再把系名和平均年龄存入新表中。

```
USE JXGL
GO
INSERT
INTO DEPT_AGE(SDEPT,AVG_AGE)
SELECT SDEPT,AVG(AGE)
FROM S
GROUP BY SDEPT
GO
```

2）带子查询的删除语句

子查询也可以嵌套在 DELETE 语句中，用于构造执行删除操作的条件。

例 6.45　删除计算机科学系（CS）所有学生的选课记录。

```
USE JXGL
GO
```

```
DELETE
FROM SC
WHERE 'CS' =
 (SELECT SDEPT
 FROM S
 WHERE S.SNO = SC.SNO)
GO
```

3）带子查询的修改语句

子查询也可以嵌套在 UPDATE 语句中，用于构造修改的条件。

例 6.46　将计算机科学系（CS）全体学生的成绩提高 5%。

```
USE JXGL
GO
UPDATE SC
SET GRADE = GRADE + GRADE * 0.05
WHERE 'CS' =
(SELECT SDEPT
FROM S
WHERE S.SNO = SC.SNO)
GO
```

注意：对某个基本表中数据的增、删、改操作有可能会破坏参照完整性。

6.3　利用游标处理查询结果集

SELECT 查询的结果是一个满足 WHERE 子句条件的元组集合，而高级语言是面向元组的，一次只能处理一个元组。在 SQL Server 中没有一种描述表中单一元组的表达形式，为此引入游标来协调这两种不同的处理方式。通过游标机制，可以把集合操作转换成单元组处理方式。

6.3.1　游标的概念

游标是一种能从包括多个元组的集合中每次读取一个元组的机制。游标总是与一条 SELECT 查询语句相关联，它允许应用程序对查询结果集中的每一个元组进行不同的操作。我们可以把游标看作一个指针，把 SELECT 查询结果集看作一张二维表格，先用游标指向表格的任意行，然后允许用户对该行数据进行处理。

SQL Server 支持 3 种类型的游标，即 T-SQL 游标、API 服务器游标和客户游标。

1）T-SQL 游标

T-SQL 游标是由 DECLARE CURSOR 语法定义的，主要用在 T-SQL 脚本、存储过程和触发器中。它主要用在服务器端，对从客户端发送给服务器的 T-SQL 语句或批处理、存储过程、触发器中的 T-SQL 进行管理。T-SQL 游标不支持读取数据块或多行数据。

2）API 游标

API 游标支持在 OLE DB、ODBC 以及 DB_library 中使用游标函数，主要用在服务器上。每一次客户端应用程序调用 API 游标函数，SQL Server 的 OLE DB 提供者、ODBC 驱动器或 DB_library 的动态链接库(DLL)都会将这些客户请求传送给服务器以对 API 游标进行处理。

3) 客户游标

客户游标主要是当在客户机上缓存结果集时使用。在客户游标中,有一个默认的结果集被用来在客户机上缓存整个结果集。客户游标仅支持静态游标,不支持动态游标。由于服务器游标并不支持所有的 T-SQL 语句或批处理,所以客户游标常常被用作服务器游标的辅助。因为在一般情况下,服务器游标能支持绝大多数的游标操作。由于 API 游标和 T-SQL 游标用在服务器端,所以被称为服务器游标,也被称为后台游标,而客户端游标被称为前台游标。在本节主要讲解利用 T-SQL 语句定义的服务器(后台)游标。

6.3.2 游标的管理

利用 T-SQL 语句定义的游标是在服务器端实现的,操作游标有 5 个主要步骤,即声明游标、打开游标、读取游标、关闭游标和释放游标。

1. 声明游标

和使用其他类型变量一样,在使用一个游标之前必须先声明它。声明游标的语句格式如下:

```
DECLARE CURSOR <游标名>[ INSENSITIVE][ SCROLL]CURSOR
FOR < SELECT 语句>
[ FOR READ ONLY|UPDATE[ OF <列名>[, … n]]]
```

参数说明如下。

(1) <游标名>:定义的游标名称。

(2) INSENSITIVE:定义的游标所选出来的元组存放在一个临时表中(建立在 tempdb 数据库中),对该游标的读取操作都由临时表来应答。因此,对基本表的修改并不影响游标读取的数据,即游标不会随着基本表内容的改变而改变,同时,也无法通过游标来更新基本表。如果不使用该保留字,则对基本表的更新、删除都会反映到游标中。

(3) SCROLL:指定游标使用的读取选项,默认时为 NEXT,其取值如表 6.2 所示。如果不使用该保留字,则只能进行 NEXT 操作。如果使用该保留字,可以进行表 6.2 中的所有操作。

表 6.2 SCROLL 的取值

SCROLL 选项	含 义
FIRST	读取游标中的第一行数据
LAST	读取游标中的最后一行数据
PRIOR	读取游标当前位置的上一行数据
NEXT	读取游标当前位置的下一行数据
RELATIVE n	读取游标当前位置之前或之后的第 n 行数据(n 为正向前,为负向后)
ABSULUTE n	读取游标中的第 n 行数据

(4) <SELECT 语句>:定义结果集的 SELECT 语句。

(5) READ ONLY:表示定义的游标为只读游标,表明不允许使用 UPDATE、DELETE 语句更新游标内的数据。默认状态下游标允许更新。

（6）UPDATE[OF<列名>[, … n]]：指定游标内可以更新的列，如果没有指定要更新的列，则表明所有列都允许更新。

例6.47 声明一个名为 S_Cursor 的游标，用于读取计算机科学系（CS）的所有学生的信息。

```
USE JXGL
GO
DECLARE S_Cursor CURSOR
FOR SELECT *
    FROM S
    WHERE SDEPT = 'CS'
GO
```

2. 打开游标

声明一个游标后，还必须使用 OPEN 语句打开游标，这样才能对其进行访问。打开游标的语句格式如下：

```
OPEN [GLOBAL] <游标名>|<游标变量名>
```

参数说明如下。

（1）GLOBAL：指定游标为全局游标。

（2）<游标名>：已声明的游标名称。如果一个全局游标与一个局部游标同名，则要使用 GLOBAL 表明全局游标。

（3）<游标变量名>：游标变量的名称，该名称可以引用一个游标。

当执行打开游标的语句时，服务器将执行声明游标时使用的 SELECT 语句。如果声明游标时使用了 INSENSITIVE 选项，则服务器会在 tempdb 中建立一个临时表，存放游标将要进行操作的结果集的副本。

利用 OPEN 语句打开游标后，游标位于查询结果集的第一行，并且可以使用全局变量 @@cursor_rows 获得最后打开的游标中符合条件的行数。

例6.48 打开例6.47所声明的游标。

```
USE JXGL
GO
OPEN S_Cursor
GO
```

3. 读取游标

在打开游标后，就可以利用 FETCH 语句从查询结果集中读取数据了。使用 FETCH 语句一次可以读取一条记录，具体语句格式如下：

```
FETCH [[NEXT|PRIOR|FIRST|LAST
        |ABSOLUTE n|@nvar
        |RELATIVE n|@nvar]
FROM]
[GLOBAL]<游标名>|<游标变量名>
[INTO @变量名[, … n]]
```

参数说明如下。

(1) NEXT:返回结果集中当前行的下一行,并将当前行向后移一行。如果 FETCH NEXT 是对游标的第一次读取操作,则返回结果集的第一行。NEXT 是默认的游标读取选项。

(2) PRIOR:读取紧邻当前行的前面一行,并将当前行向前移一行。如果 FETCH PRIOR 为对游标的第一次读取操作,则没有行返回且游标置于第一行之前。

(3) FIRST:读取结果集中的第一行并将其设为当前行。

(4) LAST:读取结果集中的最后一行并将其设为当前行。

(5) ABSOLUTE n|@nvar:如果 n 或@nvar 为正数,读取从结果集头部开始的第 n 行,并将返回的行变为新的当前行;如果 n 或@nvar 为负数,读取从结果集尾部之前的第 n 行,并将返回的行变为新的当前行;如果 n 或@nvar 为 0,则没有行返回。其中,n 必须为整型常量,@nvar 必须为 smallint、tinyint 或 int 类型的变量。

(6) RELATIVE n | @nvar:如果 n 或@nvar 为正数,则读取当前行之后的第 n 行,并将返回的行变为新的当前行;如果 n 或@nvar 为负数,则读取当前行之前的第 n 行,并将返回的行变为新的当前行;如果 n 或@nvar 为 0,则读取当前行。其中,n 必须为整型常量,@nvar 必须为 smallint、tinyint 或 int 类型的变量。

(7) GLOBAL:指定游标为全局游标。

(8) INTO @变量名[,…n]:允许读取的数据存放在多个变量中。在变量行中的每个变量必须与结果集中相应的属性列对应(顺序、数据类型等)。

@@FETCH_STATUS 全局变量返回上次执行 FETCH 命令的状态,返回值如下。

(1) 0:表示 FETCH 语句成功。

(2) −1:表示 FETCH 语句失败或此行不在结果集中。

(3) −2:表示被读取的行不存在。

例 6.49　从例 6.47 所声明的游标中读取数据。

```
USE JXGL
GO
FETCH NEXT FROM S_Cursor
GO
```

4. 关闭游标

在处理完结果集中的数据之后,必须关闭游标来释放结果集。用户可以使用 CLOSE 语句来关闭游标,但此语句不释放与游标有关的一切资源。语句格式如下:

```
CLOSE[ GLOBAL]<游标名>|<游标变量名>
```

其中各参数与打开游标的参数含义一致。

例 6.50　关闭例 6.47 所声明的游标。

```
USE JXGL
GO
CLOSE S_Cursor
GO
```

5. 释放游标

游标使用之后不再需要时,需要释放游标,以获取与游标有关的一切资源。语句格式如下:

```
DEALLOCATE[GLOBAL]<游标名>|<游标变量名>
```

其中各参数与打开游标的参数含义一致。

例 6.51　释放例 6.47 所声明的游标。

```
USE JXGL
GO
DEALLOCATE S_Cursor
GO
```

6.3.3　利用游标修改和删除表数据

通常情况下,使用游标从数据库的表中检索出数据,以实现对数据的处理。但在某些情况下,还需要修改或删除当前数据行。SQL Server 中的 UPDATE 语句和 DELETE 语句可以通过游标来修改或删除表中的当前数据行。

修改当前数据行的语句格式如下:

```
UPDATE <表名>
SET <列名> = <表达式>|DEFAULT|NULL[, … n]
WHERE CURRENT OF [GLOBAL]<游标名>|<游标变量>
```

删除当前数据行的语句格式如下:

```
DELETE FROM <表名>
WHERE CURRENT OF [GLOBAL]<游标名>|<游标变量>
```

其中,CURRENT OF ＜游标名＞|＜游标变量＞表示当前游标或游标变量指针所指的当前行数据。CURRENT OF 只能在 UPDATE 和 DELETE 语句中使用。

例 6.52　声明一个游标 S_Cur,用于读取学生表中男同学的信息,并将第 3 个男同学的年龄修改为 25。

```
USE JXGL
GO
DECLARE S_Cur SCROLL CURSOR FOR
    SELECT *
    FROM S
    WHERE SEX = 'M'
OPEN S_Cur
FETCH ABSOLUTE 3 FROM S_Cur
UPDATE S
SET AGE = 25
WHERE CURRENT Of S_Cur
GO
```

习　题　6

1. 名词解释：

连接查询　子查询　无关子查询　相关子查询　游标

2. 对于教学管理数据库 JXGL 的以下 3 个基本表：

S(SNO,SNAME, SEX, AGE,SDEPT)

SC(SNO,CNO,GRADE)

C(CNO,CNAME,CDEPT,TNAME)

试用 T-SQL 查询语句表达下列查询：

（1）查询"王志强"所授课程的课程号和课程名。

（2）查询年龄大于 20 岁的男学生的学号和姓名。

（3）查询学号为 S6 的学生所学课程的课程名和任课教师名。

（4）查询至少选修"王志强"老师所授课程中的一门课程的女学生的姓名。

（5）查询"李小刚"同学不学的课程的课程号。

（6）查询至少选修两门课程的学生的学号。

3. 试用 T-SQL 查询语句表达下列对教学管理数据库 JXGL 中 3 个基本表 S、SC、C 的查询：

（1）统计有学生选修的课程门数。

（2）求选修 C4 号课程的学生的平均年龄。

（3）求"王志强"老师所授课程的每门课程的学生平均成绩。

（4）统计每门课程的学生选修人数（超过 10 人的课程才统计），要求输出课程号和选修人数，查询结果按人数降序排列，若人数相同，按课程号升序排列。

（5）查询姓"王"的所有学生的姓名和年龄。

（6）在 SC 中查询成绩为空值的学生的学号和课程号。

（7）查询年龄大于女学生平均年龄的男学生的姓名和年龄。

4. 试用 T-SQL 更新语句表达对教学管理数据库 JXGL 中 3 个基本表 S、SC、C 的各个更新操作：

（1）在基本表 S 中检索每一门课程成绩都大于等于 80 分的学生的学号、姓名和性别，并把检索到的值送往另一个已存在的基本表 STUDENT(SNO,SNAME,SEX)。

（2）在基本表 SC 中删除尚无成绩的选课元组。

（3）把"张成民"同学在 SC 中的选课记录全部删除。

（4）把选修"高等数学"课程中不及格的成绩全部改为空值。

（5）把低于总平均成绩的女学生的成绩提高 5％。

5. 假设某"仓库管理"关系模型有下列 5 个关系模式：

零件 PART(PNO,PNAME,COLOR,WEIGHT)

项目 PROJECT(JNO,JNAME,JDATE)

供应商 SUPPLIER(SNO,SNAME,SADDR)

供应 P_P(JNO,PNO,TOTAL)

采购 P_S(PNO,SNO,QUANTITY)

试用 T-SQL 语句定义 5 个基本表,并说明主键和外键。

6. 利用 T-SQL 语句声明一个游标,查询教学管理数据库 S 表中所有男生的信息,并读取数据:

(1)读取最后一条记录。

(2)读取第一条记录。

(3)读取第 5 条记录。

(4)读取当前记录指针位置后的第 3 条记录。

第 7 章　视图与索引

数据库的基本表是按照数据库设计人员的观点设计的,并不一定符合用户的需求。SQL Server 2008 可以根据用户的各种需求重新构造表的数据结构,这种数据结构就是视图。视图是关系数据库系统提供给用户以多种角度观察数据库中数据的重要机制。索引是以表列为基础的数据库对象,它保存着表中排序的索引列,并且记录了索引列在数据表中的物理存储位置,实现了表中数据的逻辑排序。

7.1　视　　图

视图是从一个或几个表中导出来的表,它不是真实存在的基本表而是一张虚表,视图所对应的数据并不实际地以视图结构存储在数据库中,而是存储在视图所引用的表中。视图实际上是一个查询结果,视图的名字和视图对表的查询存储在数据字典中。

7.1.1　视图的基本概念

视图包含了一系列带有名称的列和数据行,这些列和数据行来自由定义视图的查询所引用的表,并且在引用视图时动态生成。对其中所引用的基本表来说,视图的作用类似于筛选。定义视图的筛选可以来自当前或其他数据库的一个或多个表,或者其他视图。

从数据库系统外部来看,视图就如同一个表,对表能够进行的一般操作都可以应用于视图,例如查询、插入、修改和删除操作等。但对数据的操作要满足一定的条件,当对通过视图看到的数据进行修改时,相应的基本表的数据也会发生变化。同样,若基本表的数据发生变化,这种变化也会自动地反映到视图中。

1. 视图的主要作用

视图的主要作用体现在以下 3 个方面:

(1) 简单性。视图不仅可以简化用户对数据的理解,还可以简化他们的操作。那些经常使用的查询可以被定义为视图,从而使得用户不必为以后的操作每次指定全部的条件。

(2) 安全性。通过视图,用户只能查询和修改他们所能见到的数据。数据库中的其他数据既看不见也取不到。数据库授权命令可以使每个用户对数据库的检索限制到特定的数据库对象上,但不能授权到数据库的特定行和特定列上。通过视图,用户可以被限制在数据的不同子集上,例如,被限制在某视图的一个子集上,或者一些视图和基本表合并后的子集上。

(3) 逻辑数据独立性。视图可以使应用程序和数据库表在一定程度上独立。如果没有视图,应用一定是建立在表上的。有了视图之后,程序可以建立在视图之上,从而程序与数据库表被视图分割开来。当数据库表发生变化时,可以在表上修改视图,通过视图屏蔽表的变化,从而使应用不变。反之,当应用发生变化时,也可以在表上修改视图,通过视图屏蔽应用的变化,从而保持数据库不变。

2. 视图的主要内容

一般情况下,视图的内容包括以下几个方面:

(1) 基本表的列的子集或行的子集,即视图作为基本表的一部分。

(2) 两个或多个基本表的联合,即视图是对多个基本表进行联合运算的 SELECT 语句。

(3) 两个或多个基本表的连接,即视图是由若干个基本表连接生成的。

(4) 基本表的统计汇总,即视图不仅可以是基本表的投影,还可以是经过对基本表的各种复杂运算的结果。

(5) 另外一个视图的子集,即视图可以基于表,也可以基于另外一个视图。

(6) 来自于函数中的数据。

(7) 视图和基本表的混合。在视图的定义中,视图和基本表可以起到同样的作用。

从技术上讲,视图是 SELECT 语句的存储定义,最多可以在视图中定义一个或多个表的 1024 列,所能定义的行数是没有限制的。

7.1.2 创建视图

创建视图通常有两种方式:一种是使用 SSMS 图形化方式创建视图,另一种是使用 T-SQL 语句方式来创建。

1. 使用 SSMS 图形化方式创建视图

下面通过一个例子来说明用 SSMS 图形化方式创建视图的方法。

例 7.1 利用例 5.9 教学管理数据库的 3 个基本表,创建信息系(IS)学生的成绩表视图 V_IS,其结构为 V_IS(SNO,SNAME,CNAME,GRADE,SDEPT)。

具体步骤如下:

(1) 在"对象资源管理器"中展开"数据库"文件夹,并进一步展开"JXGL"文件夹。

(2) 右击"视图"选项,在弹出的快捷菜单中选择"新建视图"命令,进入视图设计界面。

(3) 在弹出的"添加表"对话框中可以选择创建视图所需的表、视图或者函数等。

(4) 单击该对话框中的"关闭"按钮,返回到 SQL Server Management Studio 的视图设计界面,如图 7.1 所示。在右侧的"视图设计器"中包含以下 4 个区域:

① 关系图区域。该区域以图形方式显示正在查询的表和其他表结构化对象,同时也显示它们之间的关联关系。若需要添加表,可以在该区域中的空白处右击,在弹出的快捷菜单中选择"添加表"命令。若要删除表,则可以在表的标题栏上右击,在弹出的快捷菜单中选择"删除"命令。

② 列条件区域。该区域是一个类似于电子表格的网格,用户可以在其中指定视图的选项。通过列条件区域可以指定要显示列的列名、列所属的表名、计算列的表达式、查询的排列次序、搜索条件、分组准则等。

③ SQL 区域。该区域显示视图所要存储的查询语句,用户可以对设计器自动生成的 SQL 语句进行编辑,也可以输入自己的 SQL 语句。

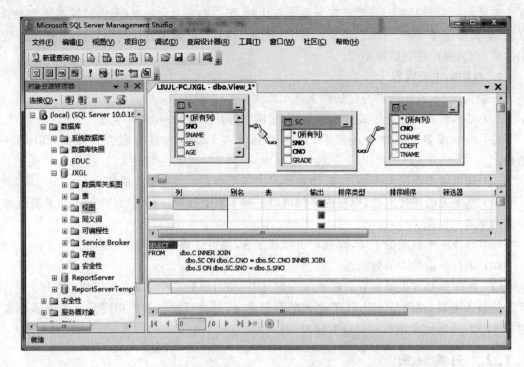

图 7.1　视图设计器

④ 结果区域。该区域显示最近执行的选择查询的结果。对于显示单个表或视图中的数据的视图，可以通过编辑条件区域中的值对数据库进行修改，也可以添加或删除行。

（5）为视图选择包含的列，可以通过"关系图区域"、"列条件区域"或"SQL 区域"做出修改，修改一个区域，另外两个区域会自动更新以保持一致。

（6）在"列条件区域"的"SDEPT"列的筛选器中写上筛选条件"='IS'"，在 SQL 区域中就可以看到所生成的相应的 T-SQL 语句，如图 7.2 所示。

（7）单击工具栏上的"执行"按钮 ，在数据区域中将显示包含在视图中的数据行。单击"保存"按钮，为视图取名"V_IS"，即可保存视图。

2．使用 T-SQL 语句方式创建视图

SQL Server 2008 提供的创建视图的 T-SQL 语句是 CREATE VIEW，其语句格式如下：

```
CREATE VIEW <视图名>[(<列名>[, … n ])]
AS
< SELECT 查询子句>
[WITH CHECK OPTION]
```

参数说明如下。

（1）<视图名>：新建视图的名称。

（2）<列名>：视图中的列使用的名称。

（3）AS：指定视图要执行的操作。

（4）<SELECT 查询子句>：定义视图的 SELECT 语句。

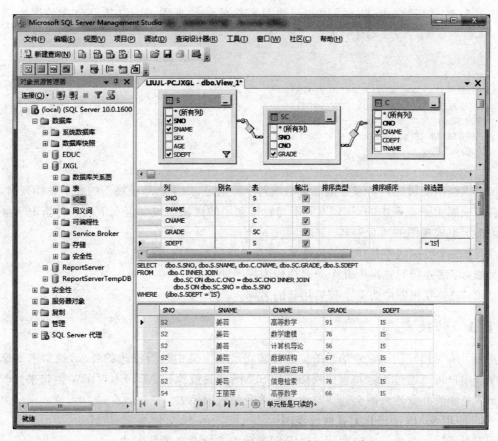

图 7.2　设置筛选条件

（5）WITH CHECK OPTION：表示对视图进行 UPDATE、INSERT 和 DELETE 操作时要保证更新、插入或删除的行满足视图定义中的子查询条件。

例 7.2　建立数学系（MA）学生的视图 V_MA，并要求进行修改和插入操作时仍保证该视图中只有数学系的学生。

```
USE JXGL
GO
CREATE VIEW V_MA
AS
SELECT SNO,SNAME,AGE
FROM S
WHERE SDEPT = 'MA'
WITH CHECK OPTION
GO
```

由于在定义 V_MA 视图时加上了 WITH CHECK OPTION 子句，以后对该视图进行插入、修改和删除操作时，RDBMS 都会验证条件 SDEPT='MA'。

若一个视图只是去掉了单个基本表的某些行和某些列，且保留了主码，我们称这类视图为行列子集视图。V_MA 视图就是一个行列子集视图。

视图不仅可以建立在单个基本表上，也可以建立在多个基本表上。

例 7.3 创建学生选修课程的门数和平均成绩的视图 C_G,其中包含的属性列为 (SNO,C_NUM,AVG_GRADE)。

```
USE JXGL
GO
CREATE VIEW C_G(SNO,C_NUM,AVG_GRADE)
AS SELECT SNO,COUNT(CNO),AVG(GRADE)
FROM SC
WHERE GRADE IS NOT NULL
GROUP BY SNO
GO
```

组成视图的属性列名或者全部省略或者全部指定,如果省略了视图的各个属性列名,则隐含该视图由子查询中的 SELECT 子句目标列中的诸项组成。但在下列 3 种情况下必须明确指定组成视图的所有列名。

(1) 某个目标列不是单纯的属性名,而是统计函数或列表达式。

(2) 多表连接时选出了几个同名列作为视图的列。

(3) 需要在视图中为某个列启用新的名称。

7.1.3 修改视图

为了满足用户获取额外信息的要求或在底层表定义中进行修改的要求,经常需要修改视图。用户可以通过删除并重建视图或用 SSMS 工具或执行 ALTER VIEW 语句来修改视图。但是删除并重建视图会造成与该视图关联的权限丢失。

1. 使用 SSMS 图形化方式修改视图

下面通过一个例子来说明用 SSMS 图形化方式修改视图的方法。

例 7.4 修改例 7.3 创建的视图 C_G,使之只查询计算机科学系(CS)的学生选修课程的门数和平均成绩。

具体步骤如下:

(1) 在"对象资源管理器"中展开"数据库"文件夹,并进一步展开"JXGL"文件夹。

(2) 展开"视图"选项,右击要修改的视图,在弹出的快捷菜单中选择"设计"命令,打开视图设计对话框修改视图的定义。

(3) 在本例中,一是要添加表 S,只需在关系图区域的空白处右击,在弹出的快捷菜单中选择"添加表"命令即可;二是要修改筛选条件,在列条件区域的"SDEPT"列的筛选器中写上筛选条件"='CS'"即可。之后,在 SQL 区域中可以看到所生成的相应的 T-SQL 语句,如图 7.3 所示。

(4) 单击工具栏上的"执行"按钮,在数据区域中将显示包含在视图中的数据行。单击"保存"按钮,即可保存修改后的视图。

2. 使用 T-SQL 语句方式修改视图

T-SQL 提供了 ALTER VIEW 语句修改视图,语句格式如下:

```
ALTER VIEW <视图名>[(<列名>[, … n ])]
AS
< SELECT 查询子句>
[WITH CHECK OPTION]
```

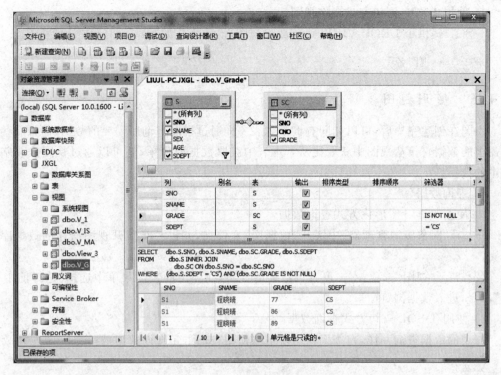

图 7.3 修改视图 C_G

各参数的含义与创建视图时各参数的含义相同,在此不再赘述。

例 7.5 修改例 7.2 中的视图 V_MA,并要求该视图只查询数学系(MA)的男学生。

```
USE JXGL
GO
ALTER VIEW V_MA
AS
SELECT SNO,SNAME,AGE
FROM S
WHERE SDEPT = 'MA' AND SEX = 'M'
WITH CHECK OPTION
GO
```

7.1.4 删除视图

当一个视图不再需要时,可以对其进行删除操作,以释放存储空间。删除视图,只会删除视图在数据库中的定义,而与视图有关的数据表中的数据不会受到任何影响,同时由此导出的其他视图仍然存在,但已无任何意义了。

1. 使用 SSMS 图形化方式删除视图

(1) 在"对象资源管理器"中展开"数据库"文件夹,并进一步展开视图所在的数据库文件夹。

(2) 展开"视图"选项,右击要删除的视图,在弹出的快捷菜单中选择"删除"命令,进入删除对象的对话框,单击"确定"按钮即可删除视图。

2. 使用 T-SQL 语句方式删除视图

T-SQL 提供了 DROP VIEW 语句删除视图,语句格式如下:

```
DROP VIEW <视图名>
```

7.1.5 使用视图

视图在创建完毕后,可以如同查询基本表一样通过视图查询所需要的数据,而且有些查询需求的数据直接从视图中获取比从基本表中获取数据要简单,还可以通过视图修改基本表中的数据。

1. 查询数据

1) 使用 SSMS 图形化方式查询数据

(1) 在"对象资源管理器"中展开"数据库"文件夹,并进一步展开视图所在的数据库文件夹。

(2) 展开"视图"选项,右击要查询数据的视图,在弹出的快捷菜单中选择"选择前 1000 行"命令,进入数据浏览窗口。

2) 使用 T-SQL 语句方式查询数据

与表的数据查询一样,在查询窗口中可以使用查询语句查询数据,格式如下:

```
SELECT  *
FROM <视图名>
```

2. 修改数据

更新视图的数据,其实就是对基本表进行更新。这是由于视图是不实际存储数据的虚表,对视图的更新最终要转换为对基本表的更新。

对于视图数据的更新操作(INSERT、DELETE、UPDATA)有以下 3 条规则:

(1) 如果一个视图是从多个基本表使用连接操作导出的,那么不允许对这个视图执行更新操作。

(2) 如果在导出视图的过程中使用了分组和统计函数操作,也不允许对这个视图执行更新操作。

(3) 行列子集视图是可以执行更新操作的。

1) 使用 SSMS 图形化方式修改数据

(1) 在"对象资源管理器"中展开"数据库"文件夹,并进一步展开视图所在的数据库文件夹。

(2) 展开"视图"选项,右击要更新数据的视图,在弹出的快捷菜单中选择"编辑前 200 行"命令,进入数据更新窗口。

2) 使用 T-SQL 语句方式修改数据

与表的数据更新一样,在查询窗口中可以使用数据更新语句修改数据。

例 7.6 在例 7.2 建立的数学系(MA)学生的视图 V_MA 中,将学号为"S6"的学生的姓名改为"马常友"。

```
USE JXGL
GO
```

```
UPDATE V_MA
SET SNAME = '马常友'
WHERE SNO = 'S6'
GO
```

转换为对基本表的更新语句为:

```
USE JXGL
GO
UPDATE S
SET SNAME = '马常友'
WHERE SNO = 'S6' AND SDEPT = 'MA'
GO
```

例 7.7 删除数学系学生视图 V_MA 中学号为"S15"的学生的记录。

```
USE JXGL
GO
DELETE
FROM V_MA
WHERE SNO = 'S15'
GO
```

转换为对基本表的更新语句为:

```
USE JXGL
GO
DELETE
FROM S
WHERE SNO = 'S15' AND SDEPT = 'MA'
GO
```

在关系数据库中,有些视图是不可以更新的,其原因是这些视图的更新不能唯一地有意义地转换成对相应基本表的更新。

例如,前面例 7.3 中定义的视图 C_GE 是由学生选修课程的门数和平均成绩两个属性列组成的,其中平均成绩项 AVG_GRADE 是由在 SC 表中对元组分组后计算平均值得来的,如果想把视图 C_G 中的学号为"S5"的学生的平均成绩改成 90 分,SQL 语句如下:

```
USE JXGL
GO
UPDATE C_G
SET AVG_GRADE = 90
WHERE SNO = 'S5'
GO
```

但是这个对视图的更新是无法转换成对基本表 SC 的更新的,因为系统无法修改各科成绩,以使平均成绩为 90,所以 C_G 视图是不可更新的。

一般情况下,行列子集视图是可更新的。除行列子集视图外,还有一些视图在理论上是可以更新的,但它们的确切特征还是尚待研究的课题,还有一些视图从理论上就是不可以更

```
```

新的。

目前,各个关系数据库系统一般都只允许对行列子集视图进行更新,而且各个系统对视图的更新还有更进一步的规定,由于各系统在实现方法上有所差异,这些规定也不尽相同。

7.2 索 引

索引是对数据库表中一个或多个列的值进行排序的结构,其主要目的是提高 SQL Server 系统的性能,加快数据的查询速度和减少系统的响应时间。所以,索引就是加快检索表中数据的方法。

7.2.1 索引的基本概念

数据库中每个表的数据都存储在数据页的集合中,数据页是无序存放的,且表中的行在数据页中也是无序存放的。数据的访问方式有两种:一是使用表扫描访问数据,即通过遍历表中的所有数据查找满足条件的行;二是使用索引扫描访问数据,即通过索引查找满足条件的行。

数据库的索引类似于书籍的索引。在书籍中,索引允许用户不必翻阅完整本书就能迅速地找到所需要的信息。在数据库中,索引是一种逻辑排序方法,此方法并不改变已打开的数据库文件记录数据的物理排列顺序,而是建立一个与该数据库相对应的索引文件,记录的显示和处理将按索引表达式指定的顺序进行。

索引表是与基本表关联的一种数据结构,它包含由基本表中的一列或多列生成的索引键和基本表中包含各个索引键的行所在的存储位置。不管基本表中是否按索引键排序,索引中总是按索引键排序。如学生表 S 中按"AGE"为索引键的索引表如图 7.4 所示。

Record #	SNO	SNME	SEX	AGE	SDEPT
1	S1	程晓晴	F	21	CS
2	S10	吴玉江	M	21	MA
3	S11	于金凤	F	20	IS
4	S12	吴守信	M	23	MC
5	S2	姜云	F	20	IS
6	S3	李小刚	M	19	CS

(a) 基本表

KEY	Record #
19	6
20	3
20	5
21	1
21	2
23	4

(b) 索引表

图 7.4 基本表与索引表示意图

1. 索引的优点和缺点

创建索引可以大大提高系统的性能,其优点主要表现在以下几点:

(1) 通过创建唯一性索引,可以保证数据库表中每一行数据的唯一性。

(2) 可以大大加快数据的检索速度,这也是创建索引的最主要的原因。

(3) 可以加速表和表之间的连接,特别是在实现数据的参照完整性方面特别有意义。

（4）在使用分组和排序子句进行数据检索时，同样可以显著减少查询中分组和排序的时间。

（5）通过使用索引，可以在查询过程中使用优化隐藏器提高系统的性能。

索引的存在也让系统付出了一定的代价，主要表现在以下方面：

（1）创建索引和维护索引要耗费时间，所耗费的时间随着数据量的增加而增加。

（2）索引需要占用物理空间，除了数据表占用数据空间之外，每一个索引还要占用一定的物理空间。如果要建立聚集索引，那么需要的空间就会更大。

（3）当对表中的数据进行增加、删除和修改的时候，索引也要动态地维护，这样就降低了数据的维护速度。

创建索引虽然可以提高查询速度，但是需要牺牲一定的系统性能。因此，哪些列适合创建索引，哪些列不适合创建索引，用户需要进行仔细考虑。

2. 索引的分类

在 SQL Server 2008 中，索引可以分为聚集索引和非聚集索引、唯一索引和非唯一索引、简单索引和复合索引。

1）聚集索引和非聚集索引

聚集索引会对基本表进行物理排序，所以这种索引对查询非常有效，在每一张基本表中只能有一个聚集索引。当建立主键约束时，如果基本表中没有聚集索引，SQL Server 会将主键列作为聚集索引键。尽管可以在表的任何列或列的组合上建立索引，在实际应用中一般为定义成主键约束的列建立聚集索引。

例如，汉语字典的正文内容本身就是按照音序排列的，而“汉语拼音音节索引”可以认为是“聚集索引”。

非聚集索引不会对基本表进行物理排序。如果表中不存在聚集索引，则基本表是未排序的。

因为一个表中只能有一个聚集索引，如果需要在表中建立多个索引，则可以创建为非聚集索引，表中的数据并不按照非聚集索引列的顺序存储。

2）唯一索引和非唯一索引

唯一索引确保在被索引的列中，所有数据都是唯一的，不包含重复的值。如果表具有PRIMARY KEY 或 UNIQUE 约束，在执行 CREATE TABLE 语句或 ALTER TABLE 语句时，SQL Server 会自动创建唯一索引。

非唯一索引允许所保存的列中出现重复的值，所以在对数据操作时，非唯一索引会比唯一索引带来更大的开销。唯一索引通常用于实现对数据的约束，例如对主键的约束。非唯一索引则通常用于实现对非主键列的行定位。

无论是聚集索引，还是非聚集索引，都可以是唯一索引。在 SQL Server 中，当唯一性是数据本身的特点时，可以创建唯一索引，但索引列的组合不同于表的主键。例如，如果要频繁查询表 Employees（员工表：主键为列 Emp_id）的列 Emp_name（员工姓名），而且要保证姓名是唯一的，则可以在列 Emp_name 上创建唯一索引。如果用户为多个员工输入了相同的姓名，则数据库显示错误，并且不能保存该表。

3）简单索引和复合索引

只针对基本表的一列建立的索引称为简单索引（single index）。针对多个列（最多包含

16 列)建立的索引称为复合索引或组合索引(composite index)。

7.2.2 创建索引

在 SQL Server 中,创建索引有直接方式和间接方式两种。直接方式是指用户利用图形工具或 T-SQL 语句 CREATE TABLE 来创建索引。间接方式是指在创建其他对象的同时创建索引。

1. 创建索引的基本原则

在基本表上创建索引时,用户应考虑以下常用的基本原则:

(1) 对一个表创建大量的索引,会影响 INSERT、UPDATE 和 DELETE 语句的性能,因此应避免对经常更新的表创建过多的索引。

(2) 若基本表的数据量大,且对基本表的更新操作较少而查询操作较多时,可以通过创建多个索引来提高性能。

(3) 当视图包含统计函数、表连接或两者组合时,在视图上创建索引可以显著地提高性能。

(4) 可以对唯一列或非空列创建聚集索引。

(5) 每个表只能创建一个聚集索引。

(6) 在包含大量重复值的列上创建索引,查询的时间会较长。

(7) 若查询语句中存在计算列,则可以考虑对计算列值创建索引。

(8) 在实际创建索引时,要考虑索引大小的限制,即索引键最多包含 16 列,最大为 900 个字节。

2. 使用 SSMS 图形化方式创建索引

下面通过一个例子来说明用 SSMS 图形化方式创建索引的方法。

例 7.8 为例 5.9 教学管理数据库的学生表 S 的 SNAME 创建索引 I_SNAME。

具体步骤如下:

(1) 在"对象资源管理器"中依次展开"数据库"、"JXGL"、"表"。

(2) 选择要创建索引的表 S,单击该表左侧的"+"号,然后选择"索引"选项并右击,在快捷菜单中选择"新建索引"命令,弹出"新建索引"对话框。

(3) 在"新建索引"对话框中输入索引的名称 I_SNAME,设置索引的类型,在此选择"非聚集",并选中"唯一"复选框,如图 7.5 所示。

(4) 在该对话框中单击"添加"按钮,弹出"选择列"对话框,如图 7.6 所示。选择要添加到索引键的表列,本例中选择 SNAME 列。

(5) 单击"确定"按钮关闭该对话框,返回到"新建索引"对话框,在"索引键列"的"排序顺序"下拉列表框中选择"升序"。

(6) 在"新建索引"对话框中打开"选项"、"包含性列"、"存储"等选项页进行必要的设置,然后单击"确定"按钮,即完成了创建非聚集索引 I_SNAME 的操作。

使用 SSMS 图形化方式创建聚集索引和非唯一索引的操作步骤基本相同,在此不再赘述。

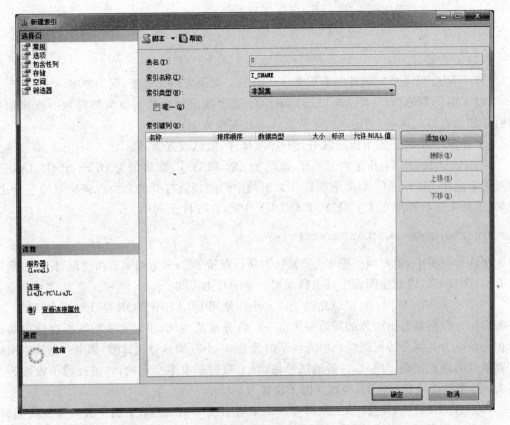

图 7.5 创建非聚集索引的"常规"选项页

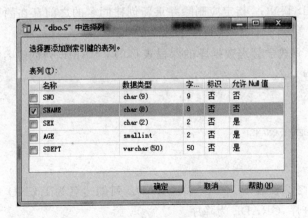

图 7.6 从 S 表中选择索引键的表列

3. 使用 T-SQL 语句方式创建索引

T-SQL 提供了 CREATE INDEX 语句创建索引,语句格式如下:

```
CREATE[UNIQUE][CLUSTERED|NONCLUSTERED]INDEX <索引名>
ON <表名或视图名>(<列名>[ASC|DESC][, … n])
[WITH PAD_INDEX
[[,]FILLFACTOR = <填充因子>]
[,IGNORE_DUP_KEY]
```

```
[[, ]DROP_EXISTING]
… ]
```

参数说明如下。

(1) UNIQUE：指定创建的索引为唯一索引。如果省略此选项，则为非唯一索引。

(2) CLUSTERED | NONCLUSTERED：用于指定创建的索引为聚集索引或非聚集索引。如果省略此选项，则创建的索引默认为非聚集索引。

(3) ASC|DESC：用于指定索引列升序或降序，默认设置为 ASC。

(4) PAD_INDEX：指定索引填充，取值为 ON 和 OFF，默认值为 OFF。PAD_INDEX 选项用来连接 FILLFACTOR，它指定在索引的中间级别页打开的自由空间特定的百分比。例如，这两个选项都用在了 CREATE INDEX 中的 WITH 子句中：

```
WITH (PAD_INDEX = ON, FILLFACTOR = 50)
```

在这个例子中，填充因子配置为 50%，为新行保留 50% 的索引页自由空间，同时也启用了 PAD_INDEX，因此中间索引页也将保留一半的自由空间。

(5) FILLFACTOR：指定填充因子的大小。使用 FILLFACTOR 是读与写之间的一个平衡操作。数据页留出额外的间隙和保留一定百分比的空间，供将来表的数据存储容量进行扩充和减少页拆分的可能性。填充因子的值是 0~100 的百分比数值，指定在创建索引后对数据页的填充比例。所以，一般的选择是，对于数据基本不变化的，将填充因子设置为足够大；对于数据经常变化的，将填充因子设置为足够小。

(6) IGNORE_DUP_KEY：当向唯一聚集索引或唯一非聚集索引中插入重复数据时，用于忽略重复值的输入。此子句要和 UNIQUE 保留字同时使用。

(7) DROP_EXISTING：指定应删除并重新创建同名的之前存在的聚集索引或非聚集索引。

例 7.9　为例 5.9 教学管理数据库的课程表 C 的 CNAME 列创建名为 I_CNAME 的唯一索引。

```
USE JXGL
GO
CREATE UNIQUE INDEX I_CNAME
ON C(CNAME)
GO
```

例 7.10　为选修课程表 SC 的 CNO、GRADE 列创建名为 I_CNO_GRADE 的复合索引。其中，CNO 为升序，GRADE 为降序。

```
USE JXGL
GO
CREATE INDEX I_CNO_GRADE
ON SC(CNO ASC, GRADE DESC)
GO
```

例 7.11　为 C 表创建输入成批数据时忽略重复值的索引，索引名为 I_CNAME_TNAME，填充因子为 60。

```
USE JXGL
```

```
GO
CREATE UNIQUE NONCLUSTERED INDEX I_CNAME_TNAME
ON C(CNAME ASC,TNAME ASC)
WITH PAD_INDEX,
FILLFACTOR = 60,
IGNORE_DUP_KEY
GO
```

4. 间接创建索引

在定义或修改表结构时,如果定义了主键约束(PRIMARY KEY)或唯一性约束(UNIQUE),那么系统同时创建了索引。

例 7.12 创建一个教师信息表,并定义主键约束和唯一性约束。

```
USE JXGL
GO
CREATE TABLE TEACHER
( TNO CHAR(6) PRIMARY KEY,
  TNAME CHAR(8) UNIQUE,
  TSEX CHAR(2),
  BIRTHDAY DATE,
  TITLE CHAR(12),
  SALARY REAL
)
GO
```

此例中创建了两个索引,一个按 TNO 升序创建了一个聚集索引,另一个按 TNAME 升序创建了一个非聚集索引。

索引一经创建,就完全由系统自动选择和维护,不需要用户指定使用索引,也不需要用户执行打开索引或进行重新索引等操作,所有的工作都是由 SQL Server 数据库管理系统自动完成的。

7.2.3 管理索引

索引需要定期管理,以提高空间的利用率。例如只有删除索引块中的所有索引行,索引块空间才会被释放。又如,在索引列上频繁地执行 UPDATE 或 INSERT 操作也应当定期重建索引以提高空间利用率。

1. 查看与修改索引

在基本表中创建索引后,可以使用 SSMS 图形化方式查看与修改索引,也可以使用 T-SQL 语句方式查看与修改索引。

1) 使用 SSMS 图形化方式查看与修改索引

具体步骤如下:

(1) 在"对象资源管理器"中依次展开"数据库"、"JXGL"、"表"。

(2) 展开要查看索引的表的下属对象,选择"索引"对象。

(3) 选择"视图"→"对象资源管理器详细信息"命令,在工作界面的右边会列出该表的所有索引,如图 7.7 所示。

(4) 如果要查看、修改索引的相关属性,在图 7.7 中选择相应的索引,然后右击,在快捷菜单中选择"属性"命令,弹出"索引属性"对话框,如图 7.8 所示。

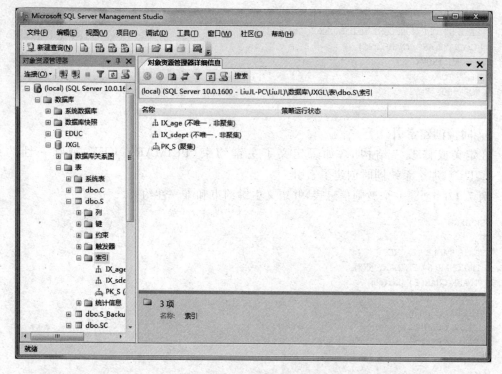

图 7.7　查看索引

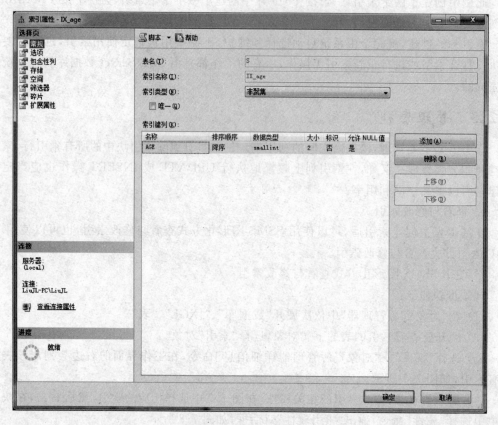

图 7.8　"索引属性"对话框

（5）在"索引属性"对话框的各个选项页中查看、修改索引的相关属性。

注意：在"索引属性"对话框中不能修改索引的名称。

2）使用系统存储过程查看索引

使用 sp_helpindex 系统存储过程可以查看基本表中的所有索引信息。

系统存储过程 sp_helpindex 的语句格式如下：

[EXEC] sp_helpindex [@objname] <表名称>

其中，<表名称>是指当前数据库中表的名称。

例 7.13 查看例 5.9 教学管理数据库的 S 表的索引。

```
USE JXGL
GO
EXEC sp_helpindex s
GO
```

用户也可以使用系统存储过程 sp_rename 更改索引的名称，语句格式如下：

[EXEC] sp_rename <表名>.<旧名称>,<新名称>[,<对象类型>]

其中，<对象类型>表示索引的对象类型，索引对象用 index 表示，字段对象用 column 表示。

注意：更改索引名称时，不仅要指定索引名称，而且必须指定索引所在的表名。

例 7.14 将例 7.9 中的索引 I_CNAME 更名为 I_C。

```
USE JXGL
GO
EXEC sp_rename 'C.I_CNAME','I_C'
GO
```

2. 删除索引

当不再需要一个索引时，可以将其从数据库中删除，以回收它当前使用的磁盘空间。在删除索引之前，必须先删除 PRIMARY KEY 或 UNIQUE 约束，这样才能删除约束使用的索引。

1）使用 SSMS 图形化方式删除索引

具体步骤如下：

（1）在"对象资源管理器"中依次展开"数据库"、"JXGL"、"表"。

（2）展开要查看索引的表的下属对象，选择"索引"对象。

（3）单击要删除的索引对象，然后右击，在弹出的快捷菜单中选择"删除"命令。

（4）在弹出的"删除对象"对话框中单击"确定"按钮，即可完成删除操作。

2）使用 T-SQL 语句方式删除索引

T-SQL 提供了 DROP INDEX 语句删除索引，语句格式如下：

DROP INDEX <表名>.<索引名>[, … n]

例 7.15 删除例 7.14 中的索引 I_C。

```
USE JXGL
```

```
GO
DROP INDEX C.I_C
GO
```

3. 维护索引

由于索引与数据表中数据的修改有关，随着应用系统的运行，数据不断发生变化，数据行的插入、删除和数据页的分裂，可能会导致索引中的信息分散在数据库中，形成碎片，从而导致应用程序响应缓慢。

SQL Server 提供了以下维护索引的方法。

1）检查整理索引碎片

（1）使用 T-SQL 的 DBCC SHOWCONTIG 语句检查相关表中有无索引的碎片信息。语句格式如下：

```
DBCC SHOWCONTIG(<表名>)
```

（2）使用 DBCC INDEXDEFRAG 整理索引碎片。它对索引的叶级进行碎片整理，以便使页的物理顺序与叶结点从左到右的逻辑顺序相匹配，从而提高索引扫描性能。语句格式如下：

```
DBCC INDEXDEFRAG (<表名>,[<索引名>[,<填充因子>]])
```

① ＜索引名＞：如果为''，表示影响该表的所有索引。

② ＜填充因子＞：即索引页的数据填充程度。如果是 100，表示每一个索引页都全部填满，此时 SELECT 效率最高，但以后插入索引时，需要移动后面的所有页，效率很低。如果是 0，表示使用之前的填充因子值。

注意：如果碎片很小，则不需要重新生成或重新组织碎片，如果碎片小于 30%，则可以选择重新组织索引，如果碎片大于 30%，则可以重新生成索引。

2）重新组织索引

如果有关表或索引的统计信息已经过时或者不完整，则会导致优化器选择不是最佳的方案，并且会降低执行查询的速度，这样就需要重新组织索引。

重新组织索引会对最外层数据页中的数据进行重新排序，并压缩索引页。在重新组织的过程中不会添加任何额外的数据，所以索引可能还残留着一定程度的碎片。

使用 ALTER INDEX REBUILD 语句可以通过扫描现有的索引块来实现索引的重建，简单语句格式如下：

```
ALTER INDEX <索引名>|ALL
ON <表>
REBUILD
[WITH
([[,]PAD_INDEX = ON|OFF]
[[,]FILLFACTOR = <填充因子>]
[[,]SORT_IN_TEMPDB = ON|OFF])]
```

其中，SORT_IN_TEMPDB = ON|OFF 指定是否在 tempdb 中存储排序结果。默认值为 OFF，其他参数的含义与索引定义中的相同。

例 7.16 对教学管理数据库中的 S 表的所有索引进行重建,并设定填充因子为 60。

```
USE JXGL
GO
ALTER INDEX ALL ON S
REBUILD WITH (FILLFACTOR = 60,
SORT_IN_TEMPDB = ON
)
GO
```

在创建或重新生成索引时,通过将 SORT_IN_TEMPDB 选项设置为 ON,可以指定 SQL Server 数据库引擎使用 tempdb 来存储用于生成索引的中间排序结果。

3) 维护索引统计信息

随着列中数据的更改,索引和列的统计信息会自动更新,从而保持一致。如果不启用更新统计信息功能,可能会导致查询优化器参考过时的或错误的统计信息,从而使用低效率或错误的执行计划。例如,在一个包含 1000 行数据的表上创建索引,索引列中包含的数据都是唯一值,查询优化器把该索引列视为搜集查询数据的最好方法。如果更新活动频繁发生,使得索引列中的数据有很多重复值,则该列对于查询不再是理想的候选列。但是,查询优化器仍然根据索引的过时分布统计信息(基于更新前的数据),将其视为好的候选列。因此,需要经常对统计信息进行更新。

(1) 数据库选项 AUTO_UPDATE_STATISTICS 提供了统计信息自动更新功能,它的默认设置是 ON。有时候,过期的统计信息可能比没有统计信息更加影响系统效率,所以建议开启自动更新功能。

(2) 数据库选项 AUTO_UPDATE_STATISTICS_ASYNC 提供了统计信息异步更新功能。当此选项设置为 ON 时,查询不等待统计信息更新即可进行编译。而过期的统计信息置于队列中,由后台进程中的工作线程来更新。

用户也可以通过执行 UPDATE STATISTICS 语句手动更新统计信息。

例 7.17 使用 T-SQL 语句开启教学管理数据库 JXGL 的自动更新统计信息功能。

```
USE JXGL
GO
ALTER DATABASE JXGL
SET AUTO_UPDATE_STATISTICS ON
GO
```

例 7.18 使用 T-SQL 语句开启教学管理数据库 JXGL 的异步更新统计信息功能。

```
USE JXGL
GO
ALTER DATABASE JXGL
SET AUTO_UPDATE_STATISTICS_ASYNC ON
GO
```

习　题　7

1. 名词解释:

视图　　　索引　　　聚集索引　　　唯一索引

2. 简述数据库视图和基本表的联系与区别。

3. 可更新视图必须满足哪些条件?

4. 假设某"仓库管理"关系数据库有下列 5 个关系模式:

零件 PART(PNO,PNAME,COLOR,WEIGHT)

项目 PROJECT(JNO,JNAME,JDATE)

供应商 SUPPLIER(SNO,SNAME,SADDR)

供应 P_P(JNO,PNO,TOTAL)

采购 P_S(PNO,SNO,QUANTITY)

(1) 试将 PROJECT、P_P、PART 基本表的自然连接定义为视图 VIEW1,将 PART、P_S、SUPPLIER 基本表的自然连接定义为视图 VIEW2。

(2) 试在上述两个视图的基础上进行数据查询:

① 检索上海供应商所供应的零件的编号和名称。

② 检索项目 J4 所用零件的供应商的编号和名称。

5. 对于教学管理数据库中的基本表 SC,建立视图:

```
CREATE VIEW S_GRADE(SNO,C_NUM,AVG_GRADE)
AS SELECT SNO,COUNT(CNO),AVG(GRADE)
FROM SC
GROUP BY SNO
```

试判断下列查询和更新是否允许执行,若允许,写出转换到基本表 SC 上的相应操作:

(1) SELECT * FROM S_GRADE

(2) SELECT SNO,C_NUM

FROM S_GRADE

WHERE AVG_GRADE > 80;

(3) SELECT SNO,AVG_GRADE

FROM S_GRADE

WHERE C_NUM > (SELECT C_NUM

FROM S_GRADE

WHERE SNO = 'S2');

(4) UPDATE S_GRADE

SET C_NUM = C_NUM + 1

WHERE SNO = 'S4'

(5) DELETE FROM S_GRADE

WHERE C_NUM > 4;

6. 简述创建索引的必要性和作用。

7. 聚集索引和非聚集索引有何异同?

8. 使用 T-SQL 语句,按教学管理数据库 JXGL 中选修课程表 SC 的成绩列降序创建一个普通索引(非唯一、非聚集)。

第8章 存储过程、触发器和用户定义函数

在 SQL Server 2008 中,存储过程(stored procedure)和触发器(trigger)是两个重要的数据库对象。所谓存储过程,是一组预编译的 T-SQL 语句存储在 SQL Server 中,被作为一种数据库对象保存起来。存储过程的执行不是在客户端而是在服务器端(执行速度快)。存储过程可以是一条简单的 T-SQL 语句,也可以是复杂的 T-SQL 语句和流程控制语句的集合。触发器是一种特殊类型的存储过程,在用户使用一种或多种数据更新操作来更新指定表中的数据时被触发并自动执行,通常用于实现复杂的业务规则,更有效地实施数据完整性。和其他编程语言一样,SQL Server 2008 提供了用户定义函数(user defined functions)的功能,用于补充和扩展系统支持的内置函数。通过用户定义函数接受的参数,可以执行复杂的操作并将操作结果以值的形式返回。

8.1 流程控制语句

T-SQL 语言提供了一些可以用于改变语句执行顺序的命令,称为流程控制语句。流程控制语句允许用户更好地组织存储过程中的语句,可以方便地实现程序的功能。流程控制语句和常见的程序设计语言类似,主要包含以下几种:

1. BEGIN…END 语句

BEGIN…END 语句能够将多个 T-SQL 语句组合成一个语句块,并将它们视为一个单元处理。其语句格式如下:

```
BEGIN
  <T-SQL 语句>[, … n]
  [<BEGIN … END>[, … n]]
END
```

在 BEGIN…END 语句中可以嵌套另外的 BEGIN…END 语句来定义另一语句块。

2. IF…ELSE 语句

使用 IF…ELSE 语句可以有条件地执行语句。在程序中如果要对给定的条件进行判定,当条件为真或假时分别执行不同的 T-SQL 语句,可用 IF…ELSE 语句来实现。其语句格式如下:

```
IF <条件表达式>
  <命令行或语句块>
[ELSE [<条件表达式>]
  <命令行或语句块>]
```

其中，<条件表达式>可以是各种表达式的组合，但表达式的值必须是"真"或"假"。ELSE 子句是可选的。IF…ELSE 语句用来判断当某一条件成立时执行某段程序，当条件不成立时执行另一段程序。如果不使用语句块，IF 或 ELSE 只能执行一条命令。IF…ELSE 语句可以嵌套使用。

例 8.1 在教学管理数据库中，如果"C4"号课程的平均成绩高于 80 分，则显示"C4 号课程的平均成绩还不错"，否则显示"C4 号课程的平均成绩一般"。

```
USE JXGL
GO
IF (SELECT AVG(GRADE) FROM SC WHERE CNO = 'C4')> 80
    PRINT 'C4 号课程的平均成绩还不错'
ELSE
    PRINT 'C4 号课程的平均成绩一般'
GO
```

3. CASE 语句

使用 CASE 语句可以进行多个分支的选择，从而避免了多重 IF…ELSE 语句的嵌套。CASE 语句有两种格式，一种是简单的 CASE 语句格式，是将某个表达式与一组简单表达式进行比较来确定结果；另一种是 CASE 搜索语句格式，是用一组逻辑表达式来确定结果。

1）简单 CASE 语句

简单 CASE 语句的格式如下：

```
CASE <输入条件表达式>
    WHEN <条件表达式值 1> THEN <返回表达式 1>
    WHEN <条件表达式值 2> THEN <返回表达式 2>
    …
[ELSE <返回表达式 n>]
END
```

该语句的含义是，先计算<输入条件表达式>的值，再将其值按指定的顺序与 WHEN 子句<条件表达式值>进行比较，返回满足条件的第一条 WHEN 子句的<返回表达式>。如果 WHEN 子句<条件表达式值>都不满足，则返回 ELSE 子句的<返回表达式 n>。

例 8.2 在教学管理数据库中，查询 S 表中学生所在系的中文名称，如"李芸"的系部是"信息系"。

```
USE JXGL
GO
SELECT SNAME AS '姓名',
CASE SDEPT
    WHEN 'CS' THEN '计算机科学系'
    WHEN 'IS' THEN '信息系'
    WHEN 'MC' THEN '机械系'
    WHEN 'MA' THEN '数学系'
END AS '系部'
FROM S
WHERE SNAME = '李芸'
GO
```

执行结果如图 8.1 所示。

2）搜索 CASE 语句

搜索 CASE 语句的格式如下：

图 8.1　例 8.2 的执行结果

```
CASE
    WHEN <条件表达式值 1> THEN <返回表达式 1>
    WHEN <条件表达式值 2> THEN <返回表达式 2>
    ...
[ELSE <返回表达式 n>]
END
```

该语句的含义是，按指定的顺序计算每个 WHEN 子句的<条件表达式值>，返回第一个<条件表达式值>为真的 THEN 子句的<返回表达式>。如果 WHEN 子句的<条件表达式值>都不为真，则返回 ELSE 子句的<返回表达式 n>。

例 8.3　在教学管理数据库中，显示学生"C1"课程的"成绩等级"。

图 8.2　显示"成绩等级"

```
USE JXGL
GO
SELECT SNAME AS '姓名',
CASE
    WHEN GRADE >= 90 THEN '优秀'
    WHEN GRADE >= 80 THEN '良好'
    WHEN GRADE >= 70 THEN '中等'
    WHEN GRADE >= 60 THEN '及格'
    WHEN GRADE < 60 THEN '不及格'
    END AS '成绩等级'
    FROM S JOIN SC ON S.SNO = SC.SNO AND CNO = 'C1'
GO
```

执行上述语句，结果如图 8.2 所示。

4. 循环语句

使用 WHILE 语句可以根据指定的条件重复执行一个 T-SQL 语句或语句块，只要条件成立，WHILE 语句就会重复执行下去。其语句格式如下：

```
WHILE <条件表达式>
BEGIN
    <命令行或语句块>
    [BREAK]
    [CONTINUE]
    <命令行或语句块>
END
```

该语句的含义是，WHILE 在设定<条件表达式>为真时会重复执行命令行或语句块，除非遇到条件表达式为假或遇到 BREAK 语句时才跳出循环。

BREAK 命令可以让程序无条件地跳出循环，结束 WHILE 命令的执行。

CONTINUE 命令使程序跳过 CONTINUE 命令之后的语句，回到 WHILE 循环的第一行命令。

例 8.4　在教学管理数据库中，利用循环的 PRINT 语句输出 S 表中女同学的信息。

```
USE JXGL
```

存储过程、触发器和用户定义函数

```
GO
DECLARE @info VARCHAR(200)
DECLARE @curs CURSOR
SET @curs = CURSOR SCROLL DYNAMIC
FOR
SELECT '学号是：' + SNO + ';姓名是：' + SNAME + ';性别是：' + SEX + ';年龄是：' + convert(varchar(3),
AGE) + '系部是：' + SDEPT
FROM S
WHERE SEX = 'F'
OPEN @curs
FETCH NEXT FROM @curs INTO @info
WHILE(@@fetch_status = 0)
BEGIN
  PRINT @info
  FETCH NEXT FROM @curs INTO @info
END
GO
```

5. RETURN 语句

使用 RETURN 语句可以从查询或过程中无条件地退出，而不去执行位于 RETURN 之后的语句。其语句格式如下：

```
RETURN [S][<表达式>]
```

其中，<表达式>为一个整型数值或表数据，是 RETURN 语句要返回的值。

该语句的含义是：向执行调用的过程或应用程序返回一个整数值或表数据。

注意：当用于存储过程时，不能返回空值。如果试图返回空值，将生成警告信息，并返回 0 值。

8.2 存 储 过 程

存储过程是一种数据库对象，独立存储在数据库内，它可以接受参数、输出参数、返回单个或多个结果集以及返回值。

8.2.1 存储过程概述

存储过程是 T-SQL 语句和流程控制语句的预编译集合，以一个名称存储并作为一个单元处理。存储过程存储在数据库内，可由应用程序通过一个调用执行，而且允许用户声明变量、有条件的执行以及其他强大的编程功能。存储过程可包含程序流、逻辑以及对数据库的查询。

1. 使用存储过程的优势和不足

应用程序可以按名称调用存储过程，并运行包括在存储过程中的 SQL 语句，以提高应用程序的效率。使用存储过程的主要优势如下：

（1）提高了处理复杂任务的能力。存储过程主要用于数据库中执行操作的编程语句，通过接受输入参数并以输出参数的格式向调用过程或批处理返回多个值。

（2）增强了代码的复用率和共享性。存储过程只需编译一次，以后即可多次执行，因此使用存储过程可以提高应用程序的性能。

（3）减少网络中的数据流量。例如一个需要数百行 SQL 代码的操作用一条执行语句完成，不需要在网络中发送数百行代码，从而大大减轻了网络负荷。

（4）可作为安全机制使用。数据库用户可以通过得到权限来执行存储过程，而不必给予用户直接访问数据库对象的权限。这样，对于数据表，用户只能通过存储过程来访问，并进行有限的操作，从而保证了表中数据的安全。

使用存储过程也有不足之处，主要表现在以下方面：

（1）如果需要对输入存储过程的参数进行更改，或者要更改由其返回的数据，则需要更新程序集中的代码以添加参数、更新调用等，一般比较烦琐。

（2）可移植性差。由于存储过程将应用程序绑定到 SQL Server，因此，使用存储过程封装业务逻辑将限制应用程序的可移植性。

（3）很多存储过程不支持面向对象的设计，无法采用面向对象的方式将业务逻辑进行封装，从而无法形成通用的可支持复用的业务逻辑框架。

（4）代码可读性差，因此一般比较难维护。

2. 存储过程的分类

在 SQL Server 2008 中存储过程可以分为 3 种类型，即系统存储过程、扩展存储过程和用户自定义的存储过程。

1）系统存储过程

系统存储过程是由 SQL Server 系统提供的存储过程，可以作为命令执行各种操作，在后面的章节中将一一介绍。

系统存储过程主要用来从系统表中获取信息，为系统管理员管理 SQL Server 提供帮助，为用户查看数据库对象提供方便。例如，执行 sp_helptext 系统存储过程可以显示规则、默认值、未加密的存储过程、用户函数、触发器或视图的文本信息；执行 sp_depends 系统存储过程可以显示有关数据库对象相关性的信息；执行 sp_rename 系统存储过程可以更改当前数据库中用户创建的对象的名称。SQL Server 中的许多管理工作是通过执行系统存储过程来完成的，许多系统信息也可以通过执行系统存储过程获得。

系统存储过程定义在系统数据库 master 中，其前缀是 sp_，在调用时不必在存储过程前加上数据库名。这里给出几个常用的系统存储过程，如表 8.1 所示。

表 8.1　几个常用的系统存储过程

存储过程	功能
sp_addlogin	创建一个新的 login 账户
sp_addrole	在当前数据库中增加一个角色
sp_cursorclose	关闭和释放游标
sp_dbremove	删除数据库和该数据库相关的文件
sp_droplogin	删除一个登录账户
sp_helpindex	返回有关表的索引信息
sp_helprolemember	返回当前数据库中角色成员的信息
sp_helptrigger	显示触发器类型
sp_lock	返回有关锁的信息
sp_primarykeys	返回主键列的信息
sp_statistics	返回表中的所有索引列表

2）扩展存储过程

扩展存储过程通过在 SQL Server 环境外执行的动态链接库（Dynamic-Link Libraries，DLL）来实现。扩展存储过程通过前缀"xp_"来标识，它们以与系统存储过程相似的方式来执行。扩展存储过程能够在编程语言（例如 C++）中创建自己的外部例程，其显示方式和执行方式与常规存储过程一样。用户可以将参数传递给扩展存储过程，而且扩展存储过程也可以返回结果和状态。常用的扩展存储过程如表 8.2 所示。

表 8.2　常用的扩展存储过程

扩展存储过程	功　　能
xp_availablemedia	查看系统上可用的磁盘驱动器的空间信息
xp_dirtree	查看某个目录下所有子目录的结构
xp_enumdsn	查看系统上设定好的 ODBC 数据源
xp_enumgroups	查看系统上的组信息
xp_fixeddrives	列出服务器上的固定驱动器以及可用空间

3）用户自定义的存储过程

用户自定义的存储过程是用户创建的一组 T-SQL 语句集合，可以接受和返回用户提供的参数，完成某些特定功能。

本节只介绍用户自定义的存储过程及其使用。

例 8.5　在教学管理数据库中，显示表 S 的相关性信息。

```
USE JXGL
GO
EXEC sp_depends @objname = 'S'
GO
```

例 8.6　查看'd:\mssql'目录结构。

```
USE master
GO
EXEC xp_dirtree 'd:\mssql'
GO
```

例 8.7　查看服务器上所有固定驱动器，以及每个驱动器的可用空间。

```
USE master
GO
EXEC xp_fixeddrives
GO
```

8.2.2　创建存储过程

在 SQL Server 2008 中创建存储过程主要有两种方式，一种是使用 SSMS 图形化方式创建存储过程；另一种是使用 T-SQL 语句方式创建存储过程。

1. 使用 SSMS 图形化方式创建存储过程

具体步骤如下：

（1）在"对象资源管理器"中展开要创建存储过程的数据库。

（2）展开"数据库"、存储过程所属的数据库以及"可编程性"。

（3）右击"存储过程"，在快捷菜单中选择"新建存储过程"命令，弹出"新建存储过程"对话框，如图 8.3 所示。

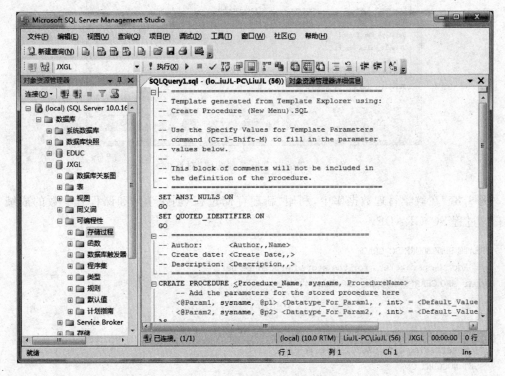

图 8.3 "新建存储过程"对话框

在模板中有些参数是用户可以自己指定的。参数需要修改 3 个元素：参数的名称、参数的数据类型以及参数的默认值。参数按以下格式包含在尖括号（＜＞）中：＜parameter_name, data_type, default_value＞。

① parameter_name：模板中参数的名称，此字段是只读的。

② data_type：模板中参数的数据类型，此字段是只读的。若要更改数据类型，请更改模板中的参数。

③ default_value：所选参数的指定值，为默认值。

（4）选择"查询"→"指定模板参数的值"命令，弹出"指定模板参数的值"对话框，如图 8.4 所示。

（5）在"指定模板参数的值"对话框中，"值"列包含参数的建议值，接受这些值或将其替换为新值，然后单击"确定"按钮。

（6）在查询编辑器中，使用过程语句替换 SELECT 语句。

（7）若要测试语法，选择"查询"→"分析"命令。

（8）若要创建存储过程，选择"查询"→"执行"命令。

（9）若要保存脚本，选择"文件"→"保存"命令，接受该文件名或将其替换为新的名称，然后单击"保存"按钮。

存储过程、触发器和用户定义函数

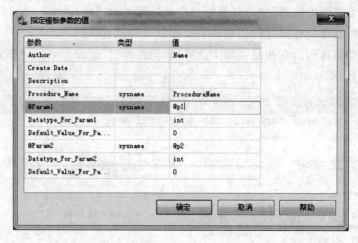

图 8.4 "指定模板参数的值"对话框

例 8.8 在教学管理数据库中,利用"新建存储过程"创建学号和课程号参数的成绩查询存储过程 SC_GRADE。

```
CREATE PROCEDURE SC_GRADE
-- Add the parameters for the stored procedure here
@par_SNO CHAR(9),@par_CNO CHAR(4)
AS
BEGIN
-- SET NOCOUNT ON added to prevent extra result sets from
-- interfering with SELECT statements.
  SET NOCOUNT ON;
  SELECT GRADE
  FROM SC
  WHERE SNO = @par_SNO AND CNO = @par_CNO
END
GO
```

2. 使用 T-SQL 语句方式创建存储过程

SQL Server 2008 提供的创建存储过程的 T-SQL 语句是 CREATE PROCEDURE,其语句格式如下:

```
CREATE PROCEDURE|PROC <存储过程名>[;n]
  [<@形参名> <数据类型 1>[, … n]]
  [<@变参名> <数据类型 2>[OUTPUT][, … n]]
  [FOR REPLICATION]
AS
  <T-SQL 语句>|<语句块>
```

参数说明如下。

(1) <存储过程名>:新建的存储过程名。

(2) n : n 是可选的整数,用于将相同名称的过程进行组合,使得它们可以用一句 DROP PROCEDURE 语句删除。

（3）＜@形参名＞：过程中的参数。在 CREATE PROCEDURE 语句中可以声明一个或多个参数。

（4）＜数据类型 1＞：参数的数据类型。参数类型可以是 SQL Server 中支持的所有数据类型，也可以是用户定义类型。

（5）＜@变参名＞：指定作为输出参数支持的结果集。

（6）＜数据类型 2＞：游标数据类型（CURSOR）。CURSOR 数据类型只能用于输出参数。

（7）OUTPUT：表示该参数是返回参数。

（8）FOR REPLICATION：指定不能在订阅服务器上执行为复制创建的存储过程。使用 FOR REPLICATION 选项创建的存储过程可用作存储过程的筛选器，且只能在复制过程中执行。

例 8.9　利用例 5.9 教学管理数据库的 3 个基本表，创建一个存储过程 PS_GRADE，输出指定学生的姓名及课程名称、成绩信息。

```
USE JXGL
GO
CREATE PROCEDURE PS_GRADE
   @S_NAME CHAR(8)
AS
   SELECT SNAME, CNAME, GRADE
   FROM S JOIN SC ON S. SNO = SC. SNO AND SNAME = @S_NAME
   JOIN C ON SC. CNO = C. CNO
GO
```

在本例中，@S_NAME 作为输入参数，为存储过程传送指定学生的姓名。

例 8.10　利用例 5.9 教学管理数据库的 3 个基本表，创建一个存储过程 PV_GRADE，输入一个学生的姓名，输出该学生所有选修课程的平均成绩。

```
USE JXGL
GO
CREATE PROCEDURE PV_GRADE
   @S_NAME CHAR(8) = NULL, @S_AVG REAL OUTPUT
AS
   SELECT @S_AVG = AVG(GRADE)
   FROM S JOIN SC ON S. SNO = SC. SNO AND SNAME = @S_NAME
GO
```

在本例中，自定义输入参数@S_NAME 的同时为输入参数指定默认值，即在调用程序不提供学生姓名时，默认是所有学生的平均成绩。

注意：在创建存储过程的 SELECT 子查询语句中赋值语句和目标列不能同时应用，如例 8.10 中，不能有 SELECT SNAME，@S_AVG＝AVG(GRADE)。

8.2.3　调用存储过程

在需要执行存储过程时，可以使用 EXECUTE（简写为 EXEC）关键字。如果存储过程

是批处理中的第一条语句,那么不使用 EXECUTE 关键字也可以执行该存储过程。EXECUTE 的语法格式如下:

```
[EXEC|EXECUTE]
{
[<@整型变量>=]
<存储过程名>[,n]
[[<@过程参数>]=<参数值>|<@变参名>[OUTPUT]|[DEFAULT]]
[,… n]
[WITH RECOMPILE]
}
```

参数说明如下。

(1) <@整型变量>:它是一个可选的整型变量,用于保存存储过程的返回状态。这个变量在用于 EXECUTE 语句前,必须在批处理、存储过程或函数中声明过。

(2) <存储过程名>:要调用的存储过程名称。

(3) n:n 是可选的整数,用于将相同名称的过程进行组合,使得它们可以用一句 DROP PROCEDURE 语句删除。

(4) <@过程参数>:在 CREATE PROCEDURE 语句中定义,参数名称前必须加上符号"@"。

(5) <参数值>:它是过程中参数的值。如果参数名称没有指定,参数值必须以 CREATE PROCEDURE 语句中定义的顺序给出。参数值也可以用<@变参名>代替,<@变参名>是用来存储参数值或返回参数值的变量。

(6) OUTPUT:指定存储过程必须返回一个参数。该存储过程的匹配参数也必须由关键字 OUTPUT 创建。使用游标变量作为参数时使用该关键字。

(7) DEFAULT:根据过程的定义提供参数的默认值。如果过程需要的参数值是没有事先定义好的默认值,或缺少参数,或指定了 DEFAULT 关键字,会出错。

(8) WITH RECOMPILE:强制在执行存储过程时对其进行编译,并将其存储起来,这样以后执行时就不再用编译。

例 8.11　调用例 8.9 定义的存储过程 PS_GRADE。

```
USE JXGL
GO
DECLARE @NAME CHAR(9)
SET @NAME = '马常友'
EXEC PS_GRADE @NAME
GO
```

执行上述语句,结果如图 8.5 所示。

例 8.12　调用例 8.10 定义的存储过程 PV_GRADE。

```
USE JXGL
GO
DECLARE @S_AVG REAL
EXEC PV_GRADE '姜云',@S_AVG OUTPUT
PRINT '姜云平均成绩为: ' + STR(@S_AVG)
```

```
GO
```

执行结果如图 8.6 所示。

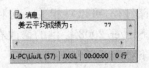

图 8.5 例 8.11 的执行结果　　　　图 8.6 例 8.12 的执行结果

8.2.4　管理存储过程

管理存储过程包括查看存储过程的相关信息、修改与删除存储过程等操作。

1. 查看存储过程信息

用户可以执行系统存储过程 sp_helptext 来查看创建的存储过程的内容；也可以执行系统存储过程 sp_help 来查看存储过程的名称、拥有者、类型和创建时间，以及存储过程中所使用的参数信息等。其语句格式如下：

```
sp_helptext <存储过程名称>
sp_help <存储过程名称>
```

例 8.13　查看存储过程 PV_GRADE 的相关信息。

```
USE JXGL
GO
EXEC sp_helptext PV_GRADE
GO
```

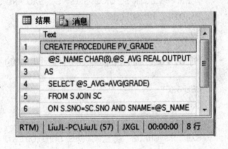

执行结果如图 8.7 所示。

例 8.14　查看存储过程 PV_GRADE 的名称、参数等相关信息。

```
USE JXGL
GO
EXEC sp_help PV_GRADE
GO
```

图 8.7 例 8.13 的执行结果

2. 修改存储过程

在 SQL Server 2008 中修改存储过程主要有两种方式，一是使用 SSMS 图形化方式修改存储过程；二是使用 T-SQL 语句方式修改存储过程。

1）使用 SSMS 图形化方式修改存储过程

修改存储过程的步骤如下：

（1）在"对象资源管理器"中展开要修改存储过程的数据库。

（2）依次展开"数据库"、存储过程所属的数据库以及"可编程性"。

191

第 8 章

存储过程、触发器和用户定义函数

（3）展开"存储过程"，右击要修改的存储过程，在弹出的快捷菜单中选择"修改"命令进行修改即可。

2）使用 T-SQL 语句方式修改存储过程

如果需要更改存储过程中的语句或参数，可以删除后重新创建该存储过程，也可以直接修改该存储过程。对于删除后再重建的存储过程，所有与该存储过程有关的权限都将丢失。而修改存储过程，可以对相关语句和参数进行修改，并且保留相关权限。

SQL Server 2008 提供的修改存储过程的 T-SQL 语句是 ALTER PROCEDURE，其语句格式如下：

```
ALTER PROCEDURE | PROC <存储过程名>[;n]
  [<@形参名> <数据类型 1>[, … n]]
  [<@变参名> <数据类型 2>[OUTPUT][, … n]]
  [FOR REPLICATION]
AS
  <T - SQL 语句>|<语句块>
```

该语句中的参数与 CREATE PROCEDURE 语句中的参数含义相同。

例 8.15   将例 8.9 中的存储过程修改为一个输入参数（学生姓名）和两个输出参数（总成绩和平均成绩）。

```
USE JXGL
GO
ALTER PROCEDURE PS_GRADE
@S_NAME CHAR(8),@S_AVG REAL OUTPUT,@S_SUM INT OUTPUT
AS
  SELECT @S_AVG = AVG(GRADE),@S_SUM = SUM(GRADE)
  FROM S JOIN SC ON S.SNO = SC.SNO AND SNAME = @S_NAME
  JOIN C ON SC.CNO = C.CNO
GO
```

例 8.16   调用例 8.15 中修改后的存储过程 PS_GRADE。

```
USE JXGL
GO
DECLARE @S_SUM1 int ,@S_AVG1 REAL
EXEC PS_GRADE '姜云', @S_SUM1 OUTPUT,@S_AVG1 OUTPUT
PRINT '姜云总分是' + STR(@S_SUM1) + '平均成绩是' + STR(@S_AVG1)
GO
```

3. 删除存储过程

在 SQL Server 2008 中删除存储过程主要有两种方式，一是使用 SSMS 图形化方式删除存储过程；二是使用 T-SQL 语句方式删除存储过程。

1）使用 SSMS 图形化方式删除存储过程

删除存储过程的步骤如下：

（1）在"对象资源管理器"中展开要删除存储过程的数据库。

（2）依次展开"数据库"、存储过程所属的数据库以及"可编程性"。

（3）展开"存储过程"，右击要删除的存储过程，在快捷菜单中选择"删除"命令，弹出"删除对象"对话框,单击"确定"按钮即可。

2）使用 T-SQL 语句方式删除存储过程

SQL Server 2008 提供的删除存储过程的 T-SQL 语句是 DROP PROCEDURE,其语句格式如下:

DROP PROCEDURE <存储过程名>[, … n]

例 8.17 删除存储过程 SC_GRADE。

```
USE JXGL
GO
DROP PROCEDURE SC_GRADE
GO
```

8.3 触 发 器

触发器是一种特殊类型的存储过程,它不同于之前我们介绍的存储过程。触发器主要是通过事件进行触发被自动调用执行的,而存储过程可以通过存储过程的名称调用。

8.3.1 触发器概述

触发器是一种对表进行插入、更新、删除的时候会自动执行的特殊存储过程。触发器一般用在比 CHECK 约束更加复杂的约束上面。触发器和普通的存储过程的区别是,触发器是当对某一个表进行 UPDATE、INSERT、DELETE 操作的时候,系统会自动调用执行该表对应的触发器。

1. 触发器的常用功能

触发器常用的功能如下:

(1) 完成比约束更复杂的数据约束。触发器可以实现比约束更为复杂的数据约束。

(2) 检查所做的操作 T SQL 是否允许。触发器可以检查 T-SQL 所做的操作是否被允许。例如,在产品库存表中,如果要删除一条产品记录,在删除记录时,触发器可以检查该产品库存数量是否为零,如果为零则取消该删除操作。

(3) 修改其他数据表中的数据。当一个 T-SQL 语句对数据表进行操作的时候,触发器可以根据该 T-SQL 语句的操作情况来对另一个数据表进行操作。例如,一个订单取消的时候,触发器可以自动修改产品库存表,在订购量的字段上减去被取消订单的订购数量。

(4) 调用更多的存储过程。约束的本身是不能调用存储过程的,但是触发器本身就是一种存储过程,而存储过程是可以嵌套使用的,所以触发器也可以调用一个或多个存储过程。

(5) 发送邮件。在 T-SQL 语句执行完之后,触发器可以判断更改过的记录是否达到一定条件,如果达到这个条件,触发器可以自动调用"数据库邮件"来发送邮件。例如,当一个订单交费之后,可以让物流人员发送邮件,通知他尽快发货。

(6) 返回自定义的错误信息。约束是不能返回信息的,而触发器可以。例如,插入一条重复记录时,可以返回一个具体的友好的错误信息给前台应用程序。

(7) 更改原来要操作的 T-SQL 语句。触发器可以修改原来要操作的 T-SQL 语句,例如,原来的 T-SQL 语句是要删除数据表中的记录,但该数据表中的记录是重要记录,是不允许删除的,那么触发器可以不执行该语句。

(8) 防止数据表结构被更改或数据表被删除。为了保护已经建好的数据表,触发器可以在收到 DROP 和 ALTER 开头的 T-SQL 语句时,不进行对数据表的操作。

2. 触发器的分类

在 SQL Server 2008 中,按照触发事件的不同可以把触发器分成两大类型: DML 触发器和 DDL 触发器。

1) DML 触发器

DML 触发器是当数据库服务器中发生数据操作语言(Data Manipulation Language, DML)事件时执行的存储过程。DML 触发器又分为两类: AFTER 触发器和 INSTEAD OF 触发器。其中,AFTER 触发器要求只有执行某一操作(INSERT、UPDATE、DELETE)之后触发器才被触发,且只能定义在表上,也可以针对表的同一操作定义多个触发器以及它们触发的顺序。INSTEAD OF 触发器表示并不执行其定义的操作(INSERT、UPDATE、DELETE)而仅执行触发器本身。用户既可以在表上定义 INSTEAD OF 触发器,也可以在视图上定义,但对同一操作只能定义一个 INSTEAD OF 触发器。

2) DDL 触发器

DDL 触发器是在响应数据定义语言(Data Definition Language,DDL)事件时执行的存储过程。DDL 触发器一般用于执行数据库中的管理任务,如审核和规范数据库操作、防止数据库表结构被修改等。

8.3.2 创建触发器

与创建存储过程一样,在 SQL Server 2008 中创建触发器有两种方式,一是使用 SSMS 图形化方式创建触发器;二是使用 T-SQL 语句方式创建触发器。

1. 使用 SSMS 图形化方式创建触发器

具体步骤如下:

(1) 在"对象资源管理器"中展开要创建 DML 触发器的数据库和其中的表或视图。

(2) 右击"触发器"选项,在快捷菜单中选择"新建触发器"命令,弹出"新建触发器"对话框,如图 8.8 所示,在其中编辑有关的 T-SQL 命令。

(3) 命令编辑完后,进行语法检查,然后单击"确定"按钮,至此,一个 DML 触发器成功创建。

例 8.18 在教学管理数据库中,为学生表 S 创建一个简单的 DML 触发器 S_I_U,在插入和修改数据时,都会自动显示提示信息。

在图 8.8 中修改 T-SQL 语句如下:

```
CREATE TRIGGER S_I_U
ON S
FOR
INSERT,UPDATE
AS
  PRINT '对 S 表进行了数据的插入或修改'
```

GO

单击"执行"按钮,即可完成触发器的创建。

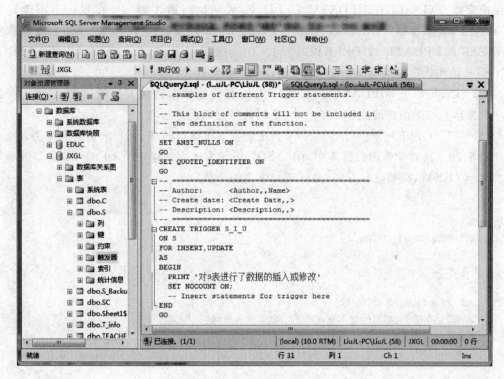

图 8.8 创建 DML 触发器

例 8.19 在教学管理数据库中,将 S 中学号为"S2"的学生的姓名"姜云"改为"姜芸"。

```
USE JXGL
GO
UPDATE S
SET SNAME = '姜芸'
WHERE SNO = 'S2'
GO
```

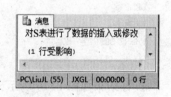

图 8.9 例 8.19 的执行结果

执行结果如图 8.9 所示,说明当对 S 表中的数据进修改时,触发了例 8.18 中创建的触发器。

2. 使用 T-SQL 语句方式创建触发器

对于不同的触发器,其创建语法大多相似,区别与表示触发器的特性有关。创建触发器的基本语句格式如下:

```
CREATE TRIGGER <触发器名>
ON <表名>|<视图名>
FOR|AFTER|INSTEAD OF
[INSERT][,UPDATE][,DELETE]
AS
  <T-SQL 语句>|<语句块>
```

参数说明如下。

(1) FOR|AFTER|INSTEAD OF：指定触发器触发的时机。其中，FOR|AFTER 指定在相应操作（INSERT、UPDATE、DELETE）成功执行后才触发。在视图上不能定义 FOR|AFTER 触发器。INSTEAD OF 指定执行 DML 触发器用于"代替"引发触发器执行的 INSERT、UPDATE 或 DELETE 语句。在表或视图上，每个 INSERT、UPDATE 和 DELETE 语句最多可以定义一个 INSTEAD OF 触发器。

(2) [INSERT][,UPDATE][,DELETE]：指定能够激活触发器的操作，必须至少指定一个操作。如果指定的操作多于一个，需用逗号分隔这些选项。

(3) ＜T-SQL 语句＞|＜语句块＞：指定触发器所执行的 T-SQL 语句或语句块。

例 8.20　在教学管理数据库中，用 T-SQL 语句为 S 表创建一个 DELETE 类型的触发器 DEL_COUNT，在删除数据时，显示删除学生的个数。

```
USE JXGL
GO
CREATE TRIGGER DEL_COUNT
ON S
FOR DELETE
AS
  DECLARE @COUNT VARCHAR(50)
  SELECT @COUNT = STR(@@ROWCOUNT) + '个学生被删除'
  SELECT @COUNT
RETURN
GO
```

其中，用全局变量@@ROWCOUNT 统计删除学生记录的个数。

例 8.21　利用例 8.20 中创建的触发器 DEL_COUNT，删除所有机械系（MC）的学生。

```
USE JXGL
GO
DELETE
FROM S
WHERE SDEPT = 'MC'
GO
```

执行结果如图 8.10 所示。

例 8.22　在教学管理数据库中，创建 DDL 触发器 JXGL_LIMITED，防止数据库 JXGL 中的表被删除或修改。

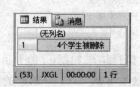

图 8.10　例 8.21 的执行结果

```
USE JXGL
GO
CREATE TRIGGER JXGL_LIMITED
ON DATABASE
FOR DROP_TABLE,ALTER_TABLE
AS
  PRINT '不允许对数据库 JXGL 的表进行修改或删除'
GO
```

例 8.23 在例 8.22 创建触发器 JXGL_LIMITED 后,修改 S 表的结构,例如添加 "BIRTHDY"列。

```
USE JXGL
GO
ALTER TABLE S
ADD BIRTHDAY DATE
GO
```

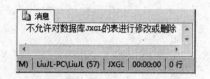

执行结果如图 8.11 所示。

图 8.11　例 8.23 的执行结果

8.3.3　管理触发器

管理触发器包括查看触发器的相关信息、修改与删除触发器,以及禁用与启用触发器等操作。

1. 查看触发器信息

因为触发器是一种特殊的存储过程,所以也可以执行系统存储过程 sp_helptext 来查看创建的触发器的内容;执行系统存储过程 sp_help 来查看触发器的名称、拥有者、类型和创建时间,以及触发器中所使用的参数信息等。其语句格式如下:

```
sp_helptext <触发器名称>
sp_help <触发器名称>
```

例 8.24 在例 5.9 教学管理数据库中,利用 sp_helptext 查看例 8.20 创建的触发器 DEL_COUNT 的内容。

图 8.12　例 8.24 的执行结果

```
USE JXGL
GO
EXEC sp_helptext DEL_COUNT
GO
```

执行结果如图 8.12 所示。

用户还可以通过使用系统存储过程 sp_helptrigger 来查看某张特定表上存在的触发器的相关信息。其语句格式如下:

```
sp_helptrigger <表名>
```

2. 修改触发器

在 SQL Server 2008 中修改触发器主要有两种方式,一是使用 SSMS 图形化方式修改触发器;二是使用 T-SQL 语句方式修改触发器。

使用 SSMS 图形化方式修改触发器类似于修改存储过程,这里不再赘述。

使用 T-SQL 语句修改触发器的格式如下:

```
ALTER TRIGGER <触发器名>
ON <表名>|<视图名>
FOR|AFTER| INSTEAD OF
[INSERT][,UPDATE][,DELETE]
AS
```

```
<T-SQL语句>|<语句块>
```

该语句中参数的含义与 CREATE TRIGGER 语句中的相同,在此不再赘述。

例 8.25　修改例 8.18 中的触发器 S_I_U,使得对学生表 S 进行添加或修改操作时,自动给出错误提示信息,并撤销此次操作。

```
USE JXGL
GO
ALTER TRIGGER S_I_U
ON S
INSTEAD OF
INSERT,UPDATE
AS
  PRINT '你执行的添加或修改操作无效!'
GO
```

3. 删除触发器

在 SQL Server 2008 中删除触发器主要有两种方式,一是使用 SSMS 图形化方式删除触发器;二是使用 T-SQL 语句方式删除触发器。

使用 SSMS 图形化方式删除触发器类似于删除存储过程,这里不再赘述。

使用 T-SQL 语句删除触发器的格式如下:

```
DROP TRIGGER <触发器名>
```

例 8.26　在教学管理数据库中,删除 S 表上的触发器 DEL_COUNT。

```
USE JXGL
GO
DROP TRIGGER DEL_COUNT
GO
```

注意:删除触发器所在的表时,SQL Server 将自动删除与该表相关的触发器。

4. 禁用和启用触发器

删除了触发器后,触发器就从当前数据库中消失了。禁用触发器不会删除触发器,该触发器仍然作为对象存在于当前数据库中。但是,在执行 INSERT、UPDATE 或 DELETE 语句(在其上对触发器进行了编程)时,触发器将不会被触发。已禁用的触发器可以被重新启用,启用触发器并不是要重新创建它。在创建触发器时,触发器默认为启用状态。

当暂时不需要某个触发器时,可以将其禁用,如果需要,再重新启用。其语句格式如下:

```
ALTER TABLE <表名>
[ENABLE|DISABLE] TRIGGER
[ALL|<触发器名>[, … n]]
```

参数说明如下。

(1) ENABLE|DISABLE:指定启用或禁用触发器。

(2) ALL:指定启用或禁用表中所有的触发器。

(3) <触发器名>:指定启用或禁用的触发器的名称。

例 8.27 在教学管理数据库中,禁用 S 表上创建的所有触发器。

```
USE JXGL
GO
ALTER TABLE S
DISABLE TRIGGER ALL
GO
```

8.4 用户定义函数

用户定义函数像系统内置函数一样,可以接受参数,执行复杂的操作并将操作结果以值的形式返回,也可以将结果用表格变量返回。

8.4.1 用户定义函数概述

用户定义函数是 SQL Server 的数据库对象,它不能用于执行一系列改变数据库状态的操作,但可以像系统函数一样在查询或存储过程等程序段中使用,也可以像存储过程一样通过 EXECUTE 命令来执行。用户定义函数中存储了一个 T-SQL 例程,可以返回一定的值。用户定义函数与存储过程的比较如表 8.3 所示。

表 8.3 用户定义函数与存储过程的比较

比较项	用户定义函数	存储过程
参数	允许有 0 到多个输入参数,不允许有输出参数	允许有多个输入参数和输出参数
返回值	有且只有一个返回值	可以没有返回值
调用	在表达式或赋值语句中引用	使用 EXECUTE 调用

1. 使用用户定义函数的优点

使用用户定义函数的优点如下:

(1) 模块化程序设计。将特定的功能封闭在一个用户定义函数中,并存储在数据库中。这个函数只需创建一次,以后便可以在程序中多次调用,并且用户定义函数可以独立于程序源代码进行修改。

(2) 执行速度快。与存储过程相似,用户定义函数实施缓存计划。即用户定义函数只需编译一次,以后可以多次重用,从而降低了 T-SQL 代码的编译开销。这意味着每次使用用户定义函数时均无须重新解析和重新优化,从而缩短了执行时间。

(3) 减少网络流量。用户定义函数和存储过程一样可以减少网络通信的流量。此外,用户定义函数还可以用在 WHERE 子句中,在服务器端过滤数据,以减少发送至客户端的数字或行数。

2. 用户定义函数的分类

在 SQL Server 中根据函数返回值形式的不同将用户定义函数分为 3 种类型:

1) 标量型函数

标量型函数(scalar functions)返回子句(RETURNS 子句)中定义类型的单个数据值,不能返回多个值。函数体语句定义在 BEGIN…END 语句块内,其中包含了可以返回值的

T-SQL 命令。

2）内联表值型函数

内联表值型函数(inline table-valued functions)以表的形式返回一个返回值,即返回的是在 RETURN 子句中指定的 TABLE 类型的数据行集(表)。内联表值型函数没有由 BEGIN…END 语句块的函数体。其返回的表由一个位于 RETURN 子句的 SELECT 命令语句从数据库中筛选出来。内联表值型函数的功能相当于一个参数化的视图。

3）多语句表值型函数

多语句表值型函数(multi-statement table-valued functions)可以看作标量型函数和内联表值型函数的结合体。它的返回值是一个表,但它和标量型函数一样有一个 BEGIN…END 语句块的函数体,返回值的表中的数据是由函数体中的语句插入的。由此可见,它可以进行多次查询,对数据进行多次筛选与合并,弥补了内联表值型函数的不足。

8.4.2 创建用户定义函数

用户可以使用 CREATE FUNCTION 语句创建用户定义函数。根据函数的返回值不同,创建的方法也有所不同。

1. 创建标量型函数

标量型函数的函数体由一条或多条 T-SQL 语句组成,写在 BEGIN 与 END 之间。其语句格式如下:

```
CREATE FUNCTION <函数名>
([@<形参名> <数据类型>[, … n]])
RETURNS <返回值数据类型>
[AS]
BEGIN
   <T-SQL 语句>|<语句块>
   RETURN <返回表达式>
END
```

<返回值数据类型>不能是 text、ntext、image 和 timestamp 类型。

另外,在 BEGIN…END 之间,必须有一条 RETURN 语句,用于指定返回表达式,即函数的返回值。

例 8.28 在教学管理数据库中定义一个函数 S_AVG,当给定一个学生的姓名时,返回该学生的平均成绩。

```
USE JXGL
GO
CREATE FUNCTION S_AVG
(@S_NAME CHAR(8))
RETURNS REAL
AS
BEGIN
   DECLARE @S_AVERAGE REAL
   SELECT @S_AVERAGE = AVG(GRADE)
   FROM S JOIN SC ON S.SNO = SC.SNO AND S.SNAME = @S_NAME
   RETURN @S_AVERAGE
```

```
END
GO
```

在标量型函数创建后,可以在对象资源管理器中查看到新建的用户定义函数。其方法是依次单击"对象资源管理器"→"数据库"→JXGL→"可编程性"→"函数"。

调用用户定义函数与调用系统内置函数的方法一样,但需要在用户定义函数名前加"dbo."前缀,以表示该函数的所有者。

说明:DBO 是每个数据库的默认用户,具有所有者权限,即 DBOwner。

例 8.29 调用例 8.28 中定义的函数 S_AVG,求学生"王丽萍"的平均成绩。

```
USE JXGL
GO
PRINT dbo.S_AVG('王丽萍')
GO
```

2. 创建内联表值型函数

内联表值型函数没有函数主体,表是单个 SELECT 语句的结果集,同时返回 TABLE 数据类型。

创建内联表值型函数的语句格式如下:

```
CREATE FUNCTION <函数名>
([<@形参名> <数据类型>[, … n]])
RETURNS TABLE
[AS]
    RETURN(SELECT <查询语句>)
```

RETURNS TABLE 子句说明返回值是一个表。最后的 RETURN 子句中的 SELECT 语句用于返回表中的数据。

例 8.30 在教学管理数据库中定义函数 S_CNO,当给定一个学生的学号时,返回该学生所学课程的所有课程名。

```
USE JXGL
GO
CREATE FUNCTION S_CNO
(@S_NO CHAR(8))
RETURNS TABLE
AS
  RETURN(SELECT SNO,CNAME FROM SC JOIN C ON SC.CNO = C.CNO AND SNO = @S_NO)
GO
```

类似于标量型函数,内联表值型函数在创建后,同样可以在对象资源管理器中查看到新建的用户定义函数。

因为内联表值型函数返回的是表变量,所以可以用 SELECT 语句调用。

例 8.31 调用例 8.30 中定义的内联表值型函数 S_CNAME,求学号为"S6"的学生的选修课的课程名。

```
USE JXGL
GO
```

存储过程、触发器和用户定义函数

```
SELECT * FROM S_CNAME('S6')
GO
```

执行结果如图 8.13 所示。

	SNO	CNAME
1	S6	数据库原理及应用
2	S6	数字电路
3	S6	信息检索
4	S6	数据结构
5	S6	VC++

JL (60) | JXGL | 00:00:00 | 5 行

图 8.13 例 8.31 的执行结果

3. 创建多语句表值型函数

RETURNS 指定 TABLE 作为返回的数据类型,在 BEGIN…END 语句块中定义的函数主体包含 T-SQL 语句,这些语句的结果生成行并插入到返回的表中。

创建多语句表值型函数的语句格式如下:

```
CREATE FUNCTION <函数名>
([<@形参名> <数据类型>[, … n]])
RETURNS <@返回变量> TABLE(表结构定义)
[AS]
BEGIN
    < T - SQL 语句>|<语句块>
    RETURN
END
```

RETURNS <@返回变量>指明该函数的返回局部变量,该变量的数据类型是 TABLE,而且在该子句中还需要对返回的表进行表结构的定义。

在 BEGIN… END 之间的语句块是函数体,函数体中必须包含一条不带参数的 RETURN 语句用于返回表。

例 8.32 在教学管理数据库中定义一个函数 S_TABLE,当输入一个学生的姓名时,返回该姓名学生的成绩表。

```
USE JXGL
GO
CREATE FUNCTION S_TABLE
(@S_NAME CHAR(8))
RETURNS @TB TABLE
(
    TB_SNO CHAR(9),
    TB_NAME CHAR(8),
    TB_CNO CHAR(4),
    TB_GRADE REAL
)
AS
BEGIN
    INSERT INTO @TB SELECT S.SNO, SNAME, CNO, GRADE
                FROM S JOIN SC ON S.SNO = SC.SNO
                AND SNAME = @S_NAME
    RETURN
END
GO
```

类似于标量型函数,多语句表值型函数在创建后,同样可以在对象资源管理器中查看到新建的用户定义函数。

因为多语句表值型函数返回的是表值,所以可以用 SELECT 语句调用多语句表值型函数。

例 8.33 调用例 8.32 中定义的多语句表值型函数 S_TABLE,求学生"李小刚"的成绩。

```
USE JXGL
GO
SELECT * FROM S_TABLE('李小刚')
GO
```

执行结果如图 8.14 所示。

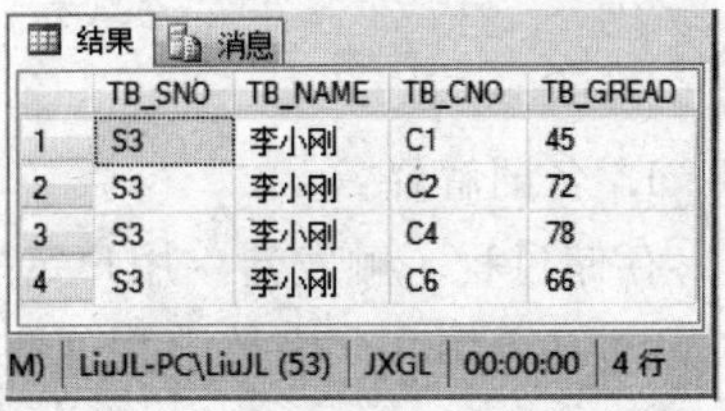

4. 使用 SSMS 图形化方式创建函数

在"对象资源管理器"中创建函数的操作步骤与创建存储过程类似,在此不再赘述。

	TB_SNO	TB_NAME	TB_CNO	TB_GREAD
1	S3	李小刚	C1	45
2	S3	李小刚	C2	72
3	S3	李小刚	C4	78
4	S3	李小刚	C6	66

M) | LiuJL-PC\LiuJL (53) | JXGL | 00:00:00 | 4 行

图 8.14 例 8.33 的执行结果

8.4.3 管理用户定义函数

管理用户定义函数包括查看用户定义函数的相关信息、修改与删除用户定义函数等操作。

1. 查看用户定义函数

执行系统存储过程 sp_helptext 来查看创建的用户定义函数内容;执行系统存储过程 sp_help 来查看用户定义函数名称、拥有者、类型和创建时间,以及用户定义函数中所使用的参数信息等。其语句格式如下:

```
sp_helptext <用户定义函数名称>
sp_help <用户定义函数名称>
```

2. 修改用户定义函数

在 SQL Server 2008 中修改用户定义函数主要有两种方式:一是使用 SSMS 图形化方式修改用户定义函数;二是使用 T-SQL 语句方式修改用户定义函数。

使用 SSMS 图形化方式修改用户定义函数类似于修改存储过程,这里不再赘述。

使用 T-SQL 语句修改用户定义函数的语句格式如下:

```
ALTER FUNCTION <用户定义函数名>
([<@形参名> <数据类型>[, … n]])
RETURNS <@返回变量> TABLE(表结构定义)
[AS]
BEGIN
  < T-SQL 语句>|<语句块>
  RETURN
END
```

修改用户定义函数的语句格式及相关参数的含义与创建用户定义函数相同,这里不再赘述。

3. 删除用户定义函数

在 SQL Server 2008 中删除用户定义函数主要有两种方式,一是使用 SSMS 图形化方式删除；二是使用 T-SQL 语句方式删除。

使用 SSMS 图形化方式删除用户定义函数类似于删除存储过程，这里不再赘述。

使用 T-SQL 语句删除用户定义函数的语句格式如下：

DROP FUNCTION <用户定义函数名>

习　题　8

1. 名词解释：

存储过程　触发器　用户定义函数

2. 对于例 5.9 中教学管理数据库的表 S 和 SC，有下列程序清单，试叙述其功能。

```
USE JXGL
GO
DECLARE @MyNo CHAR(9)
SET @MyNo = 'S7'
IF (SELECT SDEPT FROM S WHERE SNO = @MyNo) = 'CS'
  BEGIN
    SELECT AVG(GRADE) AS '平均成绩'
    FROM SC
    WHERE SNO = @MyNo
  END
ELSE
  PRINT '学号为' + @MyNo + '的学生不存在或不属于计算机科学系'
GO
```

3. 简述存储过程与触发器的区别。

4. AFTER 触发器和 INSTEAD OF 触发器有什么不同？

5. 在教学管理数据库中，创建一个名为 STU_AGE 的存储过程，该存储过程根据输入的学号，输出该学生的出生年份。

6. 在教学管理数据库中，创建一个名为 GRADE_INFO 的存储过程，其功能是查询某门课程的所有学生成绩，显示字段为 CNAME、SNO、SNAME、GRADE。

7. 在教学管理数据库中，创建一个 INSERT 触发器 TR_C_INSERT，当在 C 表中插入一条新记录时，触发该触发器，并给出"你插入了一门新的课程！"的提示信息。

8. 在教学管理数据库中，创建一个 AFTER 触发器，要求实现以下功能：在 SC 表上创建一个插入、更新类型的触发器 TR_GRADE_CHECK，当在 GRADE 字段中插入或修改成绩后，触发该触发器，检查分数是否在 0~100。

9. 在教学管理数据库中，创建用户定义函数 C_MAX，根据输入的课程名称，输出该门课程分数最高的学生的学号。

10. 在教学管理数据库中，创建用户定义函数 SNO_INFO，根据输入的课程名称，输出选修该门课程的学生的学号、姓名、性别、系部和成绩。

第9章 数据库并发控制

为了充分利用数据库资源,发挥数据库共享资源的特点,应该允许多个用户并行地存取数据库中的数据,这样会产生多个用户程序并发读取或修改同一数据的情况。如果对并发操作不加以控制可能会存取和存储不正确的数据,破坏数据库的一致性,所以数据库管理系统必须提供并发控制机制。

并发控制机制的好坏是衡量一个数据库管理系统性能的重要标志之一。SQL Server通常以事务(transaction)为单位使用封锁来实现并发控制。当用户对数据库进行并发访问时,为了确保事务完整性和数据库一致性,需要使用封锁机制,这样,保证了多个用户程序在任何时候都能在彼此完全隔离的环境中运行。

9.1 事务

事务在 SQL Server 中是一个很重要的概念,它相当于一个工作单元,使用事务可以确保同时发生的行为与数据的有效性不发生冲突,并且较好地维护了数据库的完整性,同时也确保了 T-SQL 数据的有效性。

9.1.1 事务概述

事务的概念是现代数据库理论的核心概念之一,事务是单个的工作单元,是数据库中不可再分割的基本单位。所谓事务就是用户对数据库进行的一系列操作的集合,对于事务中的系列操作要么全部完成,要么全部不完成。

SQL Server 数据库管理系统具有自动地处理事务功能,能够保证数据库操作的一致性和完整性。例如,由于数据库是可共享的信息资源,肯定会出现多个用户在同一时刻访问和修改同一部分数据的情况,那么可能由于一个用户的行为结果,造成另外的用户的数据变得无效,这时产生的数据可能会变得相互矛盾或不精确,但是使用数据的用户却不知道这种情况的发生。

例如,考虑飞机订票系统中的一个活动序列:

(1) 甲售票点读出某航班的机票余额 A,设 $A=16$。

(2) 乙售票点读出同一航班的机票余额 A,也为 16。

(3) 甲售票点卖出一张机票,修改余额 $A:=A-1$,所以 A 为 15,把 A 写回数据库。

(4) 乙售票点也卖出一张机票,修改余额 $A:=A-1$,所以 A 为 15,把 A 写回数据库。

结果明明卖出两张机票,但是数据库中的机票只减少了一张。

这种情况称为数据库的不一致性,这种不一致性是由并发操作引起的。在并发操作情况下,对甲、乙两个用户操作序列的调度是随机的。若按上面的调度序列执行,甲用户的修改就会丢失。这是由于第(4)步中乙用户修改 A 并写回后覆盖了甲的修改。

为了解决这种问题,SQL Server 使用事务管理确保同时发生的行为与数据的有效性不发生冲突,而且这些数据同时也可以被其他用户看到。

事务中一旦发生任何问题,整个事务就会重新开始,数据库也将返回到事务开始前的状态,先前发生的任何行为都会被取消,数据也恢复到其原始状态。事务要成功完成,便会将操作结果应用到数据库。所以,无论事务是否完成或是否重新开始,总能确保数据库的完整性。

1. 事务的 4 种运行模式

在 SQL Server 中,事务是以下列 4 种模式运行的,如表 9.1 所示。

表 9.1　SQL Server 事务运行的模式

运 行 模 式	具 体 行 为
自动提交事务	每条单独的语句都是一个事务,是 T-SQL 默认的事务,每一个 T-SQL 语句完成时,都会被提交或回滚
显式事务	每个事务均以 BEGIN TRANSACTION 语句显式开始,以 COMMIT 或 ROLLBACK 语句显式结束
隐式事务	在前一个事务完成时新事务隐式启动,但每个事务仍以 COMMIT 或 ROLLBACK 语句显式完成
批处理级事务	只能应用于多个活动结果集(Multiple Active Result Set,MARS),在 MARS 会话中启动的 T-SQL 显式或隐式事务变为批处理级事务。当批处理完成时没有提交或回滚的批处理级事务自动由 SQL Server 进行回滚

例如,使用 UPDATE 语句更新数据表,就可以被看作 SQL Server 的单个事务来运行。

```
USE JXGL
GO
UPDATE C
SET CNAME = '离散数学', CDEPT = 'MA', TNAME = '李邵琴'
WHERE CNO = 'C2'
GO
```

当运行该更新语句时,SQL Server 认为用户的意图是在单个事务中同时修改课程号为"C2"的课程名、开课系部和任课教师。如果有一项不可修改(如课程名违反唯一性约束),则对系部和教师姓名的修改操作都将会失败。如果将这 3 项的修改分解成 3 个更新语句:

```
USE JXGL
GO
UPDATE C
SET CNAME = '离散数学'
WHERE CNO = 'C2'
GO
USE JXGL
GO
UPDATE C
SET CDEPT = 'MA'
```

```
WHERE CNO = 'C2'
GO
USE JXGL
GO
UPDATE C
SET TNAME = '李邵琴'
WHERE CNO = 'C2'
GO
```

执行时,如果违反课程名的唯一性约束,则对其他列的修改没有影响,因为这是 3 个不同的事务。

2. 事务的性质

为了保证数据库的一致性状态,事务应该具有下列 4 个性质:

1) 原子性(Atomicity)

原子性指一个事务对数据库的所有操作是一个不可分割的工作单元,这些操作要么全部执行,要么什么也不做(就效果而言)。

保证原子性是数据库系统本身的职责,由 DBMS 的事务管理子系统来实现。

2) 一致性(Consistency)

一致性指一个事务独立执行的结果应保持数据库的一致性,即数据不会因事务的执行而遭受破坏。

确保单个事务的一致性是编写事务的应用程序员的职责。在系统运行时,由 DBMS 的完整性子系统执行测试任务。

3) 隔离性(Isolation)

在多个事务并发执行时,系统应保证与这些事务先后单独执行时的结果一样,此时称事务达到了隔离性的要求。也就是在多个事务并发执行时,保证执行结果是正确的,如同单用户环境一样。

隔离性是由 DBMS 的并发控制子系统实现的。

4) 持久性(Durability)

持久性指一个事务一旦完成全部操作后,它对数据库的所有更新将永久地反映在数据库中,即使以后系统发生故障,也应保留这个事务执行的痕迹。

持久性是由 DBMS 的恢复管理子系统实现的。

上述 4 个性质称为事务的 ACID 性质,这一缩写来自 4 个性质的第一个英文字母。

9.1.2 管理事务

SQL Server 按事务模式进行事务管理,设置事务启动和结束的时间,正确处理事务结束之前产生的错误。

1. 启动和结束事务

SQL Server 事务的运行模式不同,则启动和结束的方式也不同。

1) 显式事务的启动和结束

显式事务需要明确定义事务的启动和结束。在应用程序中,通常用 BEGIN TRANSACTION 语句来标识一个事务的开始,用 COMMIT TRANSACTION 语句来标识事务的结束。其

语句格式如下:

```
BEGIN TRAN|TRANSACTION
  [<事务名>|<@事务名变量>
    [WITH MARK[<描述字符串> ]]
  ]
```

其中,WITH MARK[<描述字符串>]是指在日志中标记该事务。

例 9.1   定义一个事务,将教学管理数据库 SC 表中所有选了"C3"号课程的学生的分数都加 5 分,并提交该事务。

```
USE JXGL
GO
DECLARE @TranName VARCHAR(20)
SELECT @TranName = 'Add_Grade'
BEGIN TRAN @TranName
  UPDATE SC SET GRADE = GRADE + 5
  WHERE CNO = 'C3'
COMMIT TRAN @TranName
GO
```

本例使用 BEGIN TRAN 定义了一个名为 Add_Grade 的事务,之后使用 COMMIT TRAN 提交。执行该事务后,学习"C3"号课程的学生的成绩都增加了 5 分。

例 9.2   在教学管理数据库中,将删除 SC 表的学号为"S9"的学生成绩和 S 表中学号为"S9"的学生记录定义为一个事务,执行该事务,并提交。

```
USE JXGL
GO
DECLARE @TranName VARCHAR(20)
SELECT @TranName = 'Del_Grade'
BEGIN TRAN @TranName
  DELETE FROM SC WHERE SNO = 'S9'
  DELETE FROM S WHERE SNO = 'S9'
COMMIT TRAN @TranName
GO
```

该例在 SC 表中删除了"S9"同学的全部成绩,同时在 S 表中删除了"S9"同学的记录。这是事务经常处理的情况,可以保证不同表中数据的一致性。

2) 隐式事务的启动和结束

默认情况下,隐式事务是关闭的。使用隐式事务需要先将事务模式设置为隐式事务模式。当不再使用隐式事务时,要退出该模式。其语句格式如下:

```
SET IMPLICIT_TRANSACTIONS ON|OFF
```

该语句的含义是,通过 T-SQL 的 SET IMPLICIT_TRANSACTIONS ON 语句,将隐式事务模式设置为打开,使下一个语句自动启动一个新事务。当该事务完成时,再下一个 T-SQL 语句又将启动一个新事务,直到连接执行 SET IMPLICIT_TRANSACTIONS OFF,使连接恢复为自动提交事务的模式。

如果连接处于隐式事务,并且当前操作不在事务中,则执行表 9.2 中的任何语句都可以启动事务。

表 9.2 可启动隐式事务的 SQL 语句

SQL 语句	SQL 语句	SQL 语句
ALTER TABLE	FETCH	REVOKE
CREATE	GRANT	SELECT
DELETE	INSERT	TRUNCATE TABLE
DROP	OPEN	UPDATE

对于设置自动打开的隐式事务,只有当执行 COMMIT TRANSACTION(提交)、ROLLBACK TRANSACTION(回滚)等语句时,当前事务才结束。

注意:在使用隐式事务时,不要忘记结束事务,即提交或回滚。

例 9.3 在教学管理数据库中,分别使用显式事务和隐式事务向表 C 中插入两条记录。

```
-- 第 1 部分
USE JXGL
GO
SET NOCOUNT ON -- 不返回受 T-SQL 语句影响的行数信息
SET IMPLICIT_TRANSACTIONS OFF
GO
PRINT 'Tran count at start = ' + CAST(@@TRANCOUNT AS VARCHAR(10))
BEGIN TRANSACTION
  INSERT INTO C
  VALUES('C7','C#程序设计教程','CS','王忠普')
PRINT 'Tran count at 1st = ' + CAST(@@TRANCOUNT AS VARCHAR(10))
 INSERT INTO C
  VALUES('C8','Web 程序设计基础','CS','张晓天')
PRINT 'Tran count at 2st = ' + CAST(@@TRANCOUNT AS VARCHAR(10))
COMMIT TRANSACTION
GO
-- 第 2 部分
PRINT 'Setting IMPLICIT_TRANSACTIONS ON.'
SET IMPLICIT_TRANSACTIONS ON
PRINT 'Use implicit transaction.'
-- 此处不需要 BEGIN TRAN
  INSERT INTO C
    VALUES('C9','管理信息系统','SI','李玉虹')
PRINT 'Tran count in 1st implicit transaction = ' + CAST(@@TRANCOUNT AS VARCHAR(10))
  INSERT INTO C
    VALUES('C10','电子商务','SI','毛易欣')
PRINT 'Tran count in 2st implicit transaction = ' + CAST(@@TRANCOUNT AS VARCHAR(10))
GO
COMMIT TRANSACTION
PRINT 'Tran count after implicit transaction = ' + CAST(@@TRANCOUNT AS VARCHAR(10))
SET IMPLICIT_TRANSACTIONS OFF
GO
```

209

第
9
章

数据库并发控制

程序的执行结果如图 9.1 所示。

本例用来比较显式事务与隐式事务的区别,其中使用了@@TRANCOUNT 函数来查看打开或关闭的事务的数量。

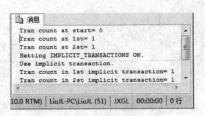

第 1 部分是显式事务,使用 BEGIN TRANSACTION 定义显式事务,使用 COMMIT TRANSACTION 提交事务。第 2 部分是隐式事务,使用 SET IMPLICIT_

图 9.1　例 9.3 的执行结果

TRANSACTION ON 设置隐式事务模式。隐式事务不需要显式地启动事务语句,直接使用 INSERT 语句启动事务。执行第一个 INSERT 语句后,输出查看打开的事务,结果为 1,说明当前连接已经打开了一个事务。再执行第 2 个 INSERT 语句,再次检查@@TRANCOUNT 函数,值仍然为 1,这是因为 SQL Server 已经有一个打开的事务,所以没有再开始另一个新的事务,最后使用 COMMIT TRANSACTION 提交事务,再次检查@@TRANCOUNT 函数的值为 0,说明事务结束。事务结束后,使用 SET IMPLICIT_TRANSACTIONS OFF 语句退出隐式事务模式。

2. 事务的保存点

为了提高事务的执行效率,或者为了方便程序的调试等操作,可以在事务的某一点处设置一个标记,这样当使用回滚语句时,可以不用回滚到事务的起始位置,而是回滚到标记所在的位置,称此标记为事务的保存点。

设置保存点的语句格式如下:

SAVE TRAN|TRANSACTION <保存点名>|<@保存点变量>

使用保存点的语句格式如下:

ROLLBACK TRAN|TRANSACTION <保存点名>|<@保存点变量>

例 9.4　定义一个事务,向教学管理数据库的 C 表中添加一条记录,并设置保存点。然后删除该记录,并回滚到事务的保存点,提交事务。

```
USE JXGL
GO
BEGIN TRAN
    INSERT INTO C
    VALUES('C11','数学建模','MA','李守信')
    SAVE TRAN savepoint
    DELETE FROM C
    WHERE CNO = 'C11'
    ROLLBACK TRAN savepoint
COMMIT TRAN
GO
```

本例使用 BEGIN TRAN 定义了一个事务,向表 C 添加了一条记录,并设置保存点 savepoint。删除记录之后,回滚到事务的保存点 savepoint 处,使用 COMMIT TRAN 提交事务,最终结果是记录没有被删除。

3. 自动提交事务

T-SQL 连接在 BEGIN TRAN 语句启动显式事务或隐式事务模式设置为打开之前,都将以自动提交模式进行操作。当提交或回滚显式事务或者关闭隐式事务模式时,将返回到自动提交模式。

在自动提交模式下,发生回滚的操作内容取决于遇到的错误类型。当遇到运行错误时,仅回滚发生错误的语句,当遇到编译错误时,回滚所有的语句。

例 9.5 比较自动提交事务发生运行错误和编译错误时的处理情况。

```
-- 发生编译错误的事务示例
USE JXGL
GO
INSERT INTO C VALUES('C21','数理统计教程','MA','李守信')
INSERT INTO C VALUES('C22','数理统计教程','MA','李守信')
-- 语法错误
INSERT INTO C VALUESE('C23','数理统计教程','MA','李守信')
SELECT * FROM C
GO
-- 运行时错误
USE JXGL
GO
INSERT INTO C VALUES('C21','数理统计教程','MA','李守信')
INSERT INTO C VALUES('C22','数理统计教程','MA','李守信')
-- 重复键
INSERT INTO C VALUES('C21','数理统计教程','MA','李守信')
SELECT * FROM C
GO
```

本例中第 1 部分由于发生编译错误,第 3 个 INSERT 语句没有被执行,且回滚前两个 INSERT 语句。第 2 部分的第 3 个 INSERT 语句产生运行时重复键错误,由于前两个 INSERT 语句成功地执行且提交,因此它们在运行发生错误之后被保留下来。

4. 事务的嵌套

SQL Server 支持嵌套事务,也就是说,在前一事务未完成之前可以启动一个新的事务,只有在外层的 COMMIT TRAN 语句才会导致数据库的永久更改。

关于嵌套事务做以下说明:

(1) SQL Server 2008 数据库引擎忽略内部事务的提交。根据最外部事务结束时采取的操作,将提交或者回滚内部事务。如果提交外部事务,也将提交内部嵌套事务;如果回滚外部事务,也将回滚所有内部事务。

(2) 对 COMMIT TRANSACTION 的每个调用都必须用于事务最后的执行语句。对于嵌套 BEGIN TRANSACTION 语句,则 COMMIT 语句只应用于最后一个嵌套的事务,也就是最内部的事务。即使嵌套事务内部的 COMMIT TRANSACTION <事务名>语句引用外部事务的事务名称,该提交也只应用于最内部的事务。

(3) ROLLBACK TRANSACTION 语句的<事务名>只能引用最外部事务的事务名称。如果在一组嵌套事务的任意级别执行使用外部事务名称的 ROLLBACK TRANSACTION<事务名>语句,那么所有嵌套事务都将回滚。如果在一组嵌套事务的任意级别执行没有<事务名>参数的 ROLLBACK TRANSACTION 语句,那么所有嵌套事务都将回滚,包括最外部事务。

（4）@@ TRANCOUNT 函数可以记录当前事务的嵌套级别。每个 BEGIN TRANSACTION 语句使@@ TRANCOUNT 加 1，每个 COMMIT TRANSACTION 或 COMMIT TRAN 语句使@@TRANCOUNT 减 1，没有事务名的 ROLLBACK TRANSACTION 语句将回滚所有嵌套事务，并使@@TRANCOUNT 减小到 0。

例 9.6 嵌套事务的 BEGIN TRAN 和 ROLLBACK 语句对@@TRANCOUNT 变量产生的效果。

```
GO
PRINT @@TRANCOUNT              --输出 0
BEGIN TRAN
PRINT @@TRANCOUNT              --开始事务增加,输出 1
BEGIN TRAN
  PRINT @@TRANCOUNT            --开始事务又增加,输出 2
ROLLBACK
PRINT @@TRANCOUNT             --回滚所有嵌套事务,输出 0
GO
```

例 9.7 使用@@TRANCOUNT 函数查看事务的嵌套级别。

```
GO
PRINT 'Trancount before transaction:' + CAST(@@TRANCOUNT AS VARCHAR(6))
BEGIN TRAN
  PRINT 'After 1st BEGIN TRAN:' + CAST(@@TRANCOUNT AS VARCHAR(6))
  BEGIN TRAN
  PRINT 'After 2st BEGIN TRAN:' + CAST(@@TRANCOUNT AS VARCHAR(6))
  COMMIT TRAN
  PRINT 'After 1st COMMIT TRAN:' + CAST(@@TRANCOUNT AS VARCHAR(6))
COMMIT TRAN
PRINT 'After 2st COMMIT TRAN:' + CAST(@@TRANCOUNT AS VARCHAR(6))
GO
```

程序执行结果如图 9.2 所示。

在本例中，利用@@TRANCOUNT 函数来查看事务的嵌套级别。当@@TRANCOUNT 值为 0 时，说明没有打开事务。每执行一个 BEGIN TRAN 语句都会使@@ TRANCOUNT 值增加 1，而每一个 COMMIT TRAN 语句都会使@@TRANCOUNT 值减少 1。

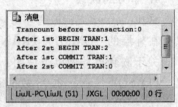

图 9.2　例 9.7 的执行结果

在@@TRANCOUNT 函数值从 1 减少到 0 时，标志着外部事务结束。由于事务起始于第一个 BEGIN TRAN 语句，结束于最后一个 COMMIT TRAN 语句，因此，最外层事务决定了是否完全提交内部的事务。如果最外层事务没有被提交，其中嵌套的事务也不会被提交。

9.2　并发数据访问管理

并发数据访问是指多个用户能够同时访问某些数据。当数据库引擎所支持的并发操作数较大时，数据库并发程序就会增多。控制多个用户如何同时访问和更新共享数据且不会彼此冲突称为并发控制。在 SQL Server 中,并发控制是通过使用封锁机制来实现的。

9.2.1　并发数据操作引起的问题

多个用户对同一个数据资源进行并发操作时,如果数据存储系统没有并发控制机制,就会出现一系列的问题。下面列出使用 SQL Server 并发操作时可能会出现的一些问题。

(1) 丢失更新(lost update)。丢失更新是指当两个或多个事务更新同一个数据资源时,最初都选定了该数据资源,但每个事务都不知道其他事务的存在,最后的更新将覆盖其他事务前面的更新。例如 9.1.1 中飞机订票系统中的一个活动序列:甲事务先卖出一张飞机票,更新了数据资源 A,使 A 的值为 15,后来乙事务又卖出了一张,将 A 的值覆盖,使 A 的值仍为 15,这样甲事务对 A 的更新就丢失了。

如果在甲事务更新数据资源并提交事务之前,不允许任何事务读取或更新该数据资源,则可避免该问题。

(2) 读脏数据(dirty read)。读脏数据有时也简称为"脏读",是指一个事务读到另一个事务未提交的更新数据。例如,当事务 T_2 正在利用统计函数 AVG 计算每一位同学各门课程的平均成绩时,事务 T_1 并发地修改学生的各科成绩,当 T_2 计算到某同学的平均成绩时,有些成绩可能是修改前的成绩值,有些可能是修改后的成绩值,这些就是"脏"数据。

读脏数据问题是由于一个事务读另一个更新事务尚未提交的数据所引起的,这也称为"读-写冲突"。

(3) 不可重复读(不一致分析)。不可重复读是指一个事务两次读同一行数据,但是这两次读到的数据不一样。例如,甲、乙同时查到账户 A 内有 200 元,甲先在账户 A 取款 100 元提交,这时乙在准备最后更新的时候对账户 A 进行了一次查询,发现结果是 100 元,这时乙就会很困惑,不知道该帐户 A 为什么改为 100 元了。

"不可重复读"和"读脏数据"的区别是,读脏数据是读取前一事务未提交的脏数据,不可重复读是重新读取前一事务已提交的数据。

(4) 幻读。幻读是指事务并发执行时发生的一种现象。例如,第一个事务 T_1 对一个表中的数据进行了修改,这种修改涉及表中的全部数据行。同时,第二个事务 T_2 也并发地修改这个表中的数据,但这种修改是向表中插入一行新数据。那么,当 T_1 重新查看时会发现表中还有没有修改的数据行,就好像发生了幻觉一样。

9.2.2　封锁机制

封锁机制是并发控制的主要手段,封锁是使事务对它要操作的数据有一定的控制能力。封锁具有 3 个环节:第一个环节是申请加锁,即事务在操作前要对它使用的数据提出加锁请求;第二个环节是获得锁,即当条件成熟时,系统允许事务对数据加锁,从而事务获得数据的控制权;第三个环节是释放锁,即完成操作后事务放弃数据的控制权。

1. 封锁模式

封锁模式确定并发事务可以访问数据的方式。对于数据的不同操作,在使用时事务应选择合适的锁,并要遵守一定的封锁协议。表 9.3 列出了 SQL Server 2008 支持的主要封锁模式。

表 9.3　SQL Server 2008 支持的主要封锁模式

名　　称	描　　述
共享(S)	用于不更改或不更新数据的读取操作,如 SELECT 语句
更新(U)	用于可更新的资源中,防止当多个操作在读取、锁定以及随后可能进行的资源更新时发生常见形式的死锁
排他(X)	用于数据修改操作,例如 INSERT、UPDATE 或 DELETE,确保不会同时对同一资源进行多重更新
意向	用于建立锁的层次结构。意向锁包含 3 种类型:意向共享(IS)、意向排他(IX) 和意向排他共享(SIX)
架构	在执行依赖于表架构的操作时使用。架构锁包含两种类型:架构修改(Sch-M) 和架构稳定(Sch-S)
大容量更新(BU)	在向表进行大容量数据复制且指定了 TABLOCK 提示时使用
键范围	当使用可序列化事务隔离级别时保护查询读取的行的范围,确保再次运行查询时其他事务无法插入符合可序列化事务查询的行

2. 可以锁定的资源

可以锁定的资源是指可以锁定 SQL Server 中的各种对象,既可以是一个行,也可以是一个表或数据库。可以锁定的资源在粒度(granularity)上差异很大(从细(行)到粗(数据库或表))。细粒度的封锁允许更大的数据库并发,因为如果锁定许多行,就必须持有更多锁,这样就会引起开销过大。另外,用户也可以对某些未锁定的行执行查询。然而,每个由 SQL Server 产生的锁都需要内存,所以数以千计独立的行级别的锁也会影响 SQL Server 的性能。粗粒度的锁降低了并发性,因为锁定整个表(数据库)会限制其他事务对该表(数据库)某个部分的访问。但粗粒度的锁消耗的资源较少,因为需要维护的锁较少。

在选择封锁粒度时,用户应该综合考虑封锁开销和并发度两个因素,选择适当的封锁粒度以得到最优的效果。通常,需要处理大数量行的事务可以以表为封锁粒度;需要处理多个表的大数量行的事务可以以数据库为封锁粒度;而对于处理少数量行的用户事务,以行为封锁粒度比较合适。

表 9.4 给出了 SQL Server 2008 常见的可以锁定的资源。

表 9.4　SQL Server 2008 常见的可以锁定的资源

锁	说　　明
KEY	索引中用于保护可序列化事务中的键范围的行锁
PAGE	数据库中的 8 KB 页,例如数据页或索引页
EXTENT	一组连续的 8KB 页,例如数据页或索引页
TABLE	包括所有数据和索引的整个表
FILE	数据库文件
RID	用于锁定堆中的单个行的行标识符
APPLICATION	应用程序专用的资源
METADATA	元数据锁
ALLOCATION_UNIT	分配单元
DATABASE	整个数据库

当单个 T-SQL 语句在单个表或索引上获取 5000 多个锁,或者 SQL Server 实例中的锁数量超过可用内存阈值时,SQL Server 会尝试启动锁升级。锁升级意味着细粒度的锁(行

或页锁)被转化为粗粒度的表锁。

3. 锁的兼容性

锁兼容性可以控制多个事务能否同时获取同一资源上的封锁。如果资源已被另一事务锁定,则仅当请求锁的模式与现有锁的模式相兼容时,才会授予新的封锁请求。如果请求封锁的模式与现有封锁的模式不兼容,则请求新封锁的事务将等待释放现有封锁或等待封锁超时或过期。例如,没有与排他锁兼容的锁模式。如果某资源具有排他锁(X 锁),则在释放排他锁(X 锁)之前,其他事务均无法获取该资源的任何类型(共享、更新或排他)的封锁。另一种情况是,如果共享锁(S 锁)已应用到某资源,则即使第一个事务尚未完成,其他事务也可以获取该资源的共享锁或更新锁(U 锁)。但是,在释放共享锁之前,其他事务无法获取该资源的排他锁。锁的兼容性如表 9.5 所示。

表 9.5　SQL Server 2008 中锁的兼容性

请求的模式	IS	S	U	IX	SIX	X
意向共享(IS)	是	是	是	是	是	否
共享(S)	是	是	是	否	否	否
更新(U)	是	是	否	否	否	否
意向排他(IX)	是	否	否	是	否	否
意向排他共享(SIX)	是	否	否	否	否	否
排他(X)	否	否	否	否	否	否

注意:意向排他锁(IX 锁)与 IX 锁模式兼容,因为 IX 只更新部分行而不是所有行,还允许其他事务读取或更新部分行,只要这些行不是当前事务更新的行即可。

4. 死锁

系统中有两个或两个以上的事务都处于等待状态,并且每个事务都在等待其中另一个事务解除封锁,它才能继续执行下去,结果造成任何一个事务都无法继续执行,这种现象称系统进入了"死锁"(dead lock)状态。

对于资源 S_1 和 S_2,事务 T_1 和 T_2 满足死锁的 4 个必要条件如下:

(1) 互斥。资源 S_1 和 S_2 不能被共享,同一时间只能由一个事务操作。

(2) 请求与保持条件。T_1 持有 S_1 的同时,请求 S_2,T_2 持有 S_2 的同时请求 S_1。

(3) 非剥夺条件。T_1 无法从 T_2 上剥夺 S_2,T_2 也无法从 T_1 上剥夺 S_1。

(4) 循环等待条件。系统中若干事务组成环路,该环路中每个事务都在等待相邻事务正占用的资源,即存在循环等待。

用户可以使用动态管理视图 sys.dm_tran_locks 或系统存储过程 sp_lock 来查看事务使用锁的信息。

例 9.8　利用动态管理视图 sys.dm_tran_locks 查看事务信息。

```
USE JXGL
GO
BEGIN TRAN
    UPDATE S
    SET SNAME = '许文秀'
    WHERE SNO = 'S7'
```

```
SELECT * FROM sys.dm_tran_locks
ROLLBACK TRAN
```

本例中由于事务回滚,没有达到修改的目的。

例 9.9 查看事务使用锁的信息。

(1) 在 JXGL 数据库中创建两个数据表作为基础。

```
USE JXGL
GO
CREATE TABLE Lock1(C1 int default(0))
CREATE TABLE Lock2(C1 int default(0))
INSERT INTO Lock1 VALUES(1)
INSERT INTO Lock2 VALUES(1)
GO
```

(2) 打开查询窗口,启动一个查询事务。

```
-- Query 1
USE JXGL
GO
BEGIN TRAN
  UPDATE Lock1 SET C1 = C1 + 1
  WAITFOR DELAY '00:01:00' - 等待一分钟
  SELECT * FROM Lock2
ROLLBACK TRAN
GO
```

(3) 打开另一个查询窗口,启动另一个查询事务。

```
-- Query 2
USE JXGL
GO
BEGIN TRAN
  UPDATE Lock2 SET C1 = C1 + 1
  WAITFOR DELAY '00:01:00' - 等待一分钟
  SELECT * FROM Lock1
ROLLBACK TRAN
GO
```

(4) 查看事务使用锁的信息。

```
GO
EXEC sp_lock -- 看锁住了哪个资源
GO
```

程序的执行结果如图 9.3 所示。

在 Query 1 中,持有 Lock1 中第一行(表中只有一行数据)的行排他锁(RID:X),并持有该行所在页的意向更新锁(PAG:IX)和该表的意向更新锁(TAB:IX);在 Query 2 中,持有 Lock2 中第一行(表中只有一行数据)的行排他锁(RID:X),并持有该行所在页的意向

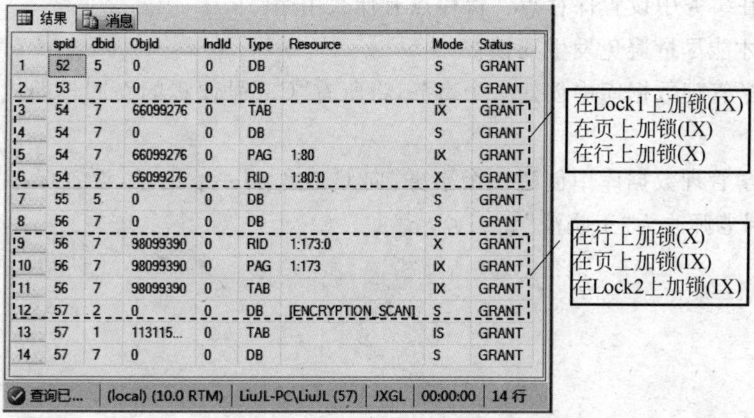

	spid	dbid	ObjId	IndId	Type	Resource	Mode	Status
1	52	5	0	0	DB		S	GRANT
2	53	7	0	0	DB		S	GRANT
3	54	7	66099276	0	TAB		IX	GRANT
4	54	7	0	0	DB		S	GRANT
5	54	7	66099276	0	PAG	1:80	IX	GRANT
6	54	7	66099276	0	RID	1:80:0	X	GRANT
7	55	5	0	0	DB		S	GRANT
8	56	7	0	0	DB		S	GRANT
9	56	7	98099390	0	RID	1:173:0	X	GRANT
10	56	7	98099390	0	PAG	1:173	IX	GRANT
11	56	7	98099390	0	TAB		IX	GRANT
12	57	2	0	0	DB	[ENCRYPTION_SCAN]	S	GRANT
13	57	1	113115...	0	TAB		IS	GRANT
14	57	7	0	0	DB		S	GRANT

图 9.3　查看锁和资源的情况

更新锁(PAG：IX)和该表的意向更新锁(TAB：IX)。

执行完 WAITFOR，Query 1 查询 Lock2，请求在资源上加 S 锁，但该行已经被 Query 2 加上了 X 锁；Query 2 查询 Lock1，请求在资源上加 S 锁，但该行已经被 Query 1 加上了 X 锁，于是两个查询持有资源并互不相让，构成死锁。

死锁是由于两个事务彼此互相等待对方放弃各自的锁造成的。当出现这种情况时，SQL Server 会自动选择一个关掉进程，允许另一个进程继续执行来结束死锁。关闭的事务会被回滚并抛出一个错误的消息发送给执行该进程的用户。一般来讲，系统需要以最少数量的开销来回滚锁撤销的事务。

虽然不能完全避免死锁，但可以使死锁的数量减至最少。防止死锁的方法是不能让满足死锁的条件发生，为此，用户需要遵循以下原则：

(1) 尽量避免并发地只执行更新数据的语句。

(2) 要求每个事务一次就将所有要使用的数据全部加锁，否则不予执行。

(3) 预先规定一个封锁顺序，所有的事务都必须按这个顺序对数据执行封锁。例如，不同的过程在事务内部对对象的更新执行顺序尽量保持一致。

(4) 每个事务的执行时间不可太长，在业务允许的情况下可以考虑将事务分割成为几个小事务来执行。

(5) 将逻辑上在一个表中的数据尽量按行或列分解为若干小表，以便改善对表的访问性能。一般来讲，如果数据不是经常被访问，那么死锁就不会经常发生。

(6) 将经常更新的数据库和查询数据库分开。

习　题　9

1. 名词解释：

事务　封锁　保存点　死锁

2. 简述显式事务与隐式事务的区别。

3. 描述并发控制可能产生的影响。

4. 如何在事务中设置保存点？保存点有什么用途？

5. 如何才能尽量避免发生死锁？

6. 在教学管理数据库中创建一个事务，将所有"C3"号课程的女同学的成绩加 5 分，并提交。

7. 在教学管理数据库中创建一个事务，向 C 表添加一条记录，设置保存点，再将"C4"号课程的任课老师改为"王晓清"。

第 10 章 数据库安全管理

SQL Server 的安全性管理是建立在身份验证（authentication）和访问许可（permission）两种机制上的。身份验证是指确定登录 SQL Server 的用户的登录账户（也称为"登录名"）和密码是否正确，以此来验证其是否具有连接 SQL Server 的权限。但是，通过身份验证并不代表能够访问 SQL Server 中的数据。用户只有在获取访问数据库的权限之后，才能够对服务器上的数据库进行权限许可下的各种操作。用户访问数据库权限的设置是通过用户账户来实现的，角色简化了安全性管理。

10.1 身份验证

SQL Server 2008 提供了两种对用户进行身份验证的模式，即 Windows 验证模式、混合验证模式，默认模式是 Windows 身份验证模式。

10.1.1 Windows 验证模式

Windows 验证模式使用 Windows 操作系统的安全机制验证用户身份，只要用户能够通过 Windows 用户账户验证，即可连接到 SQL Server 而不再进行身份验证。这种模式只适用于能够提供有效身份验证的 Windows 操作系统。

10.1.2 混合验证模式

混合验证模式是指 SQL Server 和 Windows 混合验证模式，它允许基于 Windows 的和基于 SQL Server 的身份验证，又被称为混合模式。对于可信任的连接用户（由 Windows 验证），系统直接采用 Windows 身份验证模式，否则 SQL Server 将通过账户的存在性和密码的匹配性自行进行验证，即采用 SQL Server 身份验证模式。

在 SQL Server 身份验证模式下，用户在连接 SQL Server 时必须提供登录账户和登录密码，这些登录信息存储在 sys. sql_logins（master 数据库中的一个系统视图，用于提供该 SQL Server 实例上的账号的相关信息）中，与 Windows 的登录账户无关。SQL Server 自行执行认证处理，如果输入的登录信息与系统表 sys. sql_logins 中的某条记录相匹配表明登录成功。这种模式的安全性相对而言较差一些，容易被恶意入侵者使用暴力破解 sa 账户，而且容易遭受注入式攻击，但是管理简单，目前很有市场。

Windows 身份验证模式相对而言可以提供更多的功能，如安全验证和密码加密、审核、密码过期、密码长度限定、多次登录失败后锁定账户等，对于账户以及账户组的管理和修改也更为方便。Windows 身份验证比 SQL Server 身份验证更加安全，使用 Windows 身份验证的登录账户更易于管理,用户只需登录 Windows 之后就可以使用 SQL Server,并且只需要登录一次。但是什么事情都是相对的,因为使用 Windows 身份验证时,所有的用户信息和密码都存储在系统目录的 SAM 文件中,只要搞到并破解了 SAM 文件,就没有安全可言了。

10.2　身份验证模式的设置

在安装 SQL Server 2008 时,默认是 Windows 身份验证模式。用户可以使用 SQL Server 管理工具来设置身份验证模式,但设置身份验证模式的工作只能由系统管理员来完成,下面介绍在 Microsoft SQL Server Management Studio 管理平台中设置身份验证模式的方法。

10.2.1　使用"编辑服务器注册属性"

使用"编辑服务器注册属性"设置或改变身份验证模式的步骤如下:

(1) 在 SQL Server Management Studio 窗口中,选择"视图"→"已注册的服务器"命令,弹出"已注册的服务器"对话框,选择要验证模式的服务器,然后右击,在弹出的快捷菜单中选择"属性"命令(没有注册的服务器选择"新建服务器注册"进行服务器注册),弹出如图 10.1 所示的对话框。

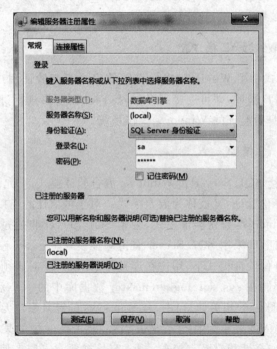

图 10.1　"编辑服务器注册属性"对话框

(2) 在"常规"选项页的"服务器名称"下拉列表框中按"<服务器名>[\<实例名>]"格式选择要注册的服务器实例。"身份验证"是指在连接 SQL Server 实例时可以使用的两种验证模式,即 Windows 身份验证和 SQL Server 身份验证。

（3）设置完成后，单击"测试"按钮确定设置是否正确，然后单击"保存"按钮，关闭对话框，即可完成验证模式的设置或改变。

10.2.2 使用"对象资源管理器"

使用"对象资源管理器"设置或改变身份验证模式的步骤如下：

（1）在 SQL Server 管理平台的"对象资源管理器"中右击服务器，在弹出的快捷菜单中选择"属性"命令，弹出如图 10.2 所示的"服务器属性"对话框。

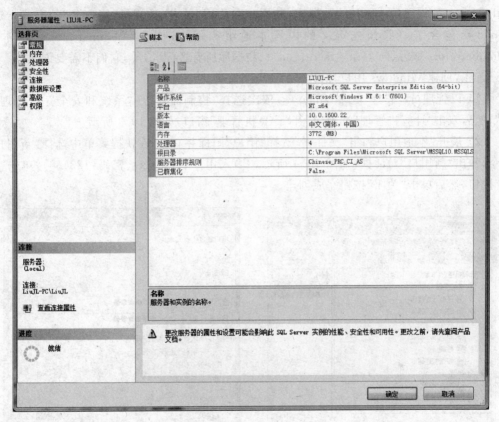

图 10.2 "服务器属性"对话框

（2）在"安全性"选项页的"服务器身份验证"栏中选择新的服务器验证模式，然后单击"确定"按钮，完成验证模式的设置或改变。

注意：身份验证模式的设置和改变都必须重启 SQL Server 后才能生效。

10.3 登录账户管理

通过身份验证并不代表能够访问 SQL Server 中的数据，用户只有在获取访问数据库的权限之后，才能够对服务器上的数据库进行权限许可下的各种操作（主要针对数据库对象，如表、视图、存储过程等），这种用户访问数据库权限的设置是通过用户登录账户来实现的。

10.3.1 创建登录账户

创建登录账户就是创建可以访问 SQL Server 数据库系统的账户，创建登录账户可以通过 SQL Server Management Studio 图形化工具实现，也可以利用 T-SQL 语句或系统存储过程来实现。

1. 通过 Windows 身份验证创建 SQL Server 登录账户

Windows 用户或组通过 Windows 的"计算机管理"窗口创建，它们必须在被授予连接 SQL Server 的权限后才能访问数据库，其用户名称用"域名\计算机\用户名"的方式指定。Windows 包含了一些预先定义的内置本地组和用户，例如 Administrators 组、本地 Administrators 账号、sa 登录、Users、Guest、数据库所有者(dbo)等，它们不需要创建。

首先，创建 Windows 用户，操作步骤如下：

（1）以管理员身份登录到 Windows，依次选择"控制面板"→"系统和安全"→"管理工具"，然后双击"计算机管理"选项，打开"计算机管理"窗口，如图 10.3 所示。

（2）展开"本地用户和组"文件夹，选择"用户"图标并右击，在快捷菜单中选择"新用户"命令，弹出"新用户"对话框，如图 10.4 所示。输入用户名(w_jx)、密码(123456)，单击"创建"按钮，然后单击"关闭"按钮完成创建。

图 10.3 "计算机管理"窗口　　　　　　　图 10.4 "新用户"对话框

创建好 Windows 用户后，使用 SQL Server 管理平台将 Windows 用户映射到 SQL Server 中，以创建 SQL Server 登录，其步骤如下：

（1）启动 SQL Server 管理平台，在"对象资源管理器"中分别展开"服务器"→"安全性"→"登录名"。

（2）右击"登录名"，在弹出的快捷菜单中选择"新建登录名"命令，打开"登录名-新建"对话框，如图 10.5 所示。

（3）在图 10.5 中选择 Windows 身份验证模式，然后单击"搜索"按钮，弹出"选择用户或组"对话框，如图 10.6 所示。在"输入要选择的对象名称"文本框中直接输入名称，或单击"高级"按钮后通过查找用户或组名称来完成输入。然后单击"确定"按钮完成"选择用户或

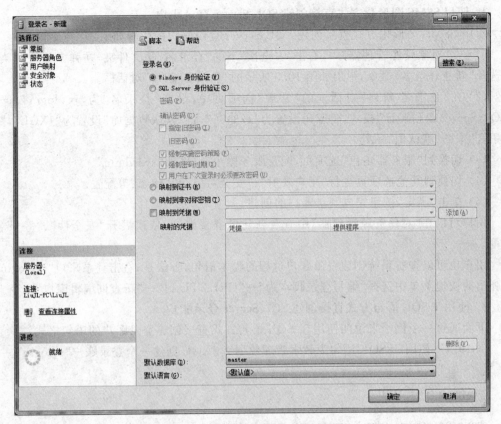

图 10.5 "登录名-新建"对话框

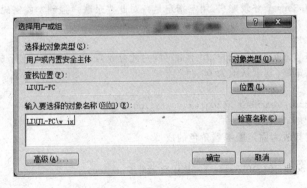

图 10.6 "选择用户或组"对话框

组"的设置,返回到如图 10.5 所示的"登录名-新建"对话框。

（4）在图 10.5 中切换到"服务器角色"选项页,可以查看或更改登录名在固定服务器角色中的成员成分。

（5）切换到"用户映射"选项页,可以查看或修改 SQL 登录到数据库用户的映射,并可以选择其在该数据库中允许担任的数据库角色。在此例中选择"JXGL"数据库,"服务器角色成员身份"选择"db_ddladmin"（执行 DDL 的所有权限）。

（6）单击"确定"按钮,一个 Windows 用户或组即可增加到 SQL Server 登录账户中。

2. 使用 SSMS 图形化方式直接创建 SQL Server 登录账户

使用 SSMS 图形化方式直接创建 SQL Server 登录账户的步骤如下：

（1）在"对象资源管理器"中，右击"安全性"下的"登录名"子文件夹，在弹出的快捷菜单中选择"新建登录名"命令，弹出如图 10.5 所示的"登录名-新建"对话框。

（2）在"登录名-新建"对话框的"常规"选项页中，设置"登录名"为"jx_login"，选择"SQL Server 身份验证"模式，将密码设置为"123456"，将"默认数据库"设置为"JXGL"，"默认语言"取"<默认值>"等。

（3）切换到"服务器角色"选项页，配置服务器角色，例如"sysadmin"。

（4）切换到其他选项页进行"用户映射"、"安全对象"和"状态"等配置。

（5）单击"确定"按钮完成登录账户的创建。

用户可以在"对象资源管理器"中查看新建的登录账户，依次展开"安全性"、"登录名"即可。

用户也可以查看系统创建登录账户过程的脚本语句，方法是，右击登录账户"jx_login"，在弹出的快捷菜单中选择"编写登录脚本为"→"CREATE 到"→"新查询编辑窗口"命令。

3. 使用 T-SQL 语句方式直接创建 SQL Server 登录账户

下面通过一个例子来说明使用 T-SQL 语句方式直接创建登录账户的语句格式。

例 10.1 使用 T-SQL 语句为教学管理数据库 JXGL 创建一个登录账户"s_login"。

```
GO
CREATE LOGIN [s_login]
WITH PASSWORD = '123456',
DEFAULT_DATABASE = [JXGL], DEFAULT_LANGUAGE = [简体中文],
CHECK_EXPIRATION = OFF,
 -- 仅适用于 SQL Server 登录账户，用于指定是否对此登录账户强制实施密码过期策略，其默认值为
    OFF。
CHECK_POLICY = OFF
 -- 仅适用于 SQL Server 登录账户，用于指定应对此登录账户强制实施运行 SQL Server 的计算机的
    Windows 密码策略，其默认值为 ON。
GO
EXEC sys.sp_addsrvrolemember @loginame = 's_login',
    @rolename = 'sysadmin'
 -- 添加登录，使其成为固定服务器角色的成员
GO
ALTER LOGIN [s_login] DISABLE      -- 禁用登录账户 s_login
```

4. 使用系统存储过程创建登录账户

用户可以使用系统存储过程 sp_addlogin 创建登录账户。具体语句格式如下：

```
sp_addlogin <登录账户> [,<密码>][,<数据库名>][,<默认语言>]
```

其中，默认密码为 NULL，默认数据库为 master，默认语言为当前服务器使用的语言。

例 10.2 为教学管理数据库 JXGL 创建新的登录账户，账户名为"ss_login"、密码为"123456"。

```
GO
EXEC sp_addlogin 'ss_login','123456','JXGL'
```

```
GO
```

对于已经创建的 Windows 用户或组,用户可以使用系统存储过程 sp_grantlogin 授予其登录 SQL Server 的权限。其语句格式如下:

```
sp_grantlogin <Windows 用户>|<组名称>
```

其中,<Windows 用户名>的格式为"域名\计算机名\用户名"。

10.3.2 管理登录账户

登录账户的管理主要涉及对登录账户的查看、修改和删除。

使用 SSMS 图形化方式可以在"对象资源管理器"中查看、修改和删除登录账户,依次展开"安全性"、"登录名"进行相应的操作即可。

下面介绍使用系统存储过程对登录账户进行查看、修改和删除。

1. 使用系统存储过程查看登录账户

使用系统存储过程 sp_helplogins 查看登录账户的语句格式如下:

```
sp_helplogins [<登录账户名>]
```

其中,如果不指定<登录账户名>,将返回所有登录账户名的相关信息。

例 10.3 查看登录账户 jx_login 的有关信息。

```
GO
EXEC sp_helplogins 'jx_login'
GO
```

2. 使用系统存储过程修改登录账户

有时需要更改已有登录账户的一些设置,根据修改的项目不同,可以分别使用 sp_password 进行密码修改、使用 sp_defaultdb 进行默认数据库修改、使用 sp_defaultlanguage 进行默认语言修改。

(1) sp_password 语句格式如下:

```
sp_password [<旧密码>,] <新密码>[,<登录账户>]
```

(2) sp_defaultdb 语句格式如下:

```
sp_defaultdb <登录账户>,<数据库名>
```

(3) sp_defaultlanguage 语句格式如下:

```
sp_defaultlanguage <登录账户> [,<语言名>]
```

例 10.4 修改例 10.2 中登录账户 ss_login 的密码"123456"为"sslogin"。

```
GO
EXEC sp_password '123456','sslogin','ss_login'
GO
```

3. 使用系统存储过程删除登录账户

对于登录账户的处理有两种形式:一是禁止使用 Windows 用户或组登录账户;二是删

除 SQL Server 登录账户。

1）禁止 Windows 用户或组登录账户

使用系统存储过程 sp_revokelogin 可以从 SQL Server 中禁止使用 sp_grantlogin 创建的 Windows 用户或组的登录账户。sp_revokelogin 并不是从 Windows 中删除了指定的 Windows 用户或组，而是禁止了该用户用 Windows 登录账户连接 SQL Server。如果被删除登录权限的 Windows 用户所属的组仍然有权限连接 SQL Server，则该用户仍然可以连接 SQL Server。

sp_revokelogin 的语句格式如下：

```
sp_revokelogin <Windows用户>|<组名称>
```

例 10.5 使用系统存储过程 sp_revokelogin 禁止使用前面创建的 Windows 用户 "LiuJL-PC\w_jx"的登录账号。

```
GO
EXEC sp_revokelogin 'LiuJL - PC\w_jx'
GO
```

2）删除 SQL Server 登录账户

使用系统存储过程 sp_droplogin 可以删除 SQL Server 登录账户，其语句格式如下：

```
sp_droplogin <登录账户名>
```

注意：不能删除 sa（系统管理员）登录账户、拥有现有数据库的登录账户、在 msdb 数据库中拥有作业的登录账户、当前正在使用且被连接到 SQL Server 的登录账户。

例 10.6 利用系统存储过程删除例 10.2 创建的登录账户"ss_login"。

```
GO
EXEC sp_droplogin 'ss_login'
GO
```

10.4　数据库用户管理

通过 Windows 创建登录账户，如果在数据库中没有授予该用户访问数据库的权限，则该用户仍不能访问数据库。因此，必须将登录账户添加到数据库中并授予相应的权限，才能成为数据库访问的合法用户。

10.4.1　创建数据库用户

创建数据库用户可以通过图形化方式实现，也可以通过系统存储过程实现。

1. 使用 SSMS 图形化方式创建数据库用户

使用 SSMS 图形化方式创建数据库用户的步骤如下：

（1）在"对象资源管理器"下依次展开"数据库"、要选择的数据库（如 JXGL）、"安全性"子文件夹，然后右击"用户"对象，在弹出的快捷菜单中选择"新建用户"命令，打开"数据库用户-新建"对话框，如图 10.7 所示。

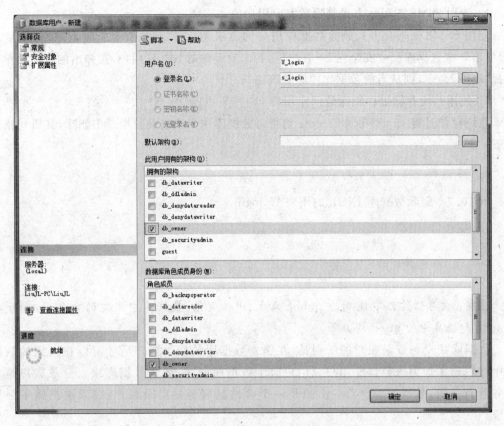

图 10.7 "数据库用户-新建"对话框

（2）在打开的"数据库用户-新建"对话框中单击"登录名"右边的 ▢ 按钮，可以搜索到登录账户，也可以直接在文本框中输入登录账户（本例中为 s_login）。在"用户名"文本框中输入用户名称（本例中为 U_login），用户名可以和登录账户名称不一样。

（3）在"此用户拥有的架构"和"数据库角色成员身份"区域中选择此用户拥有的架构和加入的角色，选中角色前的复选框即可（本例中为 db_owner）。

（4）单击对话框中的"确定"按钮，数据库用户创建完成。

2. 使用系统存储过程创建数据库用户

SQL Server 使用系统存储过程 sp_grantdbaccess 为数据库添加用户，其语句格式如下：

```
sp_grantdbaccess <登录账户>[<用户名>[OUTPUT]]
```

其中，<登录账户>是当前数据库中的新登录账户名称，如果是 Windows 用户或组必须用域名限定。<用户名>为 OUTPUT 变量，默认值为 NULL。

10.4.2 删除数据库用户

当数据库用户不再需要时可以将其删除，有两种方式，一是使用 SSML 图形化方式删除，二是使用系统存储过程删除。

数据库安全管理

1. 使用 SSMS 图形化方式删除数据库用户

使用 SSMS 图形化方式删除数据库用户的方法为：在"对象资源管理器"中依次展开"服务器"→"数据库"→"安全性"→"用户"，右击要删除的数据库用户，在弹出的快捷菜单中选择"删除"命令，则从当前数据库中删除该用户。

2. 使用系统存储过程删除数据库用户

系统存储过程 sp_revokedbaccess 用于将数据库用户从当前数据库中删除，其语句格式如下：

sp_revokedbaccess <用户名>

例 10.7　删除数据库 JXGL 的用户 U_login。

```
USE JXGL
GO
EXEC sp_revokedbaccess 'U_login'
GO
```

注意：该存储过程不能删除 public 角色、dbo 角色、数据库中固定的角色、master 和 tempdb 数据库中的 guest 用户等。

数据库用户与登录账户的区别是，在建立数据库的登录账户后才可以在指定的数据库中将用户添加为该数据库用户。用户对于数据库而言，属于数据库级。登录账户是对服务器而言的，数据库用户首先必须是一个合法的服务器登录账户，登录账户属于服务器级。

10.5　角 色 管 理

在 SQL Server 中，角色是为了方便进行权限管理所设置的管理单位，它是一组权限的集合。将数据库用户按所享有的权限进行分类，即可定义为不同的角色。管理员可以根据用户所具有的角色进行权限管理，从而大大减少工作量。

10.5.1　SQL Server 角色类型

在 SQL Server 中有两类角色，分别为固定角色和用户定义数据库角色。

1. 固定角色

在 SQL Server 中，系统定义了一些固定角色，其权限无法更改，每一个固定角色都拥有一定级别的服务器和数据库管理职能。根据它们对服务器或数据库的管理职能，固定角色又分为固定服务器角色和固定数据库角色。

固定服务器角色独立于各个数据库，具有固定的权限，可以在这些角色中添加用户以获得相关的管理权限，如表 10.1 所示。

固定数据库角色是指这些角色的数据库权限已被 SQL Server 预定义，不能对其权限进行任何修改，并且这些角色存在于每个数据库中，如表 10.2 所示。

表 10.1　固定服务器角色

角色名称	具有的权限
bulkadmin	批量管理员,可以执行大容量数据插入操作
dbcreator	数据库创建者,可以创建、更改、删除和还原任何数据库
diskadmin	磁盘管理员,管理磁盘文件
processadmin	进程管理员,管理 SQL Server 服务器中运行的进程
securityadmin	安全管理员,管理登录名及其属性,该类角色可以 GRANT、DENY 和 REVOKE
serveradmin	服务器管理员,可以更改服务器范围的配置选项和关闭服务器
setupadmin	设置管理员,添加和删除连接服务器,并且可以执行某些系统存储过程
sysadmin	系统管理员,可以在服务器中执行任何操作

表 10.2　固定数据库角色

角色名称	具有的权限
db_accessadmin	为 Windows 登录账户、Windows 组和 SQL Server 登录账户添加或删除访问权限
db_backupoperator	备份该数据库权限
db_datareader	读取该数据库所有用户表中数据的权限,即对任何表具有 SELECT 操作权限
db_datawriter	对该数据库中的任何表可以进行增、删、改操作,但不能进行查询操作
db_owner	该数据库所有者可以执行任何数据库管理工作,该角色包含各角色的全部权限
db_denydatareader	不能读取该数据库中任何表的内容
db_denydatawriter	不能对该数据库的任何表进行增、删、改操作
public	每个数据库用户都是 public 角色成员,因此,不能将用户、组或角色指定为 public 角色成员,也不能删除 public 角色成员

使用系统存储过程可以查看固定角色的相应信息,如表 10.3 所示。

表 10.3　查看固定角色的系统存储过程

系统存储过程名称	实现功能
sp_dbfixedrolepermission	查看固定数据库角色的特定权限
sp_helpsrvrole	查看固定服务器角色的列表
sp_helpdbfixedrole	查看固定数据库角色的列表
sp_srvrolepermission	查看固定服务器角色的特定权限

例 10.8　查看教学管理数据库 JXGL 中的 db_owner 角色的特定权限。

```
USE JXGL
GO
EXEC sp_dbfixedrolepermission 'db_owner'
GO
```

2. 用户定义数据库角色

当打算为某些数据库用户设置相同的权限,但是这些权限不同于固定数据库角色所具有的权限时,可以定义新的数据库角色来满足这一要求,从而使这些用户能够在数据库中实现某些特定功能。

用户定义数据库角色可以使用户在数据库中实现某一特定功能,其优点主要体现在以下方面:

（1）对一个数据库角色授予、拒绝或废除的权限适用于该角色的任何用户。

（2）在同一数据库中用户可以具有多个不同的自定义角色，这种角色的组合是自由的。

（3）角色可以进行嵌套，从而使数据库实现不同级别的安全性。

10.5.2 固定服务器角色管理

固定服务器角色不能进行添加、删除或修改等操作，只能将登录账户添加为固定服务器角色的成员。

1. 添加固定服务器角色成员

添加固定服务器角色成员有两种方式，一是使用 SSMS 图形化方式添加，二是使用系统存储过程添加。下面通过一个例子来说明固定服务器角色成员的添加。

例 10.9 使用 SSMS 图形化方式将登录账户 LiuJL-PC\w_jx 添加为固定服务器角色 dbcreator 的成员。

（1）在"对象资源管理器"中依次展开"安全性"→"服务器角色"，在"服务器角色"下面会自动显示当前 SQL Server 服务器的角色，如图 10.8 所示。

（2）选择要添加成员的某固定服务器角色（本例中为 dbcreator），然后右击，在弹出的快捷菜单中选择"属性"命令，弹出"服务器角色属性"对话框，如图 10.9 所示。

图 10.8　显示服务器的角色

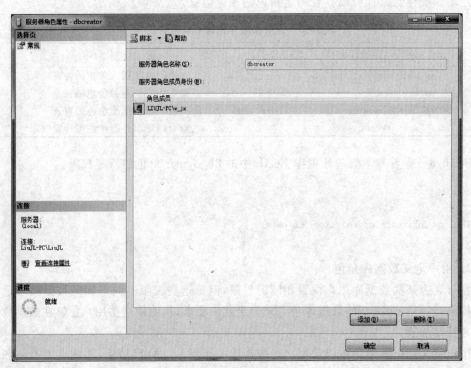

图 10.9　"服务器角色属性"对话框

（3）在"服务器角色属性"对话框中单击"添加"按钮，在弹出的"选择登录名"对话框中单击"浏览"按钮，弹出"查找对象"对话框，如图 10.10 所示。选择需要的登录账户（本例中为 LiuJL-PC\w_jx），单击"确定"按钮将其添加到"服务器角色属性"的"角色成员"列表框中，如图 10.9 所示。最后单击"确定"按钮完成操作。

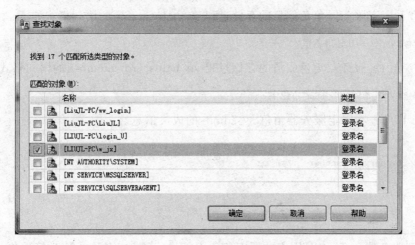

图 10.10 "查找对象"对话框

如果想删除用户，在图 10.9 所示的"服务器角色属性"对话框中选中该用户，然后单击"删除"按钮即可。

使用系统存储过程 sp_addsrvrolemember 也可以添加固定服务器角色成员，其语句格式如下：

sp_addsrvrolemember <登录账户>,<固定角色名>

其中，<固定角色名>为表 10.1 中的固定服务器角色名。

例 10.10 使用系统存储过程 sp_addsrvrolemember 将登录账户 ss_login 添加为固定服务器角色 sysadmin 的成员。

```
GO
EXEC sp_addsrvrolemember 'ss_login','sysadmin'
GO
```

2. 删除固定服务器角色成员

当固定服务器角色成员不再需要时可以将其删除，有两种方式，一是使用 SSMS 图形化方式实现，二是使用系统存储过程实现。

使用系统存储过程 sp_dropsrvrolemember 删除固定服务器角色成员的语句格式如下：

sp_dropsrvrolemember <角色成员名>,<固定角色名>

3. 查看固定服务器角色成员信息

在使用数据库时，用户可能需要了解有关固定服务器角色及其成员的信息，有两种方式，一是使用 SSMS 图形化方式实现，二是分别使用存储过程 sp_helpsrvrole 和 sp_helpsrvrolemember 实现。

使用 SSMS 图形化方式查看固定服务器角色成员信息的方法是,依次展开"对象资源管理器"→"安全性"→"服务器角色",选择要查看的固定服务器角色,然后右击,在弹出的快捷菜单中选择"属性"命令,弹出如图 10.9 所示的"服务器角色属性"对话框,在"角色成员"列表框中进行查看。

(1) 查看固定服务器角色信息的存储过程 sp_helpsrvrole 的语句格式如下:

```
sp_helpsrvrole <固定角色名>
```

(2) 查看固定服务器角色成员的存储过程 sp_helpsrvrolemember 的语句格式如下:

```
sp_helpsrvrolemember <固定角色名>
```

例 10.11　查看固定服务器角色 sysadmin 的成员信息。

```
GO
EXEC sp_helpsrvrolemember 'sysadmin'
GO
```

10.5.3　固定数据库角色管理

与固定服务器角色一样,固定数据库角色不能进行添加、删除或修改等操作,只能将用户登录添加为固定数据库角色。

1. 添加固定数据库角色

与添加固定服务器角色一样,添加固定数据库角色成员也有两种方式,一是使用 SSMS 图形化方式实现,二是使用系统存储过程实现。使用 SSMS 图形化方式添加数据库角色与添加固定服务器角色类似,只不过在"对象资源管理器"中依次展开"数据库"→所选数据库(如 JXGL)→"安全性"→"角色"→"数据库角色",然后选择要添加成员的某固定数据库角色,接着进行与添加固定服务器角色类似的操作,这里不再赘述。

使用系统存储过程 sp_addrolemember 向固定数据库角色添加成员的语句格式如下:

```
sp_addrolemember <固定角色名>,<数据库用户>
```

其中,<固定角色名>为表 10.2 中的固定数据库角色名。

例 10.12　为数据库 JXGL 创建 Windows 登录账户"LiuJL-PC/ww_login",密码为"abc",并创建该登录账户的用户名"Uww_login",最后添加到固定数据库角色"db_ddladmin"中。

```
USE JXGL
GO
EXEC sp_addlogin 'LiuJL-PC/ww_login','abc'
GO
EXEC sp_grantdbaccess 'LiuJL-PC/ww_login','Uww_login'
GO
EXEC sp_addrolemember 'db_ddladmin','Uww_login'
GO
```

2. 删除固定数据库角色成员

使用系统存储过程 sp_droprolemember 删除固定数据库角色成员的语句格式如下:

```
sp_droprolemember <固定角色名>,<角色成员名>
```

其中,<固定角色名>是表 10.2 中创建数据库角色成员时的固定数据库角色名。

例 10.13 删除例 10.12 中创建的固定数据库角色"db_ddladmin"的角色成员"Uww_login"。

```
USE JXGL
GO
EXEC sp_droprolemember 'db_ddladmin','Uww_login'
GO
```

3. 查看固定数据库角色成员信息

在使用数据库时,用户可能需要了解有关数据库角色成员的信息,有两种方式,一是使用 SSMS 图形化方式实现,二是分别使用存储过程 sp_helpdbfixedrole、sp_helprole 和 sp_helpuser 实现。

使用 SSMS 图形化方式查看固定数据库角色成员信息的方法是,依次展开"对象资源管理器"→"数据库"→所选数据库(如 JXGL)→"安全性"→"角色"→"数据库角色",选择要查看的固定数据库角色,然后右击,在弹出的快捷菜单中选择"属性"命令,弹出类似图 10.9 的"数据库角色属性"对话框,在"角色成员"列表框中进行查看。

(1) 查看当前数据库的固定角色的存储过程 sp_helpdbfixedrole 的语句格式如下:

```
sp_helpdbfixedrole <固定角色名>
```

(2) 查看当前数据库定义的固定角色信息的存储过程 sp_helprole 的语句格式如下:

```
sp_helprole <固定角色名>
```

(3) 查看当前数据库定义的角色成员信息的存储过程 sp_helprole 的语句格式如下:

```
sp_helpuser <角色成员名>
```

例 10.14 查看教学管理数据库 JXGL 的固定角色信息及角色成员信息。

```
USE JXGL
GO
sp_helpdbfixedrole 'db_ddladmin'
GO
sp_helprole 'db_ddladmin'
GO
sp_helpuser 'LiuJL-PC\w_jx'
GO
```

执行结果如图 10.11 所示。

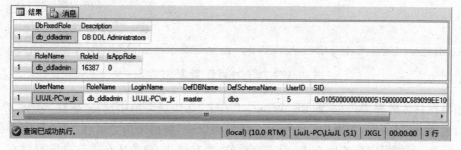

图 10.11 例 10.14 的执行结果

10.5.4 用户定义数据库角色管理

当一组用户需要在 SQL Server 中执行一组活动且没有满足需求的固定数据库角色时，需要自己定义数据库角色。

1. 创建和删除用户定义数据库角色

在 SQL Server 2008 中创建和删除用户定义数据库角色有两种方式，一是使用 SSMS 图形化方式，二是使用存储过程。

使用 SSMS 图形化方式创建数据库角色的步骤如下：

（1）在"对象资源管理器"中依次展开"数据库"→所选数据库（如 JXGL）→"安全性"→"角色"→"数据库角色"。

（2）右击"数据库角色"或具体数据库角色（如 db_owner），在弹出的快捷菜单中选择"新建数据库角色"命令，弹出如图 10.12 所示的"数据库角色-新建"对话框。

（3）在"数据库角色-新建"对话框中指定角色的名称与所有者，单击"确定"按钮，即创建了新的数据库角色。

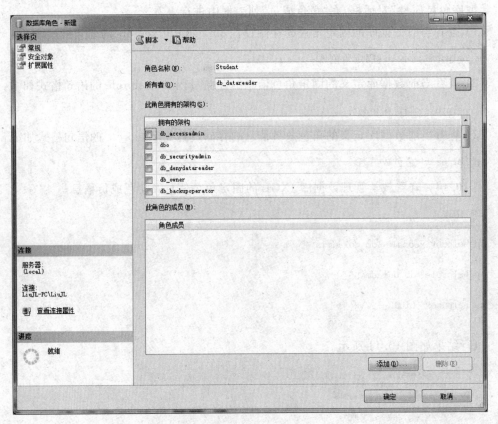

图 10.12 "数据库角色-新建"对话框

如果在具体数据库角色（如 db_owner）上右击，在快捷菜单中选择"属性"命令，弹出"数据库角色属性"对话框，如图 10.13 所示。用户可以在"数据库角色属性"对话框中查看或修改角色信息，例如指定新的所有者，对安全对象、拥有架构、角色成员等信息进行修改。

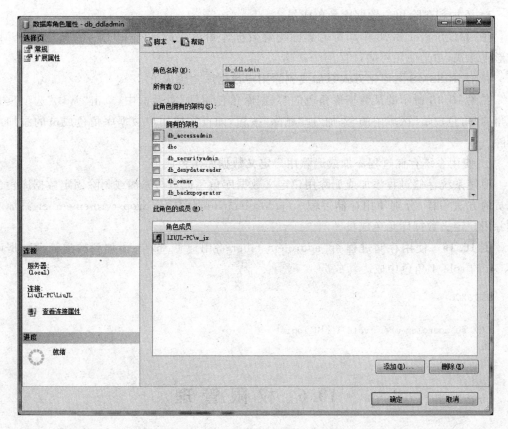

图 10.13 "数据库角色属性"对话框

如果在某数据库角色上右击,在快捷菜单中选择"删除"命令,弹出"删除对象"对话框,可以在该对话框中删除数据库角色。

使用系统存储过程 sp_addrole 和 sp_droprole 可以分别创建和删除用户定义数据库角色。

(1)创建用户数据库角色的语句格式如下:

sp_addrole <用户数据库角色名> [,<角色名>|<用户>]

(2)删除当前数据库中的数据库角色的语句格式如下:

sp_droprole <用户数据库角色名>

其中,<用户数据库角色名>是自定义的用户数据库角色的名字,<角色名>必须是当前数据库中的某个角色,<用户>必须是当前数据库中的某个用户。

例 10.15　使用系统存储过程为教学管理数据库 JXGL 创建名为 role_1 的用户数据库角色。

```
USE JXGL
GO
EXEC sp_addrole 'role_1'
GO
```

2. 添加和删除用户数据库角色成员

在 SQL Server 2008 中添加和删除用户数据库角色成员有两种方式,一是使用 SSMS 图形化方式,二是使用存储过程。

1)使用 SSMS 图形化方式添加或删除用户数据库角色成员

在图 10.13 所示的某数据库角色的"数据库角色属性"对话框中,单击"常规"选项页右下角的"角色成员"区域中的"添加"或"删除"按钮,即可完成用户数据库角色成员的添加或删除。

2)使用系统存储过程添加或删除用户定义数据库角色成员

使用系统存储过程添加或删除用户定义数据库角色成员与添加或删除固定数据库角色成员的方法一样,分别使用存储过程 sp_addrolemember 和 sp_dropsrvrolemember 添加或删除用户定义数据库角色成员。

例 10.16 使用存储过程 sp_addrolemember 将用户 U_login 添加到教学管理数据库 JXGL 的 role_1 角色中成为新成员。

```
USE JXGL
GO
EXEC sp_addrolemember 'role_1','U_login'
GO
```

10.6 权限管理

权限是指用户对数据库中对象的使用及操作的权利,当用户连接到 SQL Server 服务器后,该用户要进行的任何涉及修改数据库或访问数据的活动都必须具有相应的权限,也就是说,用户可以执行的操作均由其被授予的权限决定。

SQL Server 2008 中的权限包括 3 种类型,即语句权限、对象权限和隐含权限。

10.6.1 语句权限

语句权限主要指用户是否具有权限来执行某一语句,这些语句通常是一些具有管理性质的操作,如创建数据库、表、存储过程等。这种语句虽然也含有操作(如 CREATE)的对象,但这些对象在执行该语句之前并不存在于数据库中,所以将其归为语句权限范畴。表 10.4 列出了语句权限及其功能。

表 10.4 语句权限及其功能

语　　句	功 能 描 述	语　　句	功 能 描 述
CREATE DATABASE	创建数据库	CREATE PROCEDURE	在数据库中创建存储过程
CREATE TABLE	在数据库中创建表	CREATE FUNCTION	在数据库中创建函数
CREATE VIEW	在数据库中创建视图	BACKUP DATABASE	备份数据库
CREATE DEFAULT	在数据库中创建默认对象	BACKUP LOG	备份日志

在默认状态下,只有 sysadmin、db_owner、dbcreator 或 db_securityabmin 角色的成员能够授予语句权限。例如,用户若要在数据库中创建表,应该向该用户授予 CREATE

TABLE 语句权限。

在 SQL Server Management Studio 中，为查看现有的角色或用户的语句权限，以及"授予"、"具有授予权限"、"允许"或"拒绝"语句权限提供了图形界面。其中，"授予"是指为被授权者授予指定的权限；"具有授予权限"是指被授权者还可以将指定权限授予其他的用户或角色；"拒绝"是指将覆盖表级对列级权限以外的所有层次的权限设置。

例 10.17 查看和设置教学管理数据库 JXGL 的用户或角色。

具体步骤如下：

（1）在"对象资源管理器"下依次展开"数据库"→JXGL。

（2）右击 JXGL，在快捷菜单中选择"属性"命令，弹出"数据库属性-JXGL"对话框。

（3）切换到"权限"选项页，可以查看、设置角色或用户语句权限，如图 10.14 所示。

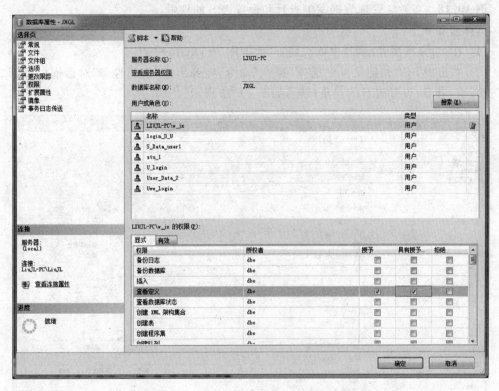

图 10.14　管理语句权限

在图 10.14 中，用户可以看到下方列表中包含了上方列表中指定的数据库用户或角色的语句权限，可以利用"添加"和"删除"按钮对数据库用户和角色进行增减，也可以用"授予"和"拒绝"复选框指定对象上的各个权限。

10.6.2　对象权限

对象权限是用户对数据库对象执行操作的权力，即处理数据或执行存储过程所需要的权限，如 INSERT、UPDATE、DELETE、EXECUTE 等。这些数据库对象包括表、视图、存储过程等。

不同类型的对象支持不同的针对它的操作，例如不能对表对象执行 EXECUTE 操作。

数据库常用对象的可能操作如表10.5所示。

表 10.5   常用数据库对象的操作

对　　象	操　　作
表	SELECT、INSERT、UPDATE、DELETE、REFERANCES
视图	SELECT、INSERT、UPDATE、DELETE
存储过程	EXECUTE
列	SELECT、UPDATE

在 SQL Server Management Studio 中，为查看现有的对象权限提供了图形界面方式。下面用一个例子来说明对象权限的管理。

例 10.18   在教学管理数据库中查看和设置表 S 的权限。

具体步骤如下：

(1) 在"对象资源管理器"中依次展开"数据库"→JXGL→"表"。

(2) 右击表 S，在快捷菜单中选择"属性"命令，在弹出的"表属性-S"对话框中打开"选项"选项页，查看、设置表 S 的对象权限，如图 10.15 所示。

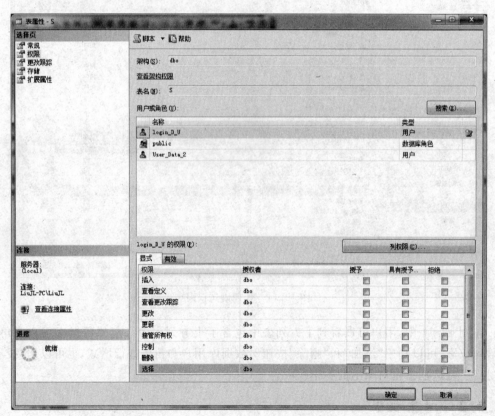

图 10.15   对象 S 表权限的查看与设置

(3) 如果选择一个操作语句，然后单击"列权限"按钮，在弹出的"列权限"对话框中还可以设置表 S 中的某些列的权限，如图 10.16 所示。本例中为表 S 的列 SDEPT 设置"授予"

和"具有授予权限"。

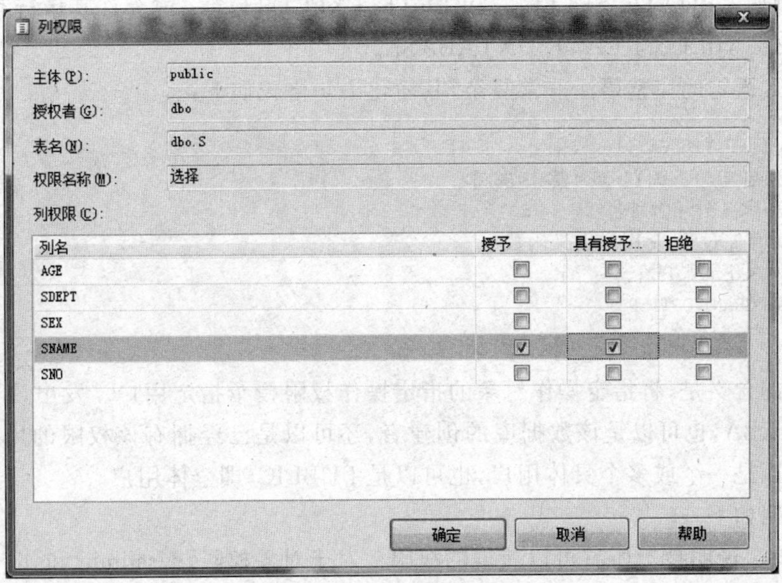

图 10.16 "列权限"对话框

10.6.3 隐含权限

隐含权限是指系统预定义且不需要授权就有的权限,包括固定服务器角色、固定数据库角色和数据库对象所有者拥有的权限。

固定角色拥有确定的权限,例如固定服务器角色 sysadmin 拥有完成任何操作的全部权限,其成员自动继承这个固定角色的全部权限。数据库对象所有者可以对所拥有的对象执行一切活动,如查看、添加或删除数据库等操作,也可以控制其他用户使用其所拥有的对象的权限。

权限管理的任务就是管理语句权限和对象权限。

10.6.4 授予用户或角色权限

数据库控制语言(DCL)是用来设置、更新数据库数据或角色权限的语句,包括 GRANT、DENY 和 REVOKE 语句。这 3 种语句的功能如表 10.6 所示。

表 10.6 管理数据库语句的权限

语句	含义	功能描述
GRANT	授予	将指定的操作权限授予数据库用户或角色
DENY	拒绝	拒绝数据库用户或角色的特定权限,并阻止它们从其他角色中继承这个权限
REVOKE	撤销	取消先前被授予或拒绝的权限

这里需要注意的是,不允许跨数据库授予权限,只能将当前数据库中的对象和语句的权限授予当前数据库中的用户。如果用户需要另一个数据库中的对象的权限,需要在该数据库中创建登录账户,或者授权登录账户访问该数据库以及当前数据库。

数据库安全管理

使用 GRANT 语句把某些权限授予某一用户或某一角色,以允许该用户执行针对该对象的操作,例如 UPDATE、SELECT、DELETE、EXECUTE 等;或允许其运行某些语句,例如 CREATE TABLE、CREATE DATABASE。

GRANT 语句的完整语法非常复杂,其简化语句格式如下:

```
GRANT [ALL[PRIVILEGES]]|<权限>[, … n]
    [(<列名>[, … n])] ON <表>|<视图>
    |<表>|<视图>[(<列名>[, … n])]
    |ON <存储过程>|<用户定义函数>
TO <用户>|<登录账户>[, … n]
    [WITH GRANT OPTION]
    [AS <组>|<角色>]
```

该语句的含义是,将指定操作对象的指定操作权限授予指定用户。发出该 GRANT 语句的可以是 DBA,也可以是该数据库的创建者,还可以是已经拥有该权限的用户。接受权限的用户可以是一个或多个具体用户,也可以是 PUBLIC,即全体用户。

参数说明如下。

(1) ALL:说明授予所有可以获得的权限。对于对象权限,sysadmin 和 db_owner 角色成员和数据库所有者可以使用 ALL 选项;对于语句权限,sysadmin 角色成员可以使用 ALL 选项。

注意:不推荐使用此选项,保留此选项仅用于向后兼容。

(2) PRIVILEGES:包含此参数是为了符合 ISO 标准。

(3) WITH GRANT OPTION:表示由 GRANT 授权的<用户>或<登录账户>有权将当前获得的对象权限转授予其他<用户>或<登录账户>。

(4) AS<组>|<角色>:表明要授予权限的用户从该<组>或<角色>处继承的权限。

例 10.19 使用 GRANT 语句给数据库用户 U_login 授予 CREATE TABLE 的权限。

```
USE JXGL
GO
GRANT CREATE TABLE TO U_login
GO
```

通过图 10.14 所示的"数据库属性-JXGL"对话框的"权限"选项页可以查看用户 U_login 获得的权限。

例 10.20 授予角色和用户对象权限。

```
USE JXGL
GO
GRANT SELECT ON SC
TO public
GO
GRANT INSERT,UPDATE,DELETE ON SC
TO Stu_1,Stu_User
GO
```

通过给 public 角色授予 SC 表的 SELECT 权限,使得 public 角色中的所有成员都拥有

SELECT 权限,而数据库 JXGL 的所有用户均为 public 角色的成员,所以该数据库的所有成员都拥有对 SC 表的查询权。本例还授予 Stu_1 和 Stu_User 对 SC 表拥有 INSERT、UPDATE 和 DELETE 权限。

10.6.5 拒绝用户或角色权限

SQL Server 利用 DENY 语句拒绝用户或角色使用授予的权限。在授予了用户或角色对象权限以后,数据库管理员可以根据实际情况在不撤销用户或角色授予权限的情况下,拒绝用户或角色使用拒绝了的权限。其基本语句格式如下:

```
DENY [ALL[PRIVILEGES]]|<权限>[,…n]
    [((<列名>[,…n])] ON <表>|<视图>
    |<表>|<视图>[((<列名>[,…n])]
    |ON <存储过程>|<用户定义函数>
TO <用户>|<登录账户>[,…n]
    [CASCADE]
```

其中,CASCADE 指定授予用户拒绝权限,并撤销用户的 WITH GRANT OPTION 权限。其他参数的含义与 GRANT 相同,在此不再赘述。

例 10.21 利用 DENY 语句拒绝用户 Stu_User 使用 CREATE VIEW 语句。

```
USE JXGL
GO
DENY CREATE VIEW TO Stu_User
GO
```

例 10.22 给 public 角色授予表 S 上的 INSERT 权限,但用户 User_01、User_02 不具有对 S 表的 INSERT 权限。

```
USE JXGL
GO
GRANT INSERT ON S
TO public
GO
DENY INSERT ON S
TO User_01,User_02
GO
```

这个例子首先把对表 S 的 INSERT 权限授予 public 角色,这样所有的数据库用户都拥有了该权限,然后,拒绝了用户 User_01 和 User_02 拥有该权限。

说明:如果使用了 DENY 命令拒绝某用户获得某项权限,即使该用户后来又加入了具有该权限的某工作组或角色,该用户仍然无法使用该权限。

10.6.6 撤销用户或角色权限

SQL Server 利用 REVOKE 语句撤销某种权限,以停止以前授予或拒绝的权限。使用撤销类似于拒绝,但是撤销权限是收回已授予的权限,并不是妨碍用户、组或角色从更高级别层次已授予的权限。

1. 撤销用户或角色权限的语句格式一

```
REVOKE ALL|<权限>[, … n]
FROM <用户>|<角色>[, … n]
```

该语句的含义是，从指定的用户或角色收回所有的或指定的权限。

例 10.23　在教学管理数据库中，收回用户 Stu_1 的建表权限。

```
USE JXGL
GO
REVOKE CREATE TABLE
FROM Stu_1
GO
```

2. 撤销用户或角色权限的语句格式二

```
REVOKE [ALL[PRIVILEGES]]|<权限>[, … n]
    [(<列名>[, … n])] ON <表>|<视图>
       |<表>|<视图>[(<列名>[, … n])]
       |ON <存储过程>|<用户定义函数>
TO|FROM <用户>|<登录账户>[, … n]
    [CASCADE]
    [AS <组>|<角色>]
```

各参数的含义与 GRANT 语句相同，在此不再赘述。

例 10.24　使用 REVOKE 语句撤销用户 Stu_1、Stu_User 在 SC 表上的 INSERT、UPDATE、DELETE 权限。

```
USE JXGL
GO
REVOKE INSERT, UPDATE, DELETE ON SC
FROM Stu_1, Stu_User
GO
```

10.6.7　使用系统存储过程查看权限

用户可以使用系统存储过程 sp_helprotect 查看当前数据库中某对象（如表、视图等）的语句权限信息。

例 10.25　查询教学管理数据库 JXGL 中表 S 的权限。

```
USE JXGL
GO
EXEC sp_helprotect 'S'
GO
```

例 10.26　查看教学管理数据库 JXGL 对象 S 表的语句权限。

```
USE JXGL
GO
EXEC sp_helprotect NULL, NULL, NULL, 'S'
GO
```

其中,使用 NULL 作为缺少的 3 个参数的占位符。

习　题　10

1. 名词解释:

身份验证　登录账户　数据库用户　角色

2. SQL Server 有几种身份验证方式? 它们的区别是什么?

3. 简述角色的概念及其分类。

4. 简述固定服务器角色和固定数据库角色的区别。

5. 简述进行权限设置时,授予、拒绝或撤销三者之间的关系。

6. 在教学管理数据库中,创建 SQL Server 登录账户 User_L1 和 User_L2,并在此基础上创建数据库用户 User_x1 和 User_x2。

7. 给上题中的数据库用户 User_x1 设置 SELECT 权限,给 User_x2 设置 INSERT、UPDATE 和 DELETE 权限。

8. 将登录账户 User_L1 添加为固定服务器角色 sysadmin 的成员,将数据库用户 User_x1 添加为固定数据库角色 db_datareader 的成员。

第 11 章　数据库的备份与恢复

由于计算机系统的各种软/硬件故障、用户的错误操作以及一些恶意破坏会影响到数据的正确性甚至造成数据损失、服务器崩溃的严重后果,所以,备份和恢复对于保证系统的可靠性具有重要的作用。经常备份可以有效地防止数据丢失,能够把数据从错误的状态恢复到正确的状态。如果用户采取适当的备份策略,就能够以最短的时间使数据库恢复到数据损失最少的状态。

11.1　备份与恢复概述

对于数据库存储的大量数据来说,数据的安全性至关重要,任何数据的丢失都会给用户带来严重的损失。数据丢失可能是以下多种原因造成的:硬件故障、病毒、错误地使用UPDATE 和 DELETE 语句、软件错误、自然灾害等。

11.1.1　备份方式

SQL Server 2008 提供了 4 种备份方式,即完整备份(complete backup)、差异备份(differential backup)、事务日志备份(transaction log backup)、文件或文件组备份(file or file group backup)。

1. 完整备份

完整备份是指备份整个数据库的所有内容,包括事务日志。该备份类型需要比较大的存储空间来存储备份文件,备份时间也比较长,在恢复数据时,只要恢复一个备份文件即可。

例如,在 2013 年 1 月 1 日上午 8 点进行了完整备份,那么将来在恢复时,就可以恢复到2013 年 1 月 1 日上午 8 点时的数据库状态。

2. 差异备份

差异备份是对完整备份的补充,只备份上次完整备份后更改的数据。相对于完整备份而言,差异备份的数据量比完整备份的数据量少,备份的速度也比完整备份要快。因此,差异备份通常作为常用的备份方式。在恢复数据时,要先恢复前一次做的完整备份,然后再恢复最后一次做的差异备份,这样才能让数据库中的数据恢复到与最后一次差异备份时的内容相同。

例如,在 2013 年 1 月 1 日上午 8 点进行了完整备份后,在 1 月 2 日和 1 月 3 日又分别进行了差异备份,那么在 1 月 2 日的差异备份里记录的是从 1 月 1 日到 1 月 2 日这一段时间的数据变动情况,而在 1 月 3 日的差异备份里记录的是从 1 月 1 日到 1 月 3 日这一段时间的数据变动情况。因此,如果要恢复到 1 月 3 日的状态,只要先恢复 1 月 1 日做的完整备份,再恢复 1 月 3 日做的差异备份就可以了。

3. 事务日志备份

事务日志备份只备份事务日志里的内容。事务日志记录了上一次完整备份或事务日志备份后数据库的所有变动过程。事务日志记录的是某一段时间内的数据库变动情况,因此,在进行事务日志备份之前,必须要进行完整备份。与差异备份类似,事务日志备份生成的文件较小、使用的时间较短,但是在恢复数据时,除了要恢复完整备份之外,还要依次恢复每个事务日志备份,而不是只恢复最后一个事务日志备份(这是与差异备份的区别)。

例如,在 2013 年 1 月 1 日上午 8 点进行了完整备份后,到 1 月 2 日上午 8 点为止,数据库中的数据变动了 100 次,如果此时做了差异备份,那么差异备份记录的是第 100 次数据变动后的数据库状态,如果此时做了事务日志备份,备份的将是这 100 次的数据变动情况。

又如,在 2013 年 1 月 1 日上午 8 点进行了完整备份后,在 1 月 2 日和 1 月 3 日又进行了事务日志备份,那么在 1 月 2 日的事务日志备份里记录的是从 1 月 1 日到 1 月 2 日这一段时间的数据变动情况,而在 1 月 3 日的事务日志备份里记录的是从 1 月 2 日到 1 月 3 日这一段时间的数据变动情况。因此,如果要恢复到 1 月 3 日的数据,需要先恢复 1 月 1 日做的完整备份,再恢复 1 月 2 日做的事务日志备份,最后还要恢复 1 月 3 日做的事务日志备份。

4. 文件或文件组备份

如果在创建数据库时为数据库创建了多个数据库文件或文件组,可以使用文件或文件组备份方式。使用文件或文件组备份方式可以只备份数据库中的某些文件,该备份方式在数据库文件非常庞大时十分有效,由于每次只备份一个或几个文件或文件组,可以分多次来备份数据库,避免了大型数据库备份的时间过长的情况。另外,由于文件或文件组备份只备份其中一个或多个数据文件,当数据库中的某个或某些文件损坏时,只需要恢复损坏的文件或文件组备份就可以了。

合理地备份数据库需要考虑几个方面,首先是数据安全,其次是备份文件大小,最后是做备份和恢复能承受的时间范围。

例如,如果数据库每天变动的数据量很小,可以每周(周日)做一次完整备份,以后的每天(下班前)做一次事务日志备份,那么一旦数据库发生问题,可以将数据恢复到前一天(下班时)的状态。

当然,用户也可以在周日做一次完整备份,周一到周六每天下班前做一次差异备份,这样一旦数据库发生问题,同样可以将数据恢复到前一天下班时的状态,只是一周的后几天做差异备份时,备份的时间和备份的文件都会跟着增加。但这样也有一个好处,就是在数据损坏时只恢复完整备份的数据和前一天差异备份的数据即可,不需要恢复每一天的事务日志备份,恢复的时间比较短。

如果数据库中的数据变动比较频繁,损失一个小时的数据就是十分严重的损失时,用上面的方法备份数据就不可行了,此时可以交替使用 3 种备份方式来备份数据库。例如,每天下班时做一次完整备份,在两次完整备份之间每隔 8 小时做一次差异备份,在两次差异备份之间每隔一小时做一次事务日志备份。如此一来,一旦数据损坏可以将数据恢复到最近一个小时以内的状态,同时又能减少数据库备份数据的时间和备份数据文件的大小。

在前面还提到过当数据库文件过大不易备份时,可以分别备份数据库文件或文件组,将一个数据库分多次备份。在现实操作中,还有一种情况可以用到数据库文件的备份。例如在一个数据库中,某些表里的数据变动很少,而某些表里的数据却经常改变,那么可以考虑将这些数据表分别存储在不同的文件或文件组中,然后通过不同的备份频率来备份这些文件或文件组。但使用文件或文件组进行备份,恢复数据时也要分多次才能将整个数据库恢复完毕,所以除非数据库文件大到备份困难,否则不要使用该备份方式。

11.1.2 备份与恢复策略

通常而言,我们总是依赖所要求的恢复能力(如将数据库恢复到故障点)、备份文件的大小(如只进行数据库完整备份或事务日志备份或差异备份)以及留给备份的时间等来决定使用哪种类型的备份。

1. 备份前需要考虑的几个问题

选用怎样的备份方案将对备份和恢复产生直接影响,而且也决定了数据库在遭到破坏前后的一致性水平。所以,用户在做出决策前,必须考虑以下问题:

(1) 如果只进行完整备份,那么将无法恢复自最近一次数据库备份以来数据库中所发生变化的所有数据。这种方案的优点是简单,而且在进行数据库恢复时操作也很方便。

(2) 如果在进行完整备份时也进行事务日志备份,那么可以将数据库恢复到故障点,一般在故障前未提交的事务将无法恢复。但如果在数据库发生故障后立即对当前处于活动状态的事务进行备份,则未提交的事务也可以恢复。

从以上论述可以看出,对数据库一致性的要求程度成为选择这样或那样的备份方案的主要的普遍性原因。但在某些情况下,对数据库备份提出更为严格的要求。例如,在处理业务比较重要的应用环境中经常要求数据库服务器连续工作,最多只留一小段时间来执行系统维护任务,在该情况下一旦系统发生故障,则要求数据库在最短时间内立即恢复到正常状态,以避免丢失过多的重要数据,由此可见,备份或恢复所需的时间往往也成为我们选择何种备份方案的重要影响因素。

那么如何才能减少备份和恢复所花费的时间呢? SQL Server 提供了几种方法来减少备份或恢复操作的执行时间。

(1) 使用多个备份设备同时进行备份处理。同理,可以从多个备份设备上同时进行数据库恢复操作处理。

(2) 综合使用完整备份、差异备份和事务日志备份来减少每次需要备份的数据量。

(3) 使用文件或文件组备份以及事务日志备份,可以只备份或恢复包含相关数据的文件,而不是整个数据库。

另外,需要注意的是,在备份时也需要决定使用哪种备份设备,如磁盘或移动设备、磁带、命名管道等,并且决定如何在备份设备上创建备份,例如将备份添加到备份设备上或将其覆盖。

2. 恢复模式

如果数据库恢复模式设置的不正确,会导致数据无法恢复。SQL Server 2008 数据库恢复模式分为 3 种,即完全恢复模式、大容量日志恢复模式和简单恢复模式。

1) 完全恢复模式

完全恢复模式为数据库的默认恢复模式,它是指通过使用完整备份、差异备份和事务日志备份将数据库恢复到发生故障的时刻,因此几乎不造成任何数据丢失,这成为解决因存储介质损坏丢失数据的最佳方法。为了保证数据库的这种恢复能力,所有的批数据操作(例如SELECT INTO、创建索引)都被写入日志文件。选择完全恢复模式时经常使用的备份策略如下:

(1) 首先进行完整备份。

(2) 然后进行差异备份。

(3) 最后进行事务日志备份。

如果准备让数据库恢复到发生故障时刻,必须对数据库发生故障前正处于运行状态的事务进行备份。

2) 大容量日志恢复模式

大容量日志恢复模式是对完全恢复模式的补充,也就是要对大容量操作(如导入数据、批量更新、SELECT INTO 等操作)进行最小日志记录,从而节省日志文件的空间。例如一次在数据库中插入数十万条记录,在完全恢复模式下每一个插入记录的动作都会记录在日志中,使日志文件变得非常大。在大容量日志恢复模式下,只记录必要的操作,不记录所有日志,这样一来,可以大大提高数据库的性能,但是由于日志不完整,一旦出现问题,数据将可能无法恢复。因此,一般只有在需要进行大量数据操作时才将恢复模式改为大容量日志恢复模式,数据处理完毕之后,马上将恢复模式改回完全恢复模式。

3) 简单恢复模式

所谓简单恢复是指在进行数据库恢复时仅使用了数据库完整备份或差异备份,而不涉及事务日志备份。简单恢复模式可使数据库恢复到上一次备份的状态,但由于不使用事务日志备份来进行恢复,所以无法将数据库恢复到故障点状态。当选择简单恢复模式时经常使用的备份策略是,首先进行数据库完整备份,然后进行数据库差异备份。

通常,此模式只用于对数据安全要求不太高的数据库。

在实际应用中,备份策略和恢复策略的选择不是相互孤立的,而是有着紧密的联系。因为在选择采用何种数据库恢复模式的决策中需要考虑应该怎样进行数据库备份,更多的是在选择使用何种备份类型时,我们必须考虑到当使用该备份进行数据库恢复时,它能把遭到损坏的数据库恢复到怎样的状态(是数据库发生故障的时刻,还是最近一次备份的时刻)。但有一点必须强调,即备份类型的选择和恢复模式的确定都应服从于这一目标:尽最大可能,以最快速度减少或消除数据丢失。

11.2 分离和附加数据库

分离和附加数据库是数据库备份与恢复的一种常用方法,它类似于"文件复制"方法。但由于数据库管理系统的特殊性,需要利用 SQL Server 提供的工具才能完成以上工作,而简单的文件复制导致数据库根本无法正常使用。

这个方法涉及 SQL Server 分离数据库和附加数据库这两个互逆操作工具。

分离数据库就是将某个数据库(如 JXGL)从 SQL Server 数据库列表中移出,使其不再被 SQL Server 管理和使用,但必须保证该数据库的数据文件(.mdf)和对应的日志文件(.ldf)完好无损。分离成功后,用户就可以把该数据库文件(.mdf)和对应的日志文件(.ldf)复制到其他磁盘或移动设备上作为备份保存。

附加数据库就是将一个备份磁盘或移动设备上的数据库文件(.mdf)和对应的日志文件(.ldf)复制到需要的计算机,并将其添加到某个 SQL Server 数据库服务器中,由该服务器来管理和使用这个数据库。

11.2.1 分离数据库

分离数据库主要有两种方式,一是使用 SSMS 图形化方式,二是使用系统的存储过程。

1. 使用 SSMS 图形化方式分离数据库

下面以分离教学管理数据库 JXGL 为例进行介绍,具体步骤如下:

(1) 在"对象资源管理器"中展开"数据库",选择需要分离的数据库名称 JXGL,然后右击 JXGL 数据库,在快捷菜单中选择"属性"命令,弹出"数据库属性-JXGL"对话框。

(2) 将"数据库属性-JXGL"对话框切换到"选项"选项页,在"其他选项"列表中找到"状态"选项,然后单击"限制访问"下拉列表框,从中选择 SINGLE_USER 选项,如图 11.1 所示。

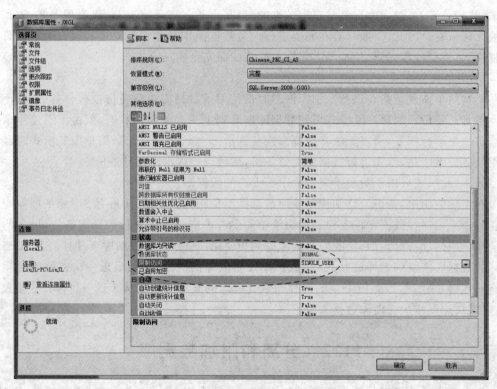

图 11.1 "数据库属性-JXGL"对话框

(3) 单击"确定"按钮,将出现一个消息框,提示"若更改数据库属性,SQL Server 必须关闭此数据库的所有其他连接。是否确实要更改属性并关闭所有其他连接?"。用户需要注意:在大型数据库系统中,随意断开数据库的其他连接是一个危险的动作,因为我们无法知道连接到数据库上的应用程序正在做什么,也许被断开的是一个正在对数据进行复杂的更新操作且已经运行较长时间的事务。

（4）在弹出的消息框中单击"是"按钮，数据库名称"JXGL"后面显示"单个用户"。右击该数据库名称，在快捷菜单中选择"任务"→"分离"命令，弹出"分离数据库"对话框。

（5）在"分离数据库"对话框中列出了要分离的数据库名称，选中"更新统计信息"复选框，若"消息"列中没有显示存在活动连接，则"状态"列显示为"就绪"，否则显示"未就绪"，此时必须选中"删除连接"复选框，如图 11.2 所示。

（6）分离数据库参数设置完成后，单击图 11.2 中的"确定"按钮，就完成了所选数据库的分离操作，这时在"对象资源管理器"的数据库对象列表中就见不到刚才被分离的数据库"JXGL"了。

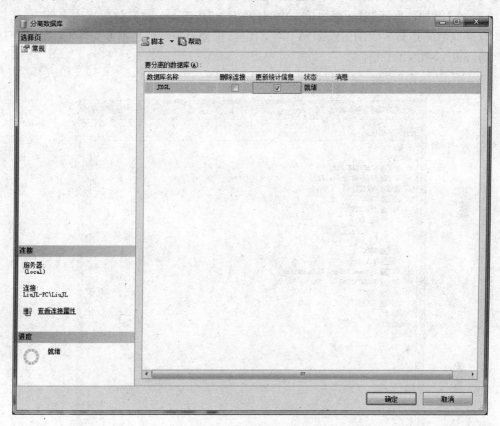

图 11.2 "分离数据库"对话框

2. 使用系统存储过程分离数据库

使用系统存储过程 sp_detach_db 可以分离数据库，其简单语句格式如下：

```
EXEC sp_detach_db <数据库名>
```

例 11.1 利用存储过程 sp_detach_db 分离 JXGL 数据库。

```
USE master
GO
EXEC sp_detach_db 'JXGL'
GO
```

数据库的备份与恢复

11.2.2 附加数据库

附加数据库主要有两种方式,一是使用 SSMS 图形化方式,二是使用 T-SQL 语句。

1. 使用 SSMS 图形化方式附加数据库

下面以附加教学管理数据库 JXGL 为例进行介绍,具体步骤如下:

(1)将需要附加的数据库文件和日志文件复制到某个已经创建好的文件夹中。假设教学管理数据库 JXGL 已经存储在 D:\JXGLSYS\DATA 文件夹下,在"对象资源管理器"中右击"数据库"对象,并在快捷菜单中选择"附加"命令,弹出"附加数据库"对话框。

(2)在"附加数据库"对话框中单击中间的"添加"按钮,弹出"定位数据库文件"对话框,在此对话框中展开 D:\JXGLSYS\DATA 文件夹,选择要附加的数据库文件 JXGL.mdf(扩展名为.mdf),如图 11.3 所示。

(3)单击"确定"按钮,完成数据库文件的附加。

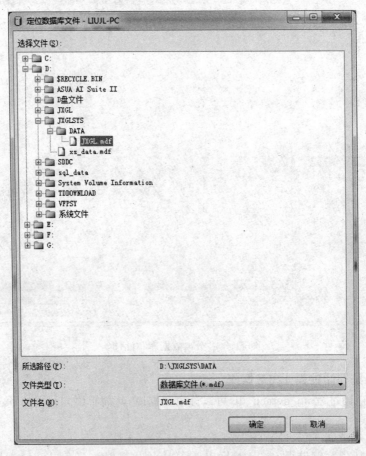

图 11.3 "定位数据库文件"对话框

2. 使用 T-SQL 语句方式附加数据库

使用 T-SQL 语句附加数据库的语句格式如下:

```
CREATE DATABASE <数据库名>
```

```
ON(FILENAME = <物理文件名>)
FOR ATTACH
```

其中,<数据库名>是要恢复的数据库的逻辑文件名,<物理文件名>是数据库的数据文件(包括完整路径)。

例 11.2　附加 JXGL 数据库。

```
USE master
GO
CREATE DATABASE JXGL
ON(FILENAME = 'D:\JXGLSYS\DATA\JXGL.mdf')
FOR ATTACH
GO
```

11.3　备份数据库

数据库的备份范围可以是完整的数据库、部分数据库以及文件或文件组。对于这些范围,SQL Server 均支持完整备份、差异备份和文件或文件组备份。

11.3.1　创建和删除备份设备

在进行数据库备份前必须首先创建备份设备。备份设备是用来存储数据库、事务日志的存储介质。

创建和删除备份设备主要有两种方式,一是使用 SSMS 图形化方式,二是使用系统存储过程。

1. 创建备份设备

SQL Server 2008 允许将本地主机的硬盘或远程主机的硬盘作为备份设备,备份设备在硬盘中是以文件的方式存储的。

1) 使用 SSMS 图形化方式创建备份设备

例 11.3　在 D:\JXGL 文件夹下创建一个用来备份数据库 JXGL 的备份设备 back_JXGL。

创建步骤如下:

(1) 在"对象资源管理器"中展开"服务器对象",然后右击"备份设备"。

(2) 从快捷菜单中选择"新建备份设备"命令,弹出"备份设备"对话框,在"设备名称"文本框中输入"back_JXGL",并在目标区域中设置好文件,如图 11.4 所示。本例中备份设备存储在 D:\JXGL 文件夹下,这里必须保证 SQL Server 2008 所选择的硬盘驱动器上有足够的可用空间。

(3) 单击"确定"按钮完成备份设备的创建。

创建完毕之后,立即转到 Windows 资源管理器,并查找一个名为 back_JXGL.bak 的文件。有时用户可能找不到它,因为 SQL Server 还没有创建这个文件,SQL Server 只是在 master 数据库中的 sysdevices 表上简单地添加了一条记录,这条记录在首次备份到该设备时,会通知 SQL Server 将备份文件创建在什么地方。

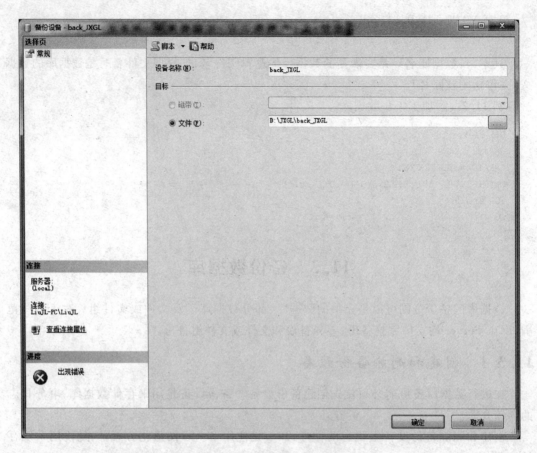

图 11.4 "备份设备"对话框

2）使用系统存储过程创建备份设备

用户可以使用系统存储过程 sp_addumpdevice 来创建备份设备。其语句格式如下：

```
EXEC sp_addumpdevice DISK|PIPE|TAPE,<逻辑名>,<物理名>
```

参数说明如下。

（1）DISK|PIPE|TAPE：创建的设备类型，取值为 DISK 表示硬盘，取值为 PIPE 表示命名管道，取值为 TAPE 表示磁带设备。

（2）<逻辑名>：备份设备的逻辑名称，该逻辑名称用于 BACKUP 和 RESTORE 语句中，数据类型为 sysname（用户定义名），没有默认值，并且不能为 NULL。

（3）<物理名>：备份设备的物理名称，物理名称必须遵循操作系统文件名称的规则或者网络设备的通用命名规则，并且必须包括完整的路径。它没有默认值，并且不能为 NULL。

当创建远程网络位置上的备份设备时，需要确保在其下启动 SQL Server 的名称对远程的计算机有适当的写入能力。

注意：不能在事务内执行 sp_addumpdevice，只有 sysadmin 和 diskadmin 固定服务器角色的成员才能执行该系统存储过程。

例 11.4　创建一个名为 mydiskdump 的备份设备，其物理名称为 D:\JXGL\ Dump1.bak。

```
USE master
GO
EXEC sp_addumpdevice 'disk','mydiskdump','D:\JXGL\Dump1.bak'
GO
```

例 11.5　查看创建的设备文件。

```
USE master
GO
SELECT * FROM sysdevices
GO
```

执行结果如图 11.5 所示。

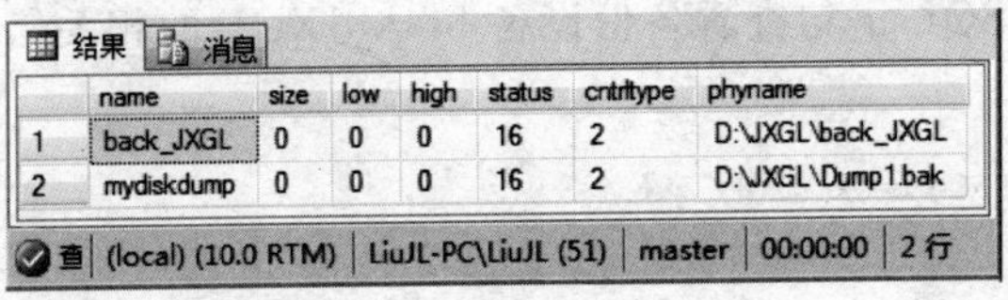

	name	size	low	high	status	cntrltype	phyname
1	back_JXGL	0	0	0	16	2	D:\JXGL\back_JXGL
2	mydiskdump	0	0	0	16	2	D:\JXGL\Dump1.bak

查 (local) (10.0 RTM) | LiuJL-PC\LiuJL (51) | master | 00:00:00 | 2 行

图 11.5　查看备份设备

例 11.6　添加一个逻辑名称为 netdevice 的远程磁盘备份设备。

```
USE master
GO
EXEC sp_addumpdevice 'DISK','netdevice','\\servername\sharename\path\filename.bak'
GO
```

本例需要指明具体的服务器名及路径。

2. 删除备份设备

如果备份设备不再需要可以将其删除。

1）使用 SSMS 图形化方式删除备份设备

具体步骤如下：

（1）在"对象资源管理器"中展开"服务器对象"→"备份设备"。

（2）选择要删除的具体备份设备，然后右击，从弹出的快捷菜单中选择"删除"命令，即可完成删除操作。

2）使用系统存储过程删除备份设备

用户可以使用系统存储过程 sp_dropdevice 来创建备份设备。其语句格式如下：

```
EXEC sp_dropdevice <备份设备名>
```

其中，<备份设备名>是指备份设备的逻辑名称。

例 11.7　删除例 11.4 创建的备份设备。

```
USE master
GO
```

数据库的备份与恢复

```
EXEC sp_dropdevice 'mydiskdump'
GO
```

3. 查看备份设备信息

用户可以使用 SSMS 图形化方式或使用 T-SQL 语句来查看备份设备的信息。

使用 SSMS 图形化方式查看备份设备信息的具体方法是，在"对象资源管理器"中依次展开"服务器对象"→"备份设备"，右击所要查看信息的备份设备的名称，在快捷菜单中选择"属性"命令，弹出"备份设备"对话框，利用"备份设备"对话框中的"常规"和"媒体内容"选项页来查看相关信息。

使用 RESTORE HEADRONLY 语句也可以查看备份设备的相关信息。其简单语句格式如下：

```
RESTORE HEADRONLY FROM <备份设备名>
```

例 11.8 使用 T-SQL 语句查看备份设备 back_JXGL 的相关信息。

```
GO
RESTORE HEADERONLY FROM back_JXGL
GO
```

11.3.2 备份数据库的方法

SQL Server 的数据库备份类型有 4 种，即完整备份、差异备份、事务日志备份和文件或文件组备份。在 SQL Server 2008 中创建 4 种数据库备份的方式主要有两种，一是使用 SSMS 图形化方式，二是使用 T-SQL 语句方式。

1. 使用 SSMS 图形化方式备份数据库

完整备份是数据库最基础的备份方式，差异备份、事务日志备份都依赖于完整备份。

1）完整备份

例如，需要对教学管理数据库 JXGL 进行一次完整备份，操作步骤如下：

（1）在"对象资源管理器"中展开"数据库"，右击 JXGL，在快捷菜单中选择"属性"命令，弹出"数据库属性-JXGL"对话框。

（2）切换到"选项"选项页，从"恢复模式"下拉列表框中选择"完整"选项，单击"确定"按钮，即可应用所修改的结果。

（3）右击数据库 JXGL，从快捷菜单中选择"任务"→"备份"命令，弹出"备份数据库-JXGL"对话框，从"数据库"下拉列表框中选择 JXGL 数据库，在"备份类型"下拉列表框中选择"完整"选项，保留"名称"文本框的内容不变。在"说明"文本框中可以输入"complete backup of JXGL"。

（4）设置备份到磁盘的目标位置，通过单击"删除"按钮删除已存在的目标，如图 11.6 所示。

（5）单击"添加"按钮，弹出"选择备份目标"对话框，选中"备份设备"单选按钮，然后从下拉列表框中选择 back_JWGL 选项，如图 11.7 所示。

（6）设置好以后，单击"确定"按钮返回"备份数据库-JXGL"对话框，这时就可以看到

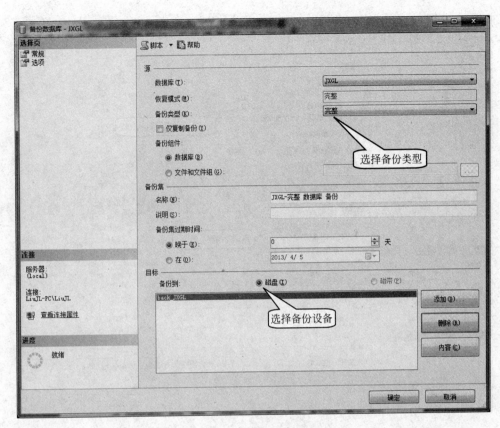

图 11.6 设置"常规"选项页

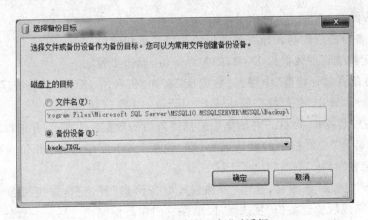

图 11.7 "选择备份目标"对话框

"目标"下面的文本框中增加了一个备份设备 back_JXGL，如图 11.6 所示。

（7）切换到"选项"选项页，选中"覆盖所有现有备份集"复选框，该复选框用于初始化新的设备或覆盖现在的设备；选中"完成后验证备份"复选框，该复选框用来核对实际数据库与备份副本，并确保它们在备份完成之后是一致的。具体设置如图 11.8 所示。

（8）完成设置后，单击"确定"按钮开始备份，若完成备份将弹出"备份完成"对话框，表示已经完成了对数据库 JXGL 的完整备份。

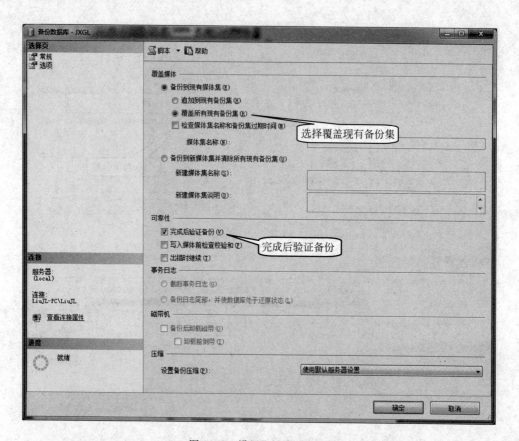

图 11.8　设置"选项"选项页

2）差异备份

创建差异备份的过程与创建完整备份的过程几乎相同。

例如，创建教学管理数据库 JXGL 的差异备份，操作步骤如下：

（1）在"对象资源管理器"中展开"数据库"文件夹，右击 JXGL，从快捷菜单中选择"任务"→"备份"命令，弹出"备份数据库-JXGL"对话框，如图 11.6 所示。

（2）在"备份数据库-JXGL"对话框中选择要备份的数据库 JXGL，并选择"备份类型"为"差异"，保留"名称"文本框中的默认名称，在"说明"文本框中输入"differential backup of JXGL"，并确保在"目标"下面列出了 JXGL 设备。

（3）切换到"选项"选项页，选中"追加到现有备份集"复选框，以免覆盖现有的完整备份，并且选中"完成后验证备份"复选框，以确保它们在备份完成之后是一致的。

（4）完成设置后，单击"确定"按钮开始备份，若完成备份将弹出"备份完成"对话框，表示已经完成了 JXGL 数据库的差异备份。

3）事务日志备份

尽管事务日志备份依赖于完整备份，但它并不备份数据库本身。这种类型的备份只记录事务日志的适当部分。

例如，对教务管理数据库进行事务日志备份。操作步骤如下：

（1）在"对象资源管理器"中展开"数据库"，右击 JXGL，从快捷菜单中选择"任务"→"备份"命令,弹出"备份数据库-JXGL"对话框,如图 11.6 所示。

(2) 在"备份数据库-JXGL"对话框中,选择所要备份的数据库是 JXGL,并且选择"备份类型"为"事务日志",保留"名称"文本框中的默认名称,在"说明"文本框中输入"Transaction log backup of JXGL",并确保在"目标"下面列出了 JXGL 设备。

(3) 切换到"选项"选项页,选中"追加到现有备份集"复选框,以免覆盖现有的完整备份,并选中"完成后验证备份"复选框。

(4) 完成设置后,单击"确定"按钮开始备份,若完成备份将弹出"备份完成"对话框。

4) 文件或文件组备份

利用文件或文件组备份,每次可以备份这些文件中的一个或多个文件,而不是同时备份整个数据库。要执行文件或文件组备份,必须首先添加文件或文件组。为数据库 JXGL 添加文件组的操作步骤如下:

(1) 在"对象资源管理器"中展开"数据库"文件夹,右击 JXGL,从快捷菜单中选择"属性"命令,弹出"数据库属性-JXGL"对话框。

(2) 切换到"文件组"选项页,然后单击"添加"按钮,在"名称"文本框中输入"Secondary",如图 11.9 所示。

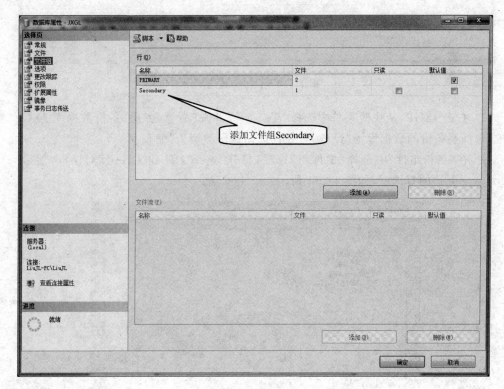

图 11.9　添加文件组

(3) 切换到"文件"选项页,然后单击"添加"按钮,设置各个选项,具体设置如图 11.10 所示。

(4) 单击"确定"按钮关闭"数据库属性-JXGL"对话框。

下面来执行文件或文件组备份,具体步骤如下:

图 11.10　设置文件选项

（1）右击 JXGL，从快捷菜单中选择"任务"→"备份"命令，弹出"备份数据库-JXGL"对话框，选择要备份的数据库为"JXGL"，并且选择备份类型为"完整"。

（2）在"备份组件"中选择"文件组"选项，打开"选择文件和文件组"对话框，然后选中 Secondary 旁边的复选框，如图 11.11 所示。

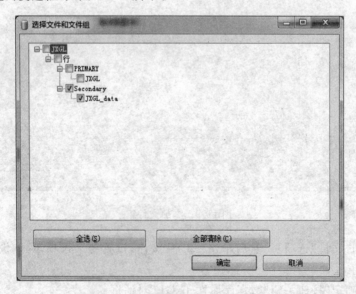

图 11.11　"选择文件和文件组"对话框

（3）单击"确定"按钮，保留其他选项为默认值，或者根据需要修改相应的选项，但应确保"目标"中为"back_JXGL"备份设备。

（4）切换到"选项"选项页，选中"追加到现有备份集"复选框，以免覆盖现有的完整备份，并选中"完成后验证备份"复选框。

（5）设置完成后，单击"确定"按钮开始备份，完成后将弹出备份成功消息框。

2. 使用 T-SQL 语句方式备份数据库

1）完整备份

使用系统命令 BACKUP DATABASE 可以完成数据库的完整备份。BACKUP DATABASE 的语句格式如下：

```
BACKUP DATABASE <数据库名>
    TO DISK|TAPE = <物理文件名>[, … n]
WITH
[[,]NAME = <备份设备名>]
[[,]DESCRIPTION = <备份描述>]
[[,]INIT|NOINIT]
```

其中，INIT ｜ NONINT 中的 INIT 表示新备份的数据覆盖当前备份设备上的每一项内容，NOINIT 表示新备份的数据添加到备份设备上已有的内容后面。

例 11.9   在例 11.3 创建的备份设备 back_JXGL 上重新备份数据库 JXGL，并覆盖以前的数据。

```
USE master
GO
BACKUP DATABASE JXGL
TO DISK = 'D:\JXGL\tmpxsbook.bak' - 物理文件名
WITH INIT,                        -- 覆盖当前备份设备上的每一项内容
NAME = 'D:\JXGL\back_JXGL',       -- 备份设备名
DESCRIPTION = 'This is then full backup JXGL'
GO
```

程序执行结果如图 11.12 所示。

从结果可以看出，完整备份将数据库中的所有数据文件和日志文件都进行了备份。

当然，用户也可以将数据库备份到一个磁盘文件中，此时，SQL Server 将自动为其创建备份设备。

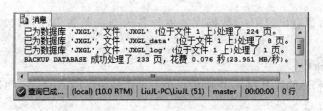

图 11.12   例 11.9 程序的执行结果

例 11.10   将数据库 JXGL 备份到磁盘文件 JXGL_backup.bak 中。

```
USE master
```

259

第
11
章

```
GO
BACKUP DATABASE JXGL
TO DISK = 'D:\JXGLSYS\JXGL_backup.bak'
GO
```

2）差异备份

使用系统命令 BACKUP DATABASE 可以完成数据库的差异备份。BACKUP DATABASE 的语句格式如下：

```
BACKUP DATABASE <数据库名>
    TO DISK|TAPE = <物理文件名>[, … n]
WITH DIFFERENTIAL
[[,]NAME = <备份设备名>]
[[,]DESCRIPTION = <备份描述>]
[[,]INIT|NOINIT]
```

其中，WITH DIFFERENTIAL 子句指明了本次备份是差异备份，其他选项与完整备份类似，在此不再赘述。

例 11.11 在例 11.9 的基础上创建 JXGL 的差异备份，并将此次备份追加到以前所有备份的后面。

```
USE master
GO
BACKUP DATABASE JXGL
TO DISK = 'D:\JXGLSYS\firstbackup'
WITH DIFFERENTIAL,
NOINIT
GO
```

程序执行结果如图 11.13 所示。

图 11.13 例 11.11 的执行结果

从执行结果可以看出，JXGL 数据库的差异备份与完整备份相比，数据量较少，时间也较短。

3）事务日志备份

使用系统命令 BACKUP LOG 可以创建事务日志备份。BACKUP LOG 的语句格式如下：

```
BACKUP LOG <数据库名>
    TO DISK|TAPE = <物理文件名>[, … n]
WITH DIFFERENTIAL
[[,]NAME = <备份设备名>]
[[,]DESCRIPTION = <备份描述>]
[[,]INIT|NOINIT]
```

```
[[,]NORECOVERY]
```

其中,BACKUP LOG 子句指明了本次备份创建的是事务日志备份,NORECOVERY
是指备份到日志尾部并使数据库处于正在恢复的状态,它只能和 BACKUP LOG 一起使
用。其他选项与以上备份类似,在此不再赘述。

例 11.12 对数据库 JXGL 做事务日志备份,要求追加到现有备份集 firstbackup 的本
地磁盘设备上。

```
USE master
GO
BACKUP LOG JXGL
TO DISK = 'D:\JXGLSYS\firstbackup'
WITH NOINIT
GO
```

程序执行结果如图 11.14 所示。

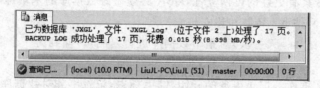

图 11.14　例 11.12 的执行结果

4) 文件或文件组备份

使用系统命令 BACKUP 创建文件或文件组备份的 T-SQL 语句格式如下:

```
BACKUP DATABASE <数据库名>
FILE = <逻辑文件名>|FILEGROUP = <逻辑文件组名>
TO DISK|TAPE = <物理文件名>[, … n]
WITH INIT|NOINIT
```

其中各选项与以上备份类似,在此不再赘述。

例 11.13 将数据库中添加的文件组 Secondary 备份到本地磁盘设备 firstbackup 上。

```
USE master
GO
BACKUP DATABASE JXGL
FILEGROUP = 'Secondary'
TO DISK = 'firstbackup'
WITH NOINIT
GO
```

程序执行结果如图 11.15 所示。

图 11.15　例 11.13 的执行结果

数据库的备份与恢复

11.4 恢复数据库

数据库恢复就是当数据库出现故障时，将备份的数据库加载到系统，从而使数据库恢复到备份时的正确状态。

11.4.1 数据库恢复技术

SQL Server 会自动将备份文件中的数据全部复制到数据库，并保证数据库中数据的完整性。系统能把数据库从被破坏、不正确的状态恢复到最近一个正确的状态，DBMS 的这种能力称为数据库的可恢复性（recovery）。

如果要使数据库具有可恢复性，很简单，就是"冗余"，即数据库重复存储。

1. 数据库的基本维护

为了使 DBMS 具有更好的可恢复性，DBA 必须做好数据库的基本维护工作。

（1）平时做好两件事：转储和建立日志。

① 周期性地（比如一天一次）对整个数据库进行复制，转储到另一个磁盘或移动设备类存储介质中。

② 建立日志数据库。记录事务的开始、结束标志，记录事务对数据库的每一次插入、删除和修改前后的值，写到日志库中，以便有案可查。

（2）一旦发生数据库故障，分两种情况进行处理：

① 如果数据库已被破坏，例如磁头脱落、磁盘损坏等，这时数据库已不能用了，要装入最近一次复制的数据库备份到新的磁盘，然后利用日志库执行"重做"（REDO）处理，将这两个数据库状态之间的所有更新重新做一遍。这样既恢复了原有的数据库，又没有丢失对数据库的更新操作。

② 如果数据库未被破坏，但某些数据不可靠，受到怀疑，例如程序在批处理修改数据库时异常中断，这时不必去复制存档的数据库，只要通过日志库执行"撤销"（UNDO）处理，撤销所有不可靠的修改，把数据库恢复到正确的状态即可。

恢复的原则很简单，实现的方法也比较简单，但做起来相当复杂。

2. 故障类型和恢复技术

在 DBS 引入事务概念以后，数据库的故障可以用事务的故障表示，也就是数据库的故障具体体现为事务执行的成功与失败。常见的故障可分为事务故障、系统故障和介质故障3 种类型。

1）事务故障

事务故障又可分为可以预期的事务故障和非预期的事务故障两种：

（1）可以预期的事务故障。即在程序中可以预先估计到的错误，例如存款余额透支、商品库存量达到最低等，此时继续取款或发货就会出现问题。这种情况可以在事务的代码中加入判断和 ROLLBACK 语句。当事务执行到 ROLLBACK 语句时，由系统对事务进行回退操作，即执行 UNDO 操作。

（2）非预期的事务故障。即在程序中发生的未估计到的错误，例如运算溢出、数据错误、并发事务发生死锁而被选中撤销该事务等，此时由系统直接对该事务执行 UNDO 处理。

2）系统故障

引起系统停止运转随之要求重新启动的事件称为系统故障。例如硬件故障、软件（DBMS、OS 或应用程序）错误或掉电等情况，都称为系统故障。系统故障要影响正在运行的所有事务，并且主存内容丢失，但不破坏数据库。由于故障发生时正在运行的事务都非正常终止，从而造成数据库中的某些数据不正确。DBMS 的恢复子系统必须在系统重新启动时，对这些非正常终止的事务进行处理，把数据库恢复到正确的状态。

重新启动时，具体处理分以下两种情况考虑：

（1）对未完成事务作 UNDO 处理。

（2）对已提交事务但更新还留在缓冲区的事务进行 REDO 处理。

3）介质故障

在发生介质故障和遭受病毒破坏时，磁盘上的物理数据库遭到毁灭性破坏，此时恢复的过程如下：

（1）重装转储的后备副本到新的磁盘，使数据库恢复到转储时的一致状态。

（2）在日志中找出转储以后所有已提交的事务。

（3）对已提交的事务进行 REDO 处理，将数据库恢复到故障前某一时刻的一致状态。

事务故障和系统故障的恢复由系统自动进行，而介质故障的恢复需要 DBA 配合执行。在实际中，系统故障通常称为软故障（soft crash），介质故障通常称为硬故障（hard crash）。

3. 检查点技术

REDO（重做）和 UNDO（撤销）处理的具体实现比较复杂，可以使用检查点技术。

1）检查点方法

SQL Server 提供了一种检查点（checkpoint）方法来实现数据库的恢复。检查点机制是自动把已完成的事务从高速缓存区写入磁盘数据库的一种方法。SQL Server 提供了两种方法执行检查点：SQL Server 自动执行检查点；由数据库所有者或 DBA 调用 CHECKPOINT 强制执行检查点。因为事务日志记录所有更新事务，在电源掉电、系统软件故障或客户提出撤销事务请求的事件下，SQL Server 可以自动恢复数据库。当数据库需要恢复时，只有在检查点后面的还在执行的事务需要恢复。若每小时进行 3～4 次检查，则只有不超过 15～20 分钟的处理需要恢复，这种检查点机制大大减少了 DB 恢复的时间。一般的 DBMS 产品自动实行检查点操作，无须人工干预。此方法如图 11.16 所示。

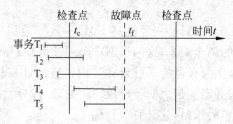

图 11.16 与检查点和系统故障有关的事务的可能状态

设 DBS 运行时，在 t_c 时刻产生了一个检查点，而在下一个检查点来临之前的 t_f 时刻系统发生故障。我们把这一阶段运行的事务分成五类（$T_1 \sim T_5$）：

（1）事务 T_1 不必恢复，因为它们的更新已在检查点 t_c 时写到数据库中了。

（2）事务 T_2 和事务 T_4 必须重做（REDO），因为它们结束在下一个检查点之前，它们对 DB 的修改仍在内存缓冲区，还未写到磁盘中。

（3）事务 T_3 和事务 T_5 必须撤销（UNDO），因为它们还未做完，必须撤销事务已对 DB 做的修改。

2）检查点方法的恢复算法

采用检查点方法的基本恢复算法分成两步。

（1）根据日志文件建立事务重做队列和事务撤销队列。

此时，从头扫描日志文件（正向扫描），找出在故障发生前已经完成的事务，将其事务标识记入重做队列。

同时，还要找出故障发生时尚未完成的事务，将其事务标识记入撤销队列。

（2）对重做队列中的事务进行 REDO 处理，对撤销队列中的事务进行 UNDO 处理。

进行 REDO 处理的方法是，正向扫描日志文件，根据重做队列的记录对每一个重做事务重新实施对数据库的更新操作。

进行 UNDO 处理的方法是，反向扫描日志文件，根据撤销队列的记录对每一个撤销事务的更新操作执行逆操作（对插入操作执行删除操作，对删除操作执行插入操作，对修改操作用修改前的值代替修改后的值）。

4. 运行记录优先原则

从前面的恢复处理可以看出，写一个修改到数据库中和写一个表示这个修改的运行记录到日志中是两个不同的操作，这样就有可能在这两个操作之间发生故障，先写入的一个得以保留下来，而另一个丢失了。如果保留下来的是数据库的修改，而在运行日志中没有记录下这个修改，那么以后就无法撤销这个修改了。因此，为了安全，对于运行记录应该先写下来，这就是"运行记录优先原则"，具体有以下两点：

（1）至少要等相应运行记录已经写入运行日志后，才能允许事务向数据库中写记录。

（2）直到事务的所有运行记录都已经写入到运行日志后，才允许事务完成 COMMIT 处理。

这样，如果出现故障，则可能在运行日志中而不是在数据库中记录了一个修改，在重启动时，就有可能请求 UNDO、REDO 处理原先根本没有对数据库做过的修改。

5. 数据库镜像

数据库镜像（DataBase mirror）是一种提高 SQL Server 数据库可用性的解决方案。数据库镜像维护一个数据库的两个副本，这两个副本必须驻留在不同的 SQL Server 数据库引擎服务器实例上。通常，这些服务器实例驻留在不同位置的计算机上。在启动数据库上的数据库镜像操作时，这些服务器实例之间会形成一种关系，称为"数据库镜像会话"。

数据库镜像是一种简单的策略，它具有下列优点：

（1）提高数据库的可用性。发生灾难时，在具有自动故障转移功能的高安全性模式下，自动故障转移可快速使数据库的备用副本联机（而不会丢失数据）；在其他运行模式下，数据库管理员可以选择强制服务（可能丢失数据）来替代数据库的备用副本，增强数据保护功能。

（2）数据库镜像提供完整或接近完整的数据冗余，具体取决于运行模式是高安全性还是高性能。

（3）在 SQL Server 2008 Enterprise 或更高版本上运行的数据库镜像会自动尝试解决某些阻止读取数据页的错误。

（4）提高数据库在升级期间的可用性。随着磁盘容量越来越大，价格越来越便宜，为避免磁盘介质出现故障影响数据库的可用性，根据 DBA 的要求，自动把整个数据库或其中的关键数据复制到另一个磁盘上。每当主数据库更新时，DBMS 自动把更新后的数据复制过去，即 DBMS 自动保证镜像数据与主数据库的一致性，如图 11.17(a)所示。这样，一旦出现介质故障，可由镜像磁盘继续提供使用，同时 DBMS 自动利用镜像磁盘数据进行数据库的恢复，不需要关闭系统和重装数据库副本，如图 11.17(b)所示。

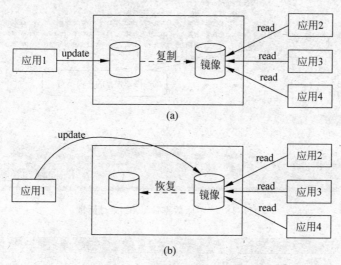

图 11.17　数据库镜像示意图

由于数据库镜像是通过复制数据实现的，频繁地复制数据自然会降低系统的运行效率，因此，在实际应用中用户往往只选择对关键数据和日志文件镜像，而不是对整个数据库进行镜像。

11.4.2　恢复数据库的方法

在恢复数据库时，SQL Server 会自动将备份文件中的数据全部复制到数据库，并回滚任何未完成的事务，以保证数据库中数据的完整性。SQL Server 恢复数据库的方式主要有两种，一是使用 SSMS 图形化方式，二是使用 T-SQL 语句方式。

1. 使用 SSMS 图形化方式恢复数据库

例如对数据库 JXGL 进行恢复。操作步骤如下：

（1）在"对象资源管理器"中右击 JXGL 数据库，从快捷菜单中选择"任务"→"还原"→"数据库"命令，弹出"还原数据库-JXGL"对话框，如图 11.18 所示。

（2）选择恢复的"源数据库"为 JXGL 或者选择恢复的源设备。在"选择用于还原的备份集"中，对于要选择的备份集可以同时选择"完整"、"差异"和"事务日志"，也可以选择其中的一种。

（3）在"选项"选项页中配置恢复操作的选项，如图 11.19 所示。

数据库的备份与恢复

266

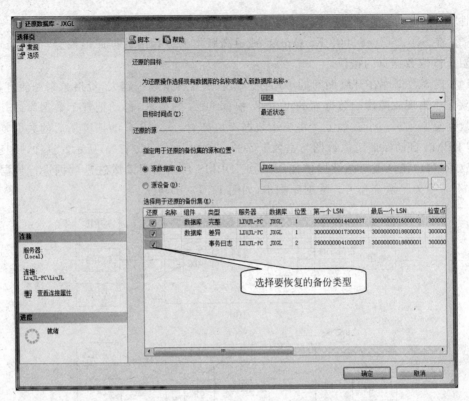

图 11.18 "还原数据库-JXGL"对话框

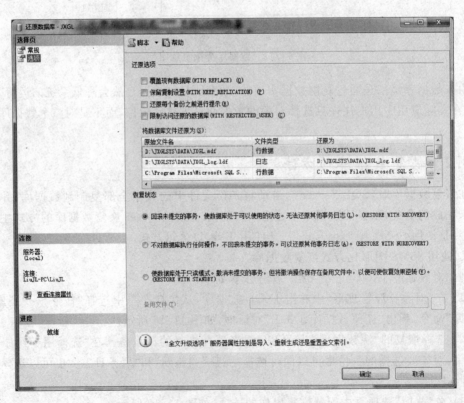

图 11.19 "选项"选项页

① 覆盖现有数据库：允许恢复操作覆盖现有的任何数据库以及它们的相关文件。

② 保留复制设置：当正在恢复一个发布的数据库到一个服务器的时候，确保保留任何复制的设置，必须选中"回滚未提交的事务，使数据库处于可以使用的状态"单选按钮。

③ 还原每个备份之前进行提示：在成功完成一个恢复并且在下一个恢复之前自动提示。提示包含一个"取消"按钮，它用于在一个特定的备份被恢复的过程中取消该恢复操作。当需要为不同的媒体集更换存储设备时，此复选框很有用。

④ 限制访问还原的数据库：将数据库设置为只有 dbo、dbcreator 以及 sysadmin 能够访问的限制用户模式。

⑤ 回滚未提交的事务，使数据库处于可以使用的状态：完成整个恢复过程，并且应用所有选择的备份。之后，所有完成的事务日志被应用，并且认可未完成的事务被回滚。在恢复过程完成后，数据库返回到可以使用的状态，且能用它做常规操作（相当于使用 RESTORE WITH RECOVERY）。

⑥ 不对数据库执行任何操作，不回滚未提交的事务：SQL Server 完成整个恢复过程，并且应用所有选择的备份。当恢复完成的时候，数据库没有返回就绪状态，不能使用它进行正常操作（相当于使用 RESTORE WITH NORECOVERY）。

⑦ 使数据库处于只读模式：这与数据库处于非操作状态的选项相似，但也有一些不同，恢复过程结束，数据库处于只读模式，而且它准备应用额外的事务日志。在只读模式下，能检查数据和测试数据库，如果有必要，应用额外的事务日志。然后，对于最后的事务日志，设置模式为"回滚未提交的事务，使数据库处于可以使用的状态"，从而使所有完成的事务日志被应用，并且其他没有完成的事务被回滚（相当于使用 RESTORE WITH STANDBY）。

(4) 设置好上述选项后，单击"确定"按钮。在任何时候可以通过单击"立即停止操作"按钮停止恢复，如果发生错误，可以看到关于错误消息的提示。

使用 SSMS 图形化方式还可以恢复文件和文件组，以及从数据库备份或文件备份中恢复文件和文件组，还可以恢复单个文件、文件集或同时恢复所有文件。

2. 使用 T-SQL 语句方式恢复数据库

用户也可以使用 T-SQL 语句 RESTORE 恢复整个数据库、恢复数据库的日志，以及恢复数据库指定的某个文件或文件组。其语句格式如下：

```
RESTORE DATABASE|LOG <数据库名>
[FROM <备份设备>[, … n]]
[ WITH
  [[,]FILE = <文件序号>|<@文件序号变量>]
  [[,]MOVE <逻辑文件名> TO <物理文件名>]
  [[,]NORECOVERY|RECOVERY]
  [[,]REPLACE]
  ][STOPAT = <日期时间>|<@日期时间变量>]
```

参数说明如下。

(1) DATABASE：指定从备份恢复整个数据库。如果指定了文件和文件组列表，则只恢复文件和文件组。

(2) <数据库名>：指定将日志或整个数据库恢复到的数据库。

(3) FROM：指定从中恢复备份的备份设备。如果没有指定 FROM 子句，则不会发生备份设备恢复,而只是恢复数据库。

(4)<备份设备>:指定恢复操作要使用的逻辑或物理备份设备。

(5)FILE = <文件序号>|<@文件序号变量>:标识要恢复的备份集。

例如,文件序号为1表示备份媒体上的第一个备份集,文件序号为2表示备份媒体上的第二个备份集。

(6)MOVE<逻辑文件名>TO<物理文件名>:指定将给定的<逻辑文件名>移到<物理文件名>,可以在不同的 MOVE 语句中指定数据库中的每个逻辑文件。

(7)NORECOVERY|RECOVERY:NORECOVERY 指定恢复操作不回滚任何未提交的事务,以保持数据库的一致性。RECOVERY 用于最后一个备份的恢复,它是默认值。

(8)REPLACE:指定即使存在另一个具有相同名称的数据库,SQL Server 也能够创建指定的数据库及其相关文件,在这种情况下将删除现有的数据库。

(9)STOPAT=<日期时间>|<@日期时间变量>:指定将数据库恢复到其在指定日期和时间的状态。

例 11.14 完成创建备份设备,备份数据库 JXGL 和恢复数据库 JXGL 的全过程。

(1)添加一个名为 my_disk 的备份设备,其物理名称为"D:\JXGL\Dump2.bak"。

```
USE master
GO
EXEC sp_addumpdevice 'disk','my_disk','D:\JXGL\Dump2.bak'
GO
```

(2)将数据库 JXGL 的数据文件和日志文件都备份到磁盘文件"D:\JXGL\Dump2.bak"中。

```
USE master
GO
BACKUP DATABASE JXGL
TO DISK = 'D:\JXGL\Dump2.bak'
BACKUP LOG JXGL TO DISK = 'D:\JXGL\Dump2.bak' WITH NORECOVERY;
GO
```

(3)从 my_disk 备份设备中恢复 JXGL 数据库。

```
USE master
GO
RESTORE DATABASE JXGL
FROM DISK = 'D:\JXGL\Dump2.bak'
GO
```

执行最后一个程序段,结果如图 11.20 所示。

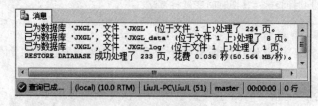

图 11.20　例 11.14(3)的执行结果

习　题　11

1. 名词解释：

备份设备　　　　完整备份　　　　差异备份　　　　日志备份　　　　数据库镜像

2. SQL Server 有几种常用的数据库备份方式？它们各有什么特点？

3. 制订数据库备份计划时，应该考虑哪些因素？

4. 发生介质故障的原因主要有哪些？应如何处理？

5. 数据库常见的故障类型有哪几种？应如何解决？

6. 新建一个数据库 test1，创建一个备份设备 back_test1，写出将数据库 test1 进行完整备份和差异备份的程序代码。

第 12 章　使用 ADO. NET 访问 SQL Server 2008 数据库

在基于 Web 的编程时代，ADO. NET 数据访问体系结构成为一种重要的数据访问模型，而且作为. NET Framework 中不可缺少的一部分，它为创建数据共享应用程序提供了一组丰富的组件。SQL Server 作为一个后台数据库管理系统，处理数据库命令的 SQL Server 引擎，此引擎运行在 Windows 操作系统环境下，对数据库连接和 T-SQL 命令进行处理。ASP. NET 利用 ADO. NET 接口可以连接 SQL Server 数据库进行一些复杂的数据操作，而且 ADO. NET 在开发的时候就已经在内部对访问 SQL Server 机制做了优化，因此，在同等数据量情况下，访问 SQL Server 要比其他数据库快得多。

12. 1　数据库访问技术 ADO. NET

ADO. NET 是重要的应用程序级接口，在 Microsoft . NET 平台中提供了数据访问服务。它含有一系列对象，用户利用这些对象可以很容易地实现对数据库的复杂操作。

12. 1. 1　ADO. NET 概述

ADO. NET 是. NET Framework 的一部分，是一种全新的数据库访问技术。ADO. NET 技术的一个重要的优点就是可以以离线的方式操作数据库，可以以断开的方式操作数据集，应用程序只有在要取得数据或更新数据的时候才对数据源进行联机，这样可以减少应用程序对服务器资源的占用，提高了应用程序的效率。

ADO. NET 主要由两个核心组件组成：. NET 数据提供程序（data providers）和 DataSet 对象。前者实现数据操作和对数据的快速、只读访问；后者缓存程序访问的实际数据。

1. . NET 数据提供程序

. NET 数据提供程序（data providers）是专门为与特定类型的数据存储通信而设计的组件，它包含 Connection、Command、DataReader 和 DataAdapter 对象，. NET 程序员使用这些元素实现对实际数据的操作。Connection 对象用来实现和数据源的连接，是数据访问者和数据源之间的对话通道；Command 对象包含提交给实际数据库的信息，例如一个查询并返回数据的命令、一个修改数据的命令、一个调用数据库存储过程的命令及其参数等；DataReader 对象从数据源中提供高性能的数据流，不支持更新操作，允许程序在数据记录间进行只读的、单向（向前）的数据访问，DataReader 对象提供的数据访问接口没有 DataSet 对象那样强大，但性能更高，因此在某些场合下（例如一个简单的、不要求回传更新数据的查询）往往更符合应用程序的需要；DataAdapter 对象充当 DataSet 对象和数据源之间的"桥梁"，它使用 Command 对象在 Connection 对象的连接辅助下访问数据源，将 Command 对象中的命令执行结果传递给 DataSet 对象，并将 DataSet 对象中数据的改动反馈给数据源。DataAdapter 对象对 DataSet 对象隐藏了实际数据操作的细节，从而操作 DataSet 即可实现对数据库的更新。

.NET 自带了两个数据提供程序。

(1) SQL Server .NET Data Providers：用于连接到 Microsoft SQL Server 数据库。它优化了对 SQL Server 的访问，并利用 SQL Server 内置的数据转换协议直接与 SQL Server 通信。

(2) OLE DB .NET Data Providers：它是一个应用于任何和.NET 框架相兼容的 OLE DB 数据库，例如 Access、SQL Server、dBase 和 Oracle 等数据库。由于它不是为专门的数据库设计的，所以运行的效率低于 SQL Server .NET 数据提供程序，因为与数据库通信时，它需要通过 OLE DB 层进行通信。不过，正因为它的通用性，使得在不同类型的数据库之间相互转变时，可以不用改写应用程序的代码就能更换数据库。对于不同的数据库，OLE DB. NET Data Providers 相应的驱动程序如表 12.1 所示。

表 12.1　OLE DB 驱动程序

驱 动 程 序	提 供 程 序
SQLOLE DB	用于 SQL Server 的 Microsoft OLE DB 提供程序
Microsoft. Jet. OLE DB. 4. 0	用于 Microsoft Jet 的 OLE DB 提供程序
MSDAORA	用于 Oracle 的 Microsoft OLE DB 提供程序

上面提到的 Connection、Command、DataReader 和 DataAdapter 对象都有两个派生类版本，它们分别位于 System. Data. SqlClient 命名空间和 System. Data. OleDb 命名空间中，具体名称如下。

① Connection：SqlConnection 和 OleDbConnection。

② Command：SqlCommand 和 OleDbCommand。

③ DataReader：SqlDataReader 和 OleDbDataReader。

④ DataAdapter：SqlDataAdapter 和 OleDbDataAdapter。

两者实际上仅仅是前缀不同，用户在使用时需要注意。

2. DataSet 对象

DataSet 对象的功能是使从数据源中检索到的数据在内存中缓存，它提供了一个内存驻留表示形式，包括一些数据表在内的数据以及表之间的关系。DataSet 对象是 ADO. NET 的断开式数据库操作的核心组件，无论数据源是什么，它都会提供一致的关系编程模型。与 DataSet 相关的对象及说明如表 12.2 所示。

表 12.2　与 DataSet 相关的对象及说明

对　象	说　明	对　象	说　明
DataSet	数据在内存中的缓存	DataRow	DataTable 中的行
DataTable	内存中数据的一个表	DataColumn	DataTable 中的列

DataSet 对象是 ADO. NET 中最核心的成员之一，也是各种基于.NET 平台开发数据库应用程序最常接触的对象。DataSet 对象的主要特征是独立于各种数据源，无论什么类

型的数据源,它都会提供一致的关系编程模型,既可以用离线方式,也可以用实时连接来操作数据库中的数据。DataSet 对象是一个可以用 XML 形式表示的数据视图,是一种数据关系视图。

3. DataAdapter 对象

DataAdapter 对象可以建立并初始化数据表(即 DataTable),对数据源执行 SQL 指令,为 DataSet 对象提供存取数据,可视为 DataSet 对象的操作核心,是 DataSet 对象与数据操作对象之间的沟通媒介。DataAdapter 对象可以隐藏 Connection 对象与 Command 对象沟通的数据,并允许使用 DataSet 对象存取数据源。

其主要的工作流程如下:

由 Connection 对象建立与数据源联机,DataAdapter 对象经由 Command 对象操作 SQL 指令以存取数据,存取的数据通过 Connection 对象返回给 DataAdapter 对象,DataAdapter 对象将数据放入其产生的 DataTable 对象,再将 DataAdapter 对象中的 DataTable 对象加入到 DataSet 对象的 DataTable 对象中。

其声明格式如下:

```
sqlDataAdapter 变量名称
变量名称 = New sqlDataAdapter("SQL 字符串",Connection 对象名称)
```

在程序中通常利用 DataAdapter 对象中的 Fill 方法打开数据库,并利用其所附属的 Command 对象操作 SQL 指令,将结果保存到 DataSet 对象。其格式如下:

```
DataAdapter 对象名称.Fill(DataSet 对象名称,DataTable 对象名称)
```

注意:DataAdapter 对象基本上是在 Command 对象基础上建立的对象,以非连接的模式处理数据的连接,即在需要存取时才连接数据库。

12.1.2 数据访问模式

ADO. NET 提供了一套丰富的对象,用于对任何类型的存储数据进行连接式或断开式访问,当然包括关系数据库。过去,编写数据库应用程序主要使用基于连接的、紧密耦合的模式。在此模式中,连接会在程序的整个生存期中保持打开,而不需要对状态进行特殊处理。随着应用程序开发的发展演变,数据处理越来越多地使用多层结构,断开方式的处理模式可以为应用程序提供更好的性能和伸缩性。ADO. NET 访问数据库的对象模型如图 12.1 所示。

1. 断开式数据访问模式

断开式数据访问模式指的是客户不直接对数据库操作。在. NET 平台上,使用各种开发语言开发的数据库应用程序,一般并不直接对数据库操作(直接在程序中调用存储过程等除外),而是先完成数据库连接和通过数据适配器填充 DataSet 对象,然后客户端再通过读取 DataSet 对象来获取所需要的数据。同样,在更新数据库中的数据时,也需要先更新 DataSet 对象,然后再通过数据适配器来更新数据库中的数据。使用断开式数据访问模式的基本过程如下:

(1) 使用连接对象 Connection 连接并打开数据库。

(2) 使用数据适配器 DataAdapter 填充数据集 DataSet。

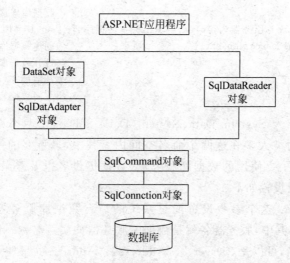

图 12.1 ADO. NET 的对象模型

（3）关闭连接，对 DataSet 进行操作。

（4）操作完成后再打开连接。

（5）使用数据适配器 DataAdapter 再更新数据库。

断开式数据访问模式特别适用于处理远程数据、本地缓存数据及大批量数据，不需要时时与数据源保持连接，从而将连接资源释放给其他客户端使用。

2. 连接式数据访问模式

连接式数据访问模式是指客户在操作过程中与数据库的连接是打开的。如果不需要 DataSet 对象所提供的功能，则打开连接后可以直接使用 Command 对象进行数据库相关操作，使用 DataReader 对象以仅向前只读方式返回数据并显示，从而提高应用程序的性能。在实际应用中，选择数据访问模式的基本原则是首先满足需求，然后考虑性能优化。

12.2 数据库的连接

数据库应用程序与数据库进行交互必须首先建立与数据库的连接，本节主要讨论利用 SqlConnection 对象进行数据库的连接及其相关的应用。

12.2.1 建立与数据库的连接

SqlConnection 对象主要负责与数据源进行连接，建立程序与数据源之间的联系，这是存取数据库的第一步，然后再使用 Open（）方法打开数据库，最后使用 Close（）方法关闭数据库。

下面是在 ASP. NET 下用 C♯语言连接 SQL Server 2008 数据库的代码：

```
<%@ Import Namespace = "System.Data" %>
<%@ Import Namespace = "System.Data.SqlClient" %>      /* 导入命名空间 */
SqlConnection conMyData                                /* 定义数据库连接对象 */
    …
```

```
string str1                                          /* 数据库连接字符串 */
str1 = @"Data Soure = 服务器名;Initial Catalog = 数据库名; User ID = 用户名;Password = 密码;"
conMyData = new SqlConnection(str1)                  /* 创建数据库连接对象 */
conMyData.Open()                                     /* 打开数据库连接 */
   ...                                               /* 其他操作 */
conMyData.close()                                    /* 关闭数据库连接 */
```

可以看出，先导入 System. Data、System. Data. SqlClient 两个命名空间，操作 SQL Server 数据库所需的类大多在这两个命名空间内。其中，最重要的是数据库连接字符串 Str1 的构造，它指定了要使用的数据库服务器、数据提供者以及登录数据库的用户信息。各参数的具体含义及设置如下。

(1) Data Source：这个参数设置的是系统的后台数据库服务器，使用方式为"Data Source＝服务器名"，其中，服务器名就是数据库服务器的实例名称。该参数在设置的时候还可以有其他的别名，可以是"Server "、"Address"、"Addr"。如果使用的是本地数据库且定义了实例名，则可以写为"Data Source＝(local)\实例名"；如果是远程服务器，则将"(local)"替换为远程服务器的名称或 IP 地址。SQL Server 默认的连接端口为 1433 端口，默认情况下不需要设置端口号，如果端口不是默认的则需要在服务器名称后面加冒号再写上端口号(：端口号)。例如，使用的数据提供者是 202. 201. 56. 57 服务器上面的名称为 MySource 的 SQL Server 服务器实例，并且连接端口为 1455，参数设置如下：

"Data Source = http://202.201.56.57\MySource:1455"

(2) User ID 与 Password：User ID 为连接数据库验证用户名，它还有一个别名 "UID"；Password 为连接数据库验证密码，它的别名为"PWD"。设置方式为"User ID＝用户名"，"Password＝密码"。这里要注意，SQL Server 必须预先设置了需要用户名和密码来登录，否则不能用这样的方式来登录。如果 SQL Server 设置为 Windows 登录，那么在这里就不需要使用"User ID"和"Password"方式来登录了，而需要使用"Trusted_Connection＝ SSPI"来登录。

(3) Initial Catalog：用于指定使用的数据库名称。需要指出的是，在连接字符串中所用的登录信息要对该参数设置的数据库下面相应的数据表具有操作权限。该参数还有一个别名为"Database"，所以可以设置为"Initial Catalog ＝数据库名"或者"Database＝数据库名"。

在参数构造的字符串中的，各参数之间用分号隔开。在后面例子中假设服务器的名称为"(local)\SQLEXPRESS"、数据库的名称为"JXGL"，用户名为"aspnetname"、验证密码为"123456"。

说明：要使用 Connection 对象，需要先导入 System. Data. SqlClient 命名空间。

```
<%@ Import Namespace = "System.Data.SqlClient" %>
```

12.2.2 使用 ASP. NET 连接数据库的环境设置与测试

使用 ASP. NET 连接数据库的环境设置与测试分为 3 个部分，首先在 SQL Server 2008 环境中创建数据库及用户信息；然后利用记事本编写 ASP. NET 代码；最后进行环境设置与测试。

1. 创建数据库及用户信息

根据第 10 章介绍的方法，利用 Microsoft SQL Server Manager 创建一个登录用户，登录用户名为"aspnetname"、密码为"123456"，并且指定可以访问的数据库是"JXGL"、权限是"db_owner"。

2. 编写 ASP. NET 代码

在 Windows 记事本软件环境中输入以下代码：

```
<% @ Import Namespace = "System.Data.SqlClient" %>
< script language = "c#" runat = "server">
void sql1_onClick(object source, EventArgs e)
{
  string str1 = @"Data Source = (local)\\SQLEXPRESS; Initial Catalog = JXGL; User ID = aspnetname;Password = 123456";
  SqlConnection mycon = new SqlConnection(str1);
  mycon.Open();
  show1.Text = "连接成功!";
  mycon.Close();
  show2.Text = "关闭连接!";
}
</script>
< html >
< head >
< meta http - equiv = "Content - Type" content = "text/html; charset = gb2312" />
< title > Connection 对象连接数据库</title>
</head>
< body >
< h3 >
Connection 对象连接数据库</h3>
< form runat = "server">
< asp:Button ID = "sql1" Text = "测试连接数据库" runat = "server" OnClick = "sql1_onClick" />
< br />
< asp:Label ID = "show1" runat = "server" />
< br />
< asp:Label ID = "show2" runat = "server" />
</form>
</body>
</html>
```

按键盘上的 Ctrl+S 组合键，保存文件到"D:\JXGLSYS\Chap12"文件夹中，文件名为"aspnetsql1.aspx"，保存格式选择"所有文件"，编码为"ANSI"。

3. ASP. NET 环境设置与测试

(1) 创建虚拟目录。单击"开始"按钮，选择"设置"→"控制面板"命令，打开控制面板，双击"管理工具"选项，打开管理工具窗口，然后双击"Internet 信息服务"，打开"Internet 信息服务"窗口，如图 12.2 所示。

图 12.2 "Internet 信息服务"窗口

(2) 在"Internet 信息服务"窗口中选择"默认网站",然后右击,在快捷菜单中选择"新建"→"虚拟目录"命令,弹出"虚拟目录创建向导"之"欢迎使用虚拟目录创建向导"对话框,如图 12.3 所示。

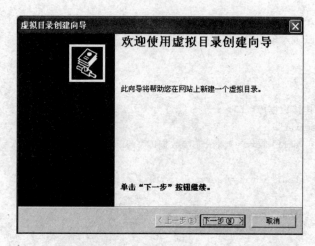

图 12.3 "虚拟目录创建向导"之"欢迎使用虚拟目录创建向导"对话框

(3) 单击"下一步"按钮,弹出"虚拟目录别名"对话框,这里命名为 sqlserver2008,然后单击"下一步"按钮,弹出"虚拟目录创建向导"之"网站内容目录"对话框,单击"浏览"按钮,在弹出的"浏览文件夹"对话框中选择"D:\JXGLSYS\Chap12",如图 12.4 所示。

(4) 单击"下一步"按钮,弹出"虚拟目录创建向导"之"访问权限"对话框,如图 12.5 所示,在此选择所有的权限。

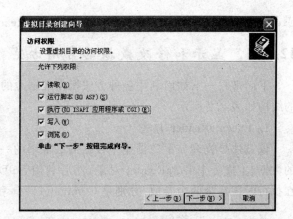

图 12.4　选择网站内容目录　　　图 12.5　"虚拟目录创建向导"之"访问权限"对话框

（5）单击"下一步"按钮，完成设置，然后单击"完成"按钮，即可创建虚拟目录。

（6）展开 JXGLSYS 文件夹，然后选择 aspnetsql1.aspx 文件并右击，在弹出的快捷菜单中选择"浏览"命令，这时出现的浏览效果如图 12.6 所示。

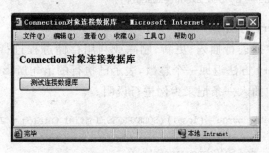

图 12.6　浏览效果

（7）单击页面中的"测试连接数据库"按钮，就会显示相应的提示信息，具体如图 12.7所示。

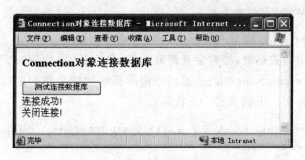

图 12.7　SQL Server 2008 数据库连接成功的提示信息

12.3　显示数据库中的数据

利用 SqlConnection 对象连接数据源后，即可读出数据，具体方法是利用 SqlCommand 对象对要访问的数据库执行 T-SQL 语句或存储过程，具体执行的命令有 ExecuteReader、

ExecuteNonQuery、ExecuteScalar、ExecuteXmlReader。

12.3.1 显示和修改数据的常用方法

下面来看一下如何利用各种方法操作数据源的代码。本部分的数据库名为 JXGL,S 表的结构如表 2.2 所示。

1. ExecuteReader 方法

该方法是查询显示数据库中数据的最常用的一种方法,利用该方法可以读出数据源中的数据,生成一个 DataReader 对象,然后利用 SqlDataReader 对象进行输出显示。该方法在执行时需要带两个参数,分别是 CommandText 和 SqlConnection。代码如下:

```
string str1 = @"Data Source = (local)\SQLEXPRESS;Initial Catalog = JXGL;User ID = aspnetname;
Password = 123456";
SqlConnection mycon = new SqlConnection(str1);
mycon.Open();
string sqlstr1 = "select * from S";
SqlCommand mycom = new SqlCommand(sqlstr1,mycon);
SqlDataReader myreader = mycomm.ExecuteReader();
```

2. ExecuteNonQuery 方法

在对数据库中的数据进行插入、更新、删除或利用存储过程进行操作时是不返回行数的,而 ExecuteNonQuery 方法返回一个整数,表示已执行的语句所影响的数据行数。

下面以向数据库中插入一条记录为例进行说明。

```
string str1 = @"Data Source = (local)\SQLEXPRESS;Initial Catalog = JXGL;User ID = aspnetname;
Password = 123456";
SqlConnection mycon = new SqlConnection(str1);
mycon.Open();
string insertstr1 = "Insert into S(Sno,Sname,Sex,Age,Sdept) values('200913254','吕占英','F',
21,'CS')";
SqlCommand mycom = new SqlCommand(insertstr1,mycon);
int num = mycom.ExecuteNonQuery();
```

3. ExecuteScalar 方法

在查询数据库中的数据时,经常会查询最大值、最小值、平均值、总和等,即查询函数运算值,这时要使用 ExecuteScalar 方法,返回查询所影响的结果集中的第一行第一列,因此,该方法常用于函数查询。下面来看一下代码:

```
string str1 = @"Data Source = (local)\SQLEXPRESS;Initial Catalog = JXGL;User ID =
aspnetname;Password = 123456";
SqlConnection mycon = new SqlConnection(str1);
mycon.Open();
string scalarstr1 = "select min(AGE) from S";
SqlCommand mycom = new SqlCommand(scalarstr1,mycon);
int num = (int)mycom.ExecuteScalar();
```

4. ExecuteXmlReader 方法

该方法主要实现数据库与 XML 文档的交流,使用该方法需要传递一个 For XML 子句的 T-SQL 语句。该方法在执行时要带两个参数,即 CommandText 和 SqlConnection。用户可以利用该方法生成一个 XmlReader 对象,具体代码如下:

```
string str1 = @"Data Source = (local)\SQLEXPRESS;Initial Catalog = JXGL;User ID = aspnetname;
Password = 123456";
SqlConnection mycon = new SqlConnection(str1);
mycon.Open();
string xmltr1 = "select * from S for XML AUTO,XMLData";
SqlCommand mycom = new SqlCommand(scalarstr1,mycon);
XmlReader myxml = mycom.ExecuteXmlReader();
```

12.3.2 显示数据库中数据的步骤

显示 SQL Server 2008 数据库中的数据的步骤如下:

(1) 导入命名空间,因为我们所使用的数据库对象都在该命名空间中。具体代码如下:

```
<%@ Import Namespace = "System.Data.SqlClient" %>
```

(2) 利用 SqlConnection 连接数据源,然后利用 SqlCommand 对象查询数据源。具体代码如下:

```
string str1 = @"Data Source = (local)\SQLEXPRESS;Initial Catalog = JXGL;User ID =
aspnetname;Password = 123456";
SqlConnection mycon = new SqlConnection(str1);
SqlCommand mycomm = new SqlCommand("select * from S",mycon);
```

(3) 利用 SqlCommand 对象的 ExecuteReader 方法产生一个 SqlDataReader 对象,然后利用该对象的 Read()方法显示数据库中的数据。具体代码如下:

```
SqlDataReader myreader = mycomm.ExecuteReader();
while (myreader.Read())
 {
  Response.Write(myreader.GetString(0) + " ");
  Response.Write(myreader.GetString(1) + " ");
  Response.Write(myreader.GetString(2) + " ");
   …
 }
```

调用 Read()方法后,SqlDataReader 对象才会移动到结果集的第一行,同时返回一个 bool 值,表明下一行是否可用,返回 true 为可用,返回 false 则到达结果集末尾。

(4) 关闭数据源。要先关闭 SqlDataReader 对象,才能关闭 SqlConnection 对象,是因为 SqlDataReader 对象以独占方式使用 SqlConnection 对象。具体代码如下:

```
myreader.Close();
mycon.Close();
```

显示数据库中数据的具体操作步骤如下:

(1) 在 Windows 的记事本软件环境中输入以下程序代码:

```
<%@ Import Namespace = "System.Data.SqlClient" %>
```

使用 ADO. NET 访问 SQL Server 2008 数据库

```
< script language = "c#" runat = "server">
void sql1_onClick(Object source, EventArgs e)
{
    string str1 = @"Data Source = (local)\SQLEXPRESS; Initial Catalog = JXGL; User ID =
aspnetname;Password = 123456";
SqlConnection mycon = new SqlConnection(str1);
SqlCommand mycomm = new SqlCommand("select * from S", mycon);
mycon.Open();
SqlDataReader myreader = mycomm.ExecuteReader();
while (myreader.Read())
{
  Response.Write(myreader.GetString(0) + " ");
  Response.Write(myreader.GetString(1) + " ");
  Response.Write(myreader.GetString(2) + " ");
  Response.Write("<br/>");
}
myreader.Close();
mycon.Close();
}
</script>
<html>
<head>
<meta http-equiv = "Content-Type" content = "text/html;charset = gb2312" />
<title>显示数据库中的数据</title>
</head>
<body>
<h3>显示数据库中的数据</h3>
<form runat = "server">
<asp:Button ID = "sql1" Text = "显示 SQL Server 2008 数据库中的数据" runat = "server" OnClick =
"sql1_onClick"/>
<br/>
</form>
</body>
</html>
```

(2) 按键盘上的 Ctrl+S 组合键,保存文件到"D:\JXGLSYS\Chap12"文件夹中,文件名为"aspnetsql2.aspx",保存格式选择"所有文件",编码为"ANSI"。

(3) 在"Internet 信息服务"窗口中展开"JXGLSYS"文件夹,然后选择"aspnetsql2.aspx"文件并右击,在弹出的快捷菜单中选择"浏览"命令,这时结果如图 12.8 所示。

(4) 单击页面中的"显示 SQL Server 2008 数据库中的数据"按钮,就会显示数据库中的数据,如图 12.9 所示。

图 12.8　浏览效果

图 12.9　显示数据库中的数据

12.4 格式化显示数据库中的数据

本节利用 DataSet 对象和 DataGrid 控件用表格形式对 SQL Server 2008 数据库中的数据进行显示。

12.4.1 利用 DataSet 对象显示数据

DataSet 对象是 ASP.NET 中非常重要的一个对象,该对象是内存中数据的表示形式,无论数据源是什么,它都可以提供一致的关系编程模型,可以应用于多种不同的数据源。

1. DataSet 对象与 DataReader 对象的比较

DataSet 对象必须结合 DataAdapter 对象使用,它是由许多数据表、记录和字段组成的一个对象,主要用于在内存中存放数据。它可以一次读取整张数据表的内容,也可以对网页中显示的数据进行编辑,并且还可以在数据中任意移动。

DataReader 对象必须结合 Command 对象使用,一次读取一条数据,且数据只能单向向前移动,一般用于单独显示数据。

2. 常用对象

1) DataTable 对象

DataTable 对象是内存中的一个数据表,主要由 DataRow 对象和 DataColumn 对象组成。它是组成 DataSet 对象的主要组件,因为 DataSet 对象可以接受由 DataAdapter 对象执行 SQL 指令后所取得的数据,这些数据是 DataTable 对象的格式,所以 DataSet 对象需要许多 DataTable 对象来储存数据,并可利用 DataRow 集合对象中的 Add 方法加入新的数据。

2) DataRow 对象

DataRow 对象对应于数据库表或视图中的行。定义字段后,可以通过 DataRow 对象添加记录,所组成的集合即为 DataTable 对象中的 Rows 属性。在使用 DataTable 对象产生 DataRow 时,会依照 DataColumn 集合对象中的字段产生 DataRow 对象。

3) DataColumn 对象

DataColumn 对象对应于数据库表或视图中的列,即数据表或视图中的字段,所组成的集合为 DataTable 对象中的 Column 属性,它是组成数据表的最基本的单位。

4) DataRelation 对象

DataRelation 对象对应于数据库表之间的关系,以便浏览相关表中的记录。在访问相关记录时,DataRelation 对象被传递给 GetChildRows 或 GetParentRows 方法。DataRelation 对象确定所要查询的相关表,以便返回与 GetChildRows 或 GetParentRows 方法调用相关联的相关数据。

5) DataView 对象

DataView 对象对应于数据库中的视图,DataView 对象是 DataTable 对象中的 DefaultView 属性,主要功能是返回数据表的默认视图,此默认视图就是一个 DataView 对象,可以用来设置 DataTable 对象中的数据显示方式,也可以将数据做排序与筛选,所以,DataView 对象与 DataTable 对象是相关联的。

6）DataGrid 控件

DataGrid 控件是表格控件，用户可以利用它显示数据库表格中的信息。此控件用表格设置数据库的显示格式，有多种版面、格式、事件等供编程人员选择和设计，使得数据库的数据显示更有特色和美感。其格式如下：

```
< asp: DataGrid
id = "控件标识"
runat = "server"
datasource = 连接的数据源
CellPadding = "像素值"              /* 单元格内文字与单元格边框的距离 */
spacePadding = "像素值"            /* 单元格与单元格之间的距离 */
font - name = "字体名称"
font - Size = "字体大小"
    ...
>
```

12.4.2 利用表格显示数据库中的数据

用表格显示数据库中数据的方法如下：

（1）导入两个命名空间，因为我们所使用的对象在相应的命名空间中。其代码如下：

```
<% @ Import Namespace = "System. Data" %>
<% @ Import Namespace = "System. Data. SqlClient" %>
```

（2）利用 SqlDataAdapter 对象的 Fill( )方法把数据源中的数据传到 DataSet 对象。其具体代码如下：

```
SqlDataAdapter myadapter1 = new SqlDataAdapter("select * from S",myconn)
DataSet mydata1 = new DataSet();
Myadapter1.Fill(mydata1,"S");
```

（3）把 DataSet 赋给 DataGrid 控件的 DataSource 属性，并调用 DataBind( )方法完成数据绑定。其具体代码如下：

```
Mygrid1.DataSource = mydata1;
Mygrid1.DataBind();
```

具体操作步骤如下：

（1）在记事本软件环境中输入以下程序代码：

```
<% @ Import Namespace = "System. Data" %>
<% @ Import Namespace = "System. Data. SqlClient" %>
< script language = "C # " runat = "server">
void Page_Load(Object source, EventArgs e)
{
string str1 = @"Data Source = (local)\SQLEXPRESS; Initial Catalog = JXGL; User ID = aspnetname;
Password = 123456";
SqlConnection myconn = new SqlConnection(str1);
SqlDataAdapter myadapter1 = new SqlDataAdapter("select * from S", myconn);
DataSet mydata1 = new DataSet();
```

```
myadapterl.Fill(mydata1, "S");
mygrid1.DataSource = mydata1;
mygrid1.DataBind();
}
</script>
< html >
< head >
< meta http－equiv = "Content－Type" content = "text/html;charset = gb2312" />
< title >表格显示数据库中的数据</title>
</head >
< body >
< h3 >
    表格显示数据库中的数据</h3>
< asp:DataGrid ID = "mygrid1" runat = "server" />
</body >
</html >
```

（2）按键盘上的 Ctrl＋S 组合键，保存文件到"D:\ JXGLSYS\Chap12"文件夹中，文件名为"aspnetsql3.aspx"，保存格式选择"所有文件"，编码为"ANSI"。

（3）在"Internet 信息服务"窗口中展开"JXGLSYS"文件夹，然后选择"aspnetsql3.aspx"文件并右击，在弹出的快捷菜单中选择"浏览"命令，这时结果如图 12.10 所示。

图 12.10　用表格显示数据库表中的数据

12.4.3　利用分页技术显示数据库中的数据

当 DataGrid 数据源中有很多记录时，需要采用分页显示技术，以方便阅读。与分页显示相关的几个属性如下。

（1）AllowPaging 属性：该属性用来设定是否使用分页，如果为 true，则使用，否则不使用。

（2）PageSize 属性：该属性用来指定每页显示的记录数。

（3）CurrentPageIndex 属性：该属性指定当前要显示的页的索引。

（4）OnPageIndexChanged 属性：该属性设置页码改变事件。

（5）NewPageIndex 属性：该属性确定用户选择的页面的索引。

具体方法如下：

（1）设置 DataGrid 控件属性，具体代码如下：

```
< asp:datagrid id = "mygridl" runat = "server" AllowPaging = "true"
OnPageIndexChanged = "changedpage" PageSize = "4"></asp:Datagrid>
```

（2）设置分页类型及对齐方式，具体代码如下：

```
< pagerstyle HorizontalAlign = "right" Mode = "NumericPages"> </pagerstyle >
```

（3）编写页面改变事件代码，具体如下：

```
void changedpage(Object source,DataGridPageChangedEventArgs e)　/* 分页功能 */
{
```

```
        Mygrid1.CurrentPageIndex = e.NewPageIndex;        /* 设置当前的页索引 */
        Mygrid1.DataBind();                               /* DataGrid重新绑定数据源 */
}
```

具体操作步骤如下：

（1）在 Windows 的记事本软件环境中输入以下代码：

```
<%@ Import Namespace = "System.Data" %>
<%@ Import Namespace = "System.Data.SqlClient" %>
<script language = "C#" runat = "server">
void Page_Load(Object source, EventArgs e)
{
    string str1 = @"Data Source = (local)\SQLEXPRESS; Initial Catalog = JXGL; User ID =
aspnetname; Password = 123456";
    SqlConnection myconn = new SqlConnection(str1);
    SqlDataAdapter myadapter1 = new SqlDataAdapter("select * from S", myconn);
    DataSet mydata1 = new DataSet();
    myadapter1.Fill(mydata1, "S");
    mygrid1.DataSource = mydata1;
    mygrid1.DataBind();
}
void changedpage(Object source, DataGridPageChangedEventArgs e)   /* 分页功能 */
{
    mygrid1.CurrentPageIndex = e.NewPageIndex;        /* 设置当前的页索引 */
    mygrid1.DataBind();                               /* DataGrid重新绑定数据源 */
}
</script>
<html>
<head>
<meta http-quiv = "Content-Type" content = "text/html; charset = gb2312" />
<title>利用表格分页显示数据库中的数据</title>
</head>
<body>
<h3>
        利用表格分页显示数据库中的数据</h3>
<form runat = "server">
<asp:DataGrid ID = "mygrid1" runat = "server" AllowPaging = "true" OnPageIndexChanged = "
changedpage" PageSize = "4">
<PagerStyle HorizontalAlign = "right" Mode = "NumericPages"></PagerStyle>
</asp:DataGrid>
</form>
</body>
</html>
```

（2）按键盘上的 Ctrl+S 组合键，保存文件到"D:\ JXGLSYS\Chap12"文件夹中，文件名为"aspnetsql4.Aspx"，保存格式选择"所有文件"，编码为"ANSI"。

（3）在"Internet 信息服务"窗口中展开"JXGLSYS"文件夹，选择"aspnetsql4.aspx"文件并右击，在弹出的快捷菜单中选择"浏览"命令，这时就可以看到分页效果，选择不同的页码，会显示相应页中的数据信息，如图 12.11 所示。

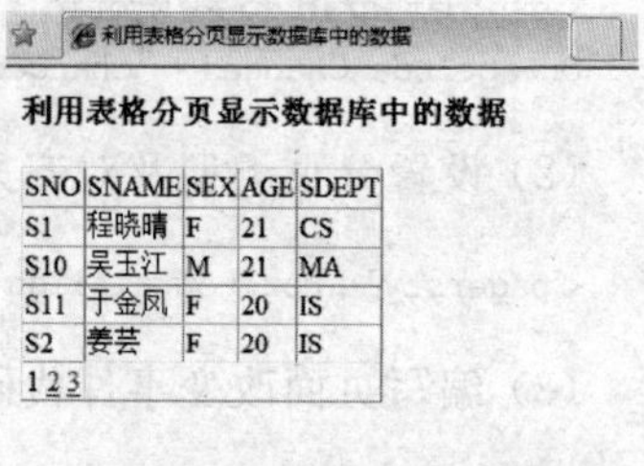

利用表格分页显示数据库中的数据

SNO	SNAME	SEX	AGE	SDEPT
S1	程晓晴	F	21	CS
S10	吴玉江	M	21	MA
S11	于金凤	F	20	IS
S2	姜芸	F	20	IS

1 2 3

图 12.11 分页显示数据

12.5　数据的插入

12.5.1　常用对象和控件

本节用到了 DataAdapter 对象、SqlCommandBuilder 对象和 DataList 控件。

1. DataAdapter 对象的常用属性

SqlDataAdapter 提供了 4 个常用属性来获得和修改数据源中的数据。

（1）UpdateCommand 属性：该属性获得或设置一个 SQL 语句或存储过程，用于更新数据源中的数据。

（2）InsertCommand 属性：该属性获得或设置一个 SQL 语句或存储过程，用于在数据源中插入新的数据。

（3）DeleteCommand 属性：该属性获得或设置一个 SQL 语句或存储过程，用于删除数据源中的数据。

（4）SelectCommand 属性：该属性获得或设置一个 SQL 语句或存储过程，用于获得数据源中的数据。

每一个属性都会自动创建一个 Command 对象，例如：

```
SqlDataAdapter myadapter = new SqlDataAdapter
        /* 连接数据源的 SqlConnection 对象 */
```

这时会自动创建一个 Command 对象，SqlConnection 对象则产生了 Command 对象的 Connection 属性。

2. SqlCommandBuilder 对象

如果要实现对数据源中数据的修改，还要利用 SqlCommandBuilder 对象，该对象的具体代码如下：

```
SqlDataAdapter myadapter = new SqlDataAdapter;
        /* 连接数据源的 SqlConnection 对象 */
SqlCommandBuilder mybuilder1 = new SqlCommandBuilder(myadapter);
```

要获得自动生成的 SQL 语句，需要使用下面 3 种方法。

（1）GetDeleteCommand 方法：该方法可以自动生成对数据库执行的删除操作对象。

（2）GetUpdateCommand 方法：该方法可以自动生成对数据库执行的更新操作对象。

（3）GetInsertCommand 方法：该方法可以自动生成对数据库执行的插入操作对象。

3. DataList 控件

显示数据库中的数据常用的控件有 DataGrid、DataList 和 Repeater，下面介绍用 DataList 控件来显示后台数据库中的信息。DataList 控件的语法格式如下：

```
< asp:DataList id = "控件标识" runat = "server" BorderColor = "颜色">
< HeaderTemplate ></HeaderTemplate>        /* 指定列表开始处的控件或文本 */
< ItemTemplate ></ItemTemplate>            /* 指定 DataList 中每一项的布局 */
< AlternatingItemTemplate ></AlternatingItemTemplate>
                                /* 指定 DataList 中每间隔一行的布局 */
```

```
< SeparatorTemplate ></SeparatorTemplate >
                                        /* 指定在每项之间呈现的元素 */
< SelectedItemTemplate ></SelectedItemTemplate >
                                        /* 指定 DataList 中被选中的项的布局 */
< EditItemTemplate ></EditItemTemplate >   /* 指定项目被编辑时的布局 */
< FooterTemplate ></FooterTemplate >        /* 指定列表结束处的控件或文本 */
</asp:DataList >
```

12.5.2 向数据库中插入记录

向数据库中插入记录涉及的主要内容如下：

（1）利用代码插入一条记录，首先要新建数据库表的一个新行，然后为每个字段赋值，再添加到表中，具体代码如下：

```
DataRow myrow1 = mydata1.Tables["S"].NewRow();
      /* 新建数据库表的一个新行 */
myrow1["SNO"] = "s9";                    /* 为各个字段赋值 */
myrow1["SNAME"] = "王晓杰";
myrow1["SEX"] = "F";
myrow1["AGE"] = 20;
myrow1["SDEPT"] = "IS";
mydata1.Tables["S"].Rows.Add(myrow1);   /* 添加该行 */
```

（2）利用 CommandBuilder 对象把内存中的记录添加到数据库中，更新数据库中的记录，具体代码如下：

```
SqlCommandBuilder mybuilder1 = new SqlCommandBuilder(
myadapter1);
myadapter1.InsertCommand = mybuilder1.GetInsertCommand();
myadapter1.Update(mydata1,"S");
mydata1.Clear();
```

（3）进行数据绑定。

（4）对于 DataList 控件的应用要注意各个属性的设置，具体格式如下：

```
< HeaderStyle BackColor = "＃FF9900"/>
< alternatingItemStyle BackColor = "＃9999FF"/>
```

（5）显示数据库中记录的代码如下：

```
< ItemTemplate >
<% ＃DataBinder.Eval(Container.DataItem,"SNO" %>
<% ＃DataBinder.Eval(Container.DataItem,"SNAME" %>
<% ＃DataBinder.Eval(Container.DataItem,"SEX") %>
<% ＃DataBinder.Eval(Container.DataItem,"AGE") %>
<% ＃DataBinder.Eval(Container.DataItem,"SDEPT") %>
</ItemTemplate >
```

（6）在每项之间显示横线的代码如下：

```
< separatorTemplate >< hr ></separatorTemplate >
```

向数据库中插入记录的具体步骤如下：

（1）在 Windows 的记事本软件环境中输入以下代码：

```csharp
<%@ Import Namespace = "System.Data" %>
<%@ Import Namespace = "System.Data.SqlClient" %>
<script language = "C#" runat = "server">
void Page_Load(Object source, EventArgs e)
{
  string str1 = @"Data Source = (local)\SQLEXPRESS; Initial Catalog = JXGL; User ID =
aspnetname; Password = 123456";
  SqlConnection myconn = new SqlConnection(str1);
  SqlDataAdapter myadapter1 = new SqlDataAdapter("select * from S", myconn);
  DataSet mydata1 = new DataSet();
  myadapter1.Fill(mydata1, "S");
  DataRow myrow1 = mydata1.Tables["S"].NewRow();
  myrow1["SNO"] = "s9";
  myrow1["SNAME"] = "王晓杰";
  myrow1["SEX"] = "F";
  myrow1["AGE"] = 20;
  myrow1["SDEPT"] = "IS";
  mydata1.Tables["S"].Rows.Add(myrow1);
  SqlCommandBuilder mybuilder1 = new SqlCommandBuilder(myadapter1);
  myadapter1.InsertCommand = mybuilder1.GetInsertCommand();
  myadapter1.Update(mydata1, "S");
  mydata1.Clear();
  myadapter1.Fill(mydata1, "S");
  mylist1.DataSource = mydata1;
  mylist1.DataBind();
}
</script>
<html>
<head>
<meta http-equiv = "Content-Type" content = "text/html; charset = gb2312" />
<title>DataList 控件的使用</title>
</head>
<body>
<h3>
    向 SQL Server 2008 数据库中插入一条新记录
</h3>
<form runat = "server">
<asp:DataList ID = "mylist1" runat = "server">
    <HeaderStyle BackColor = "#FF9900" />
    <AlternatingItemStyle BackColor = "#9999FF" />
    <HeaderTemplate>
        SQL Server 2008 数据库表---S 中的信息
    </HeaderTemplate>
    <ItemTemplate>
     <span>
       <%# DataBinder.Eval(Container.DataItem, "SNO") %>
       <%# DataBinder.Eval(Container.DataItem, "SNAME") %>
```

```
        <% # DataBinder.Eval(Container.DataItem,"SEX") %>
        <% # DataBinder.Eval(Container.DataItem,"AGE") %>
        <% # DataBinder.Eval(Container.DataItem,"SDEPT") %>
      < br />
      </span>
    </ItemTemplate>
    < SeparatorTemplate >
        < hr >
    </SeparatorTemplate >
    < FooterTemplate >
        DataList 控件的应用!
    </FooterTemplate >
  </asp:DataList >
  </form >
  </body >
  </html >
```

（2）按键盘上的 Ctrl＋S 组合键，保存文件到"D：\JXGLSYS\Chap12"文件夹中，文件名为"aspnetsql5.aspx"，保存格式选择"所有文件"，编码为"ANSI"。

（3）在"Internt 信息服务"窗口中展开"JXGLSYS"文件夹，选择"aspnetsql5.aspx"文件并右击，在弹出的快捷菜单中选择"浏览"命令，这时的效果如图 12.12 所示。

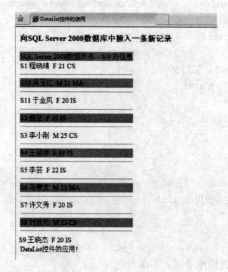

图 12.12　插入一条记录

12.6　数据的修改和删除

本节利用 Repeater 控件更新与删除 SQL Server 2008 数据库中的数据信息。

12.6.1　Repeater 控件

显示数据库中的数据常用的控件有 DataGrid、DataList 和 Repeater，本节利用 Repeater 控件来显示后台数据库中的信息。

Repeater 是一个可重复操作的控件,也就是说,它通过使用模板显示一个数据源的内容,而我们配置这些模板又很容易。Repeater 包含标题和页脚等数据,它可以遍历所有的数据选项并应用到模板中。与 DataGrid 和 DataList 控件不同的是,Repeater 控件并不是由 WebControl 类派生而来的,所以,它不包括一些通用的格式属性,例如控制字体、颜色等。但是,HTML(或者一个样式表)或者 ASP. NET 类可以处理这些属性。

Repeater 控件与 DataGrid(以及 DataList)控件的主要区别在于如何处理 HTML。ASP. NET 建立 HTML 代码以显示 DataGrid 控件,但 Repeater 允许开发人员决定如何显示数据。所以,用户可以选择将数据显示在一个 HTML 表格中或者一个顺序列表中,这主要取决于用户自己的选择,但必须将正确的 HTML 插入到 ASP. NET 页面中。

模板与 DataList 一样,Repeater 控件只支持模板,用户可以选择以下模板。

(1) AlternatingItemTemplate:此模板与 Item 模板交替显示。

(2) ItemTemplate:此模板是使用 Repeater 对象的必要模板,不可省略。一个 Repeater 控件至少要定义一个 ItemTemplate 模板。此模板可以针对所有要显示的数据进行格式设置或者结合 AlternatingItemTemplate 使用。

(3) HeaderTemplate:显示数据页标题。

(4) FooterTemplate:显示数据页页脚。

(5) SeparatorTemplate:显示数据间隔的分隔符。

用户可以使用这些模板来设置数据库的显示格式。唯一具有强制性的模板是 ItemTemplate,所有其他模板都是具有选择性的。

对于处理一个数据源,Repeater 控件有以下属性。

(1) DataMember:获得或者设置与 Repeater 控件绑定的相应 DataSource 属性的表格。

(2) DataSource:获得或者设置为 Repeater 显示提供数据的数据源。

除此之外,还有一个 Items 属性,用户可以通过这一属性编程访问 Repeater 数据中的单一选项,它返回一个 RepeaterItemCollection 对象,为一组 RepeaterItem 对象的集合,代表 Repeater 数据的每一行。

下面来看一下 Repeater 控件的语法格式:

```
<asp:Repeater id = "控件标识" runat = "server" BorderColor = "颜色">
<HeaderTemplate></HeaderTemplate>          /* 指定列表开始处的控件或文本 */
<ItemTemplate></ItemTemplate>              /* 指定 DataList 中每一项的布局 */
<AlternatingItemTemplate></AlternatingItemTemplate>
                      /* 指定 DataList 中每间隔一行的布局 */
<SeparatorTemplate></SeparatorTemplate>
                      /* 指定在每项之间呈现的元素 */
<FooterTemplate></FooterTemplate>          /* 指定列表结束处的控件或文本 */
```

12.6.2 修改数据库中的数据

下面介绍利用代码更新一条记录涉及的主要内容。

(1) 修改指定行的字段值,具体代码如下:

```
mydata1.Tables["S"].Rows[0]["SNO"] = "s15";
mydata1.Tables["S"].Rows[0]["SNAME"] = "李丽杰";
```

```
mydata1.Tables["S"].Rows[0]["SEX"] = "F";
mydata1.Tables["S"].Rows[0]["AGE"] = 22;
mydata1.Tables["S"].Rows[0]["SDEPT"] = "CS";
```

（2）利用 CommandBuilder 对象把内存中的记录更新到数据库中，并且更新数据库中的记录，具体代码如下：

```
SqlCommandBuilder mybuilder1 = new SqlCommandBuilder(myadapter);
myadapter.UpdateCommand = mybuilder1.GetUpdateCommand();
myadapter.Update(mydata1,"S");
mydata1.Clear();
```

（3）进行数据绑定。

（4）利用 Repeater 控件进行显示，由于在前面已具体讲过，这里不再赘述。

更新记录的具体步骤如下：

（1）在 Windows 的记事本软件环境中输入以下代码：

```
<%@ Import Namespace = "System.Data" %>
<%@ Import Namespace = "System.Data.SqlClient" %>
<script language = "C#" runat = "server">
void Page_Load(Object source, EventArgs e)
{
  string str1 = @"Data Source = (local)\SQLEXPRESS; Initial Catalog = JXGL; User ID = aspnetname; Password = 123456";
  SqlConnection myconn = new SqlConnection(str1);
  SqlDataAdapter myadapter = new SqlDataAdapter("select * from S", myconn);
  DataSet mydata1 = new DataSet();
  myadapter.Fill(mydata1, "S");
  mydata1.Tables["S"].Rows[0]["SNO"] = "s1";
  mydata1.Tables["S"].Rows[0]["SNAME"] = "李丽杰";
  mydata1.Tables["S"].Rows[0]["SEX"] = "F";
  mydata1.Tables["S"].Rows[0]["AGE"] = 22;
  mydata1.Tables["S"].Rows[0]["SDEPT"] = "CS";
  SqlCommandBuilder mybuilder1 = new SqlCommandBuilder(myadapter);
  myadapter.UpdateCommand = mybuilder1.GetUpdateCommand();
  myadapter.Update(mydata1,"S");
  mydata1.Clear();
  myadapter.Fill(mydata1,"S");
  repeater1.DataSource = mydata1;
  repeater1.DataBind();
  myconn.Close();
}
</script>
<html>
<head>
<meta http-equiv = "Content-Type" content = "text/html; charset = gb2312" />
<title>更新 SQL Server 2008 数据库中的数据信息</title>
</head>
<body>
<h3>
```

```
        更新 SQL Server 2008 数据库中的数据信息</h3>
< form runat = "server">
< asp:Repeater ID = "repeater1" runat = "server">
    < HeaderTemplate >
        学生信息< br >
    </HeaderTemplate >
    < ItemTemplate >
      <% # DataBinder. Eval(Container. DataItem, "SNO") % >
      <% # DataBinder. Eval(Container. DataItem, "SNAME") % >
      <% # DataBinder. Eval(Container. DataItem, "SEX") % >
      <% # DataBinder. Eval(Container. DataItem, "AGE") % >
      <% # DataBinder. Eval(Container. DataItem, "SDEPT") % >
      < br >
    </ItemTemplate >
    < SeparatorTemplate >
        < hr width = "60" align = "left">
    </SeparatorTemplate >
    < FooterTemplate >
        更新第条记录!
    </FooterTemplate >
  </asp:Repeater >
  </form >
</body >
</html >
```

（2）按键盘上的 Ctrl＋S 组合键,保存文件到"D：\
JXGLSYS\Chap12"文件夹中,文件名为"aspnetsql6.
aspx",保存格式选择"所有文件",编码为"ANSI"。

（3）在"Internet 信息服务"窗口中展开"JXGLSYS"
文件夹,选择"aspnetsql6. aspx"文件并右击,在弹出的
快捷菜单中选择"浏览"命令,这时效果如图 12. 13
所示。

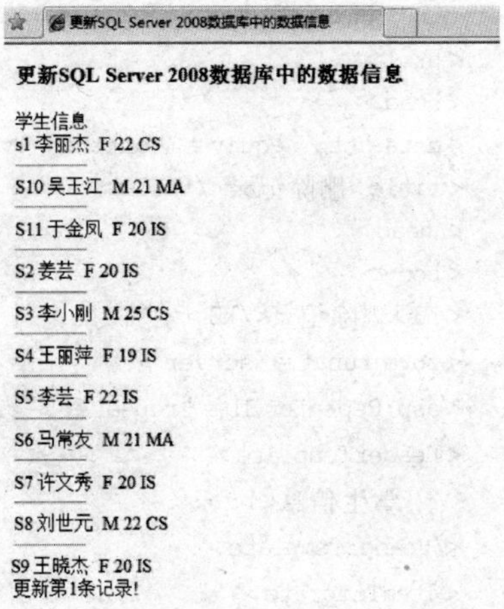

图 12.13　更新数据效果

12.6.3　删除记录

删除记录的方法与前面添加记录、更新记录的方法几乎相同,主要内容如下：

```
mydata1. Tables["S"]. Rows[0]. Delete();      /* 删除指定列 */
SqlCommandBuilder mybuilder1 = new SqlCommandBuilder(myadapter);
myadapter. UpdateCommand = mybuilder1. GetDeleteCommand();
            /* 获取删除方法 */
myadapter. Update(mydata1,"S");
mydata1. Clear();
```

删除记录的具体步骤如下：
（1）在 Windows 的记事本软件环境中输入以下代码：

```
<% @ Import Namespace = "System. Data" % >
<% @ Import Namespace = "System. Data. SqlClient" % >
< script language = "C# " runat = "server">
```

使用 ADO. NET 访问 SQL Server 2008 数据库

```
void Page_Load(Object source, EventArgs e)
{
  string str1 = @"Data Source = (local)\SQLEXPRESS; Initial Catalog = JXGL; User ID =
aspnetname;Password = 123456";
  SqlConnection myconn = new SqlConnection(str1);
  SqlDataAdapter myadapter = new SqlDataAdapter("select * from S", myconn);
  DataSet mydata1 = new DataSet();
  myadapter.Fill(mydata1, "S");
  mydata1.Tables["S"].Rows[0].Delete();
  SqlCommandBuilder mybuilder1 = new SqlCommandBuilder(myadapter);
  myadapter.UpdateCommand = mybuilder1.GetDeleteCommand();
  myadapter.Update(mydata1, "S");
  mydata1.Clear();
  myadapter.Fill(mydata1, "S");
  repeater1.DataSource = mydata1;
  repeater1.DataBind();
  myconn.Close();
}
</script>
<html>
<head>
<meta http-equiv = "Content-Type" content = "text/html; charset = gb2312" />
<title>删除记录</title>
</head>
<body>
<h3>删除记录</h3>
<form runat = "server">
<asp:Repeater ID = "repeater1" runat = "server">
<HeaderTemplate>
    学生信息<br>
</HeaderTemplate>
<ItemTemplate>
  <% #DataBinder.Eval(Container.DataItem,"SNO") %>
  <% #DataBinder.Eval(Container.DataItem,"SNAME") %>
  <% #DataBinder.Eval(Container.DataItem,"SEX") %>
  <% #DataBinder.Eval(Container.DataItem,"AGE") %>
  <% #DataBinder.Eval(Container.DataItem, "SDEPT") %>
<br>
</ItemTemplate>
<SeparatorTemplate>
  <hr width = "60" align = "left">
</SeparatorTemplate>
<FooterTemplate>
    删除第条记录!
</FooterTemplate>
</asp:Repeater>
</form>
</body>
</html>
```

（2）按键盘上的 Ctrl＋S 组合键，保存文件到"D：\JXGLSYS\Chap12"文件夹中，文件名为"aspnetsql7. aspx"，保存格式选择"所有文件"，编码为"ANSI"。

（3）在"Internet 信息服务"窗口中展开"JXGLSYS"文件夹，选择"aspnetsql7. aspx"文件并右击，在弹出的快捷菜单中选择"浏览"命令，这时效果如图 12.14 所示。

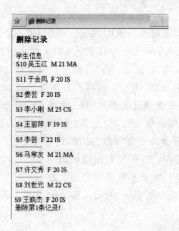

图 12.14　删除记录效果

习　题　12

1. 简述利用 ADO. NET 访问数据库的主要优点。

2. DataReader 与 DataSet 有什么区别？

3. 试述数据库断开式数据访问模式的过程。

4. 试述显示和修改数据库中数据的常用方法及其主要功能。

5. 将记录（SNO：S13；SNAME：王倩；SEX：F；AGE：22；SDEPT：IS)插入到数据库"JXGL"的 S 表中。

6. 设计一个简单的信息管理系统，大致包括添加学生信息、修改学生信息、删除学生信息和查找学生信息等功能。

参 考 文 献

[1] 刘卫国,熊拥军.数据库技术与应用——SQL Server 2005.北京:清华大学出版社,2010.
[2] 张冬玲.数据库实用技术 SQL Server 2008.北京:清华大学出版社,2012.
[3] 何玉洁,梁琦.数据库原理与应用.2 版.北京:机械工业出版社,2011.
[4] 王珊,萨师煊.数据库系统概论.4 版.北京:高等教育出版社,2006.
[5] 刘金岭,冯万利,张有东.数据库原理及应用.北京:清华大学出版社,2009.
[6] 何泽恒,张庆华,谢红兵.数据库原理与应用.北京:科学出版社,2011.
[7] 李红.数据库原理与应用.2 版.北京:高等教育出版社,2007.
[8] 王国胤.数据库原理与设计.北京:电子工业出版社,2011.
[9] 王能斌.数据库系统教程.北京:电子工业出版社,2012.
[10] 尹志宇,郭晴.数据库原理与应用教程——SQL Server.北京:清华大学出版社,2010.

图书资源支持

感谢您一直以来对清华版图书的支持和爱护。为了配合本书的使用,本书提供配套的资源,有需求的读者请扫描下方的"书圈"微信公众号二维码,在图书专区下载,也可以拨打电话或发送电子邮件咨询。

如果您在使用本书的过程中遇到了什么问题,或者有相关图书出版计划,也请您发邮件告诉我们,以便我们更好地为您服务。

我们的联系方式:

地　　址:北京海淀区双清路学研大厦 A 座 707

邮　　编:100084

电　　话:010－62770175－4604

资源下载:http://www.tup.com.cn

电子邮件:weijj@tup.tsinghua.edu.cn

QQ:883604(请写明您的单位和姓名)

用微信扫一扫右边的二维码,即可关注清华大学出版社公众号"书圈"。

资源下载、样书申请

书圈